▲チェルノブイリ原発４号炉事故現場。ヘリコプターの窓ガラスを通して撮影＝1986年５月　写真提供＝ノーボスチ通信社

▶泣きながら避難する婦人＝一九八六年四月二十八日午後七時三十分、プリピャチ市郊外で。

◀ヘリコプターから事故直後の第４ブロックを見下ろす。

▲チェルノブイリ原子力発電所の全景＝1987年5月。写真説明は本文８頁

▲放射能をたっぷり含んだ厚い埃の層が４号炉建屋の屋根を包んでいる。この最も危険な区域の除染作業には機械は使えない。軟らかな鉛のチョッキに防護服の志願将兵が作業にあたった。＝1986年

▶原発周辺では空中から化学液を撒いて地表や樹木の放射能塵を固着させた。＝一九八六年

◀原発サイト周辺を特殊溶液で除染する兵士。

▶プリピャチ川に放射能汚染水が流入するのを防ぐため、プラスチックのシートで堤防を覆う。

▲1986年5月6日，モスクワの外務省プレスセンターでの内外記者会見。左から2人目シチェルビナ副首相，その右コヴァリョフ第一外務次官，一人おいてペトロシャンツ国家原子力利用委員会議長。

▲原発周辺で交通規制する国家自動車交通査察部の指導員。放射能塵が舞い上がるのを少しでも防ぐため，車輛は路肩を走ることを禁止されている。＝1986年

◀除染作業は容易でなかった。軍隊がこの仕事に従事した。乗客輸送用の車は特に念を入れて洗浄した。洗った後，車体をブラシでこすり，きれいな水で流した。200台あまりの車の除染に8時間は優にかかった。＝1986年

▲キエフ州の河川・湖水では放射能検査が行なわれた。写真はキエフ貯水湖の検査。

▲チェルノブイリ原発の従業員と家族の新しい居住地スラヴティチの住宅建設風景。

▶ミンスクのコマロフ市場で、入荷したイチゴの放射線量を測定する検査員のギーナ・ジュークさん＝一九八六年六月

▲1986年11月，チェルノブイリ原発第４ブロックの石棺建設工事が終了した。

▶刑事裁判法廷の被告席。左からブリュハーノフ所長，ジャトロフ前副技師長，フォーミン前技師長＝1987年７月７日，チェルノブイリ市

松岡 信夫 著

ドキュメント チェルノブイリ

緑風出版

ドキュメント　チェルノブイリ

目次

第1章　原子炉暴走　11
実験準備・11　化学部隊訓練基地で・13　原子炉爆発・14　炎と放射能の中で・17　化学部隊出動せよ・20　政府委員会を設置・22　避難・26　「原発で事故が発生した……」・27

第2章　魔の明り　35
魔の明りを消せ・35　留学生カレンの不安・40　さようならキエフ・44　再爆発を回避せよ・47　記者会見・53　目に見えない敵・56

第3章　汚染地域　60
衣服を洗って下さい・60　今日のレベル知ってるかい？・63　要注意地帯・68　芝生も花だんもなくなった・71

第4章　モスクワ第六病院　75
ゲイル博士とグシコーヴァ博士・75　医師団のたたかい・78　急性放射線障害・80

第5章　「幽霊」たちの除染作業　86
「幽霊」・86　サモイレンコの決断・88　もう時間だ・90

第6章　試される人びと　94
消えた子どもたち・94　心の傷・97　心貧しき人・99　避難民の苦境・103　三〇キロ・ゾーンの犯罪・106　後たたぬ略奪・109

第7章　コマリンから来た女たち　113
ある投書・113　ミンスクに広がる不安・116　コマリンから来た女たち・120

第8章　英雄神話　125
詩「人間」・125　私は自由な小鳥・131　麦わら帽子をかぶった仔牛・134

第9章　水汚染とのたたかい　138
飲料水を守れ・138　はてしない悪循環・142　ポレーシエを堰き止める・143　川底の放射能を捕える・147

第10章　石棺建造　149
原子炉の埋葬・149　石棺・154　最も困難な時期は過ぎ去った・156

第11章　スケープゴート　160
事故総括・160　異端訊問・163　政治的断罪・166

第12章　傷ついた大地　171

食品汚染への不安・171　土壌汚染と実験室・173　食品の安全検査・179

第13章　ドニエプルよ永遠に　182
ドニエプル川・182　生態系への影響・186　心配な春の氾濫・190

第14章　建設続行か中止か?　194
コヴァレフスカの告発・194　ずさんな原発建設工事・197　中止された第三期工事・201

第15章　過大な原子力計画　207
事故後の原子力計画・207　ソ連ヨーロッパ地域のエコロジー的限界・212　事故再発の危険性・215

第16章　避難民たちの冬　220
厳寒の中で・220　苦痛と忍耐・224

第17章　三〇キロ・ゾーンの内側で　228
畑に出る時は……・228　特別配慮地帯の現実・231　二年後もなお・235

第18章　ホイニキの住民集会　239
消えない不安・239　政府保健チームの安全宣言・241　まじめくさった道化役・246

第19章　埋葬されたカメラ――248
シェフチェンコ監督の死・248　真実を知らせるために・250
第20章　刑事裁判――254
判決・254　裁判の反響・259　裁かれるべきは何か・262
終　章　二年後の春――267
「不思議な森」の噂・267　ペレプラヴナヤの平和・271　日曜日は火曜日に始まる・274　公然化した原発論争・278　レガソフの自殺・281　欲しいのは生きた水・285　五月の希望・290
チェルノブイリ原発事故関係日誌〔1986・4・25～1988・4・30〕――297
補遺1　レオニード・イリイン医学アカデミー副総裁の説明――344
補遺2　「チェルノブイリ原発事故の医学的側面」国際会議――350
補遺3　キエフ会議の討論から――352
補遺4　放射線状況の広報について――356
あとがき・363

図1　チェルノブイリ周辺図

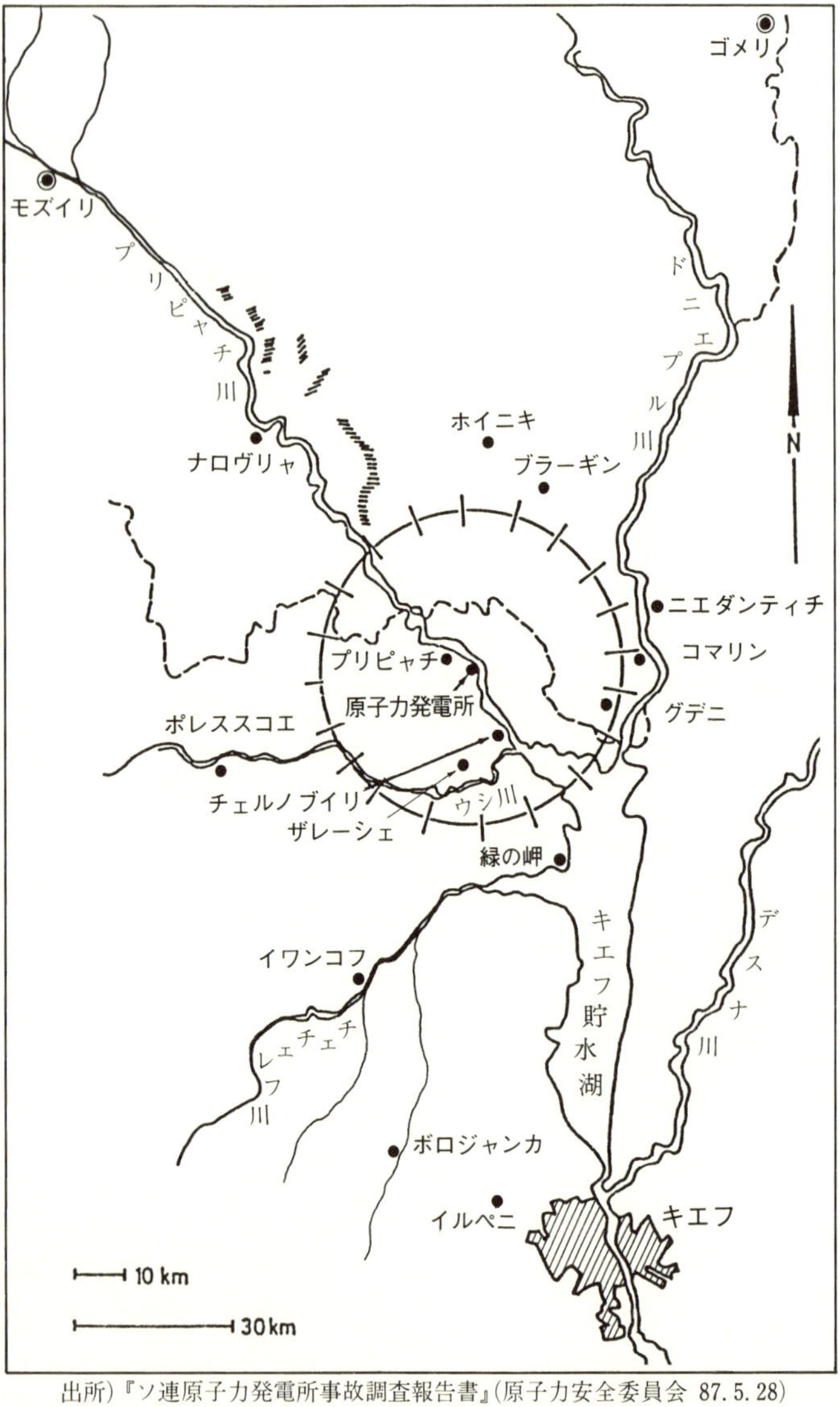

出所）『ソ連原子力発電所事故調査報告書』（原子力安全委員会 87.5.28）

図２　チェルノブイリ原子力発電所サイト内配置及び隣接地域図

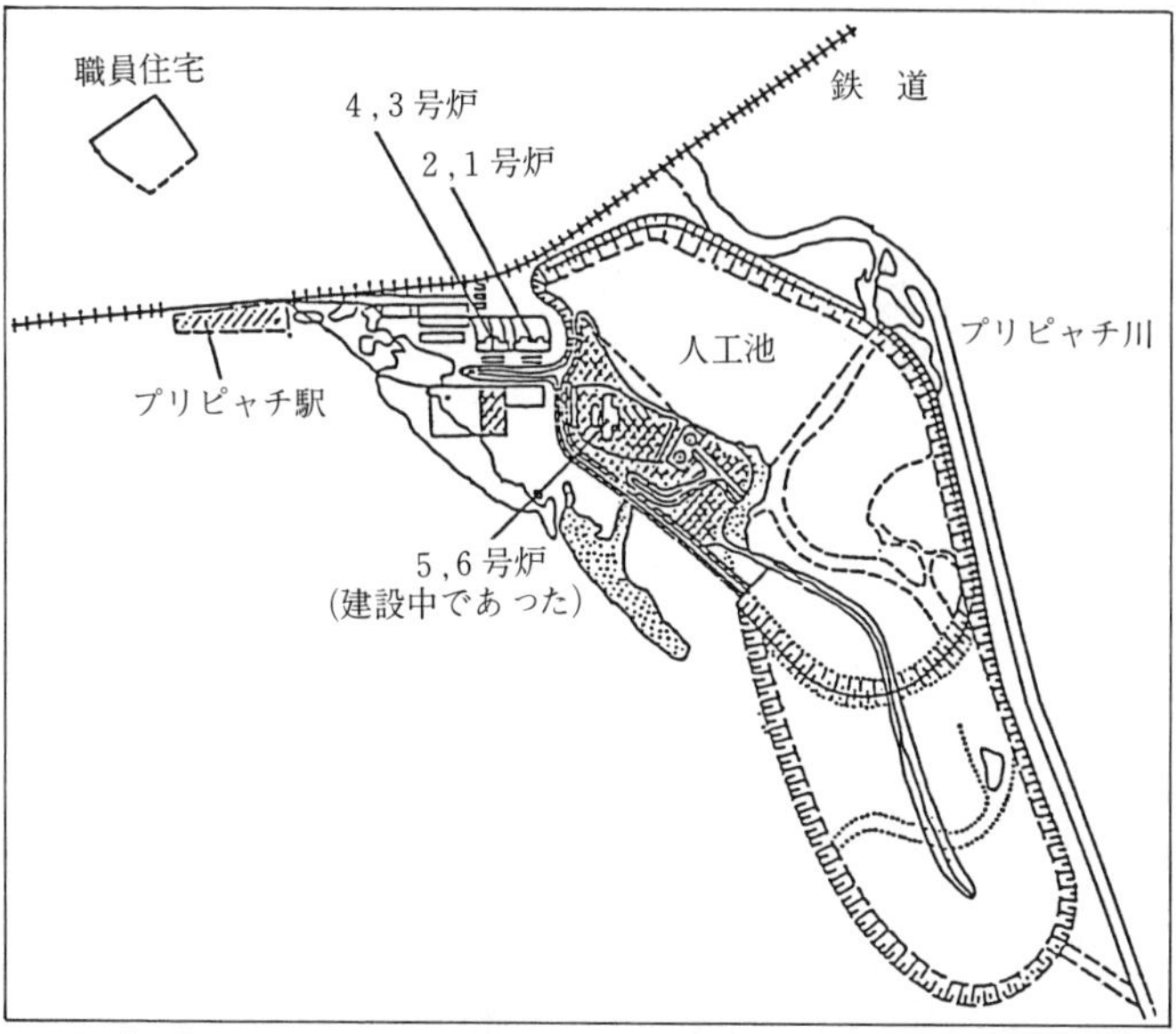

出所）『ソ連原子力発電所事故調査報告書』(原子力安全委員会，87．5．28)

図３　チェルノブイリ原子力発電所全景の説明図

①４号炉 ②３号炉 ③２号炉 ④１号炉 ⑤タービン建屋 ⑥事務棟 ⑦食堂 ⑧加圧室 ⑨ディーゼル発電機 ⑩補助建屋（機械組立・水質浄化施設）
⑪固体・液体廃棄物貯蔵庫 ⑫同前 ⑬除染設備 ⑭廃棄物処理建屋 ⑮桟橋 ⑯酸素・窒素貯蔵室 ⑰冷却水水路 ⑱プリピャチ市 ⑲プリピャチ川

ドキュメント　チェルノブイリ

図４　チェルノブイリ原発と同型のRBMK-1000型原子炉プラント鳥かん図

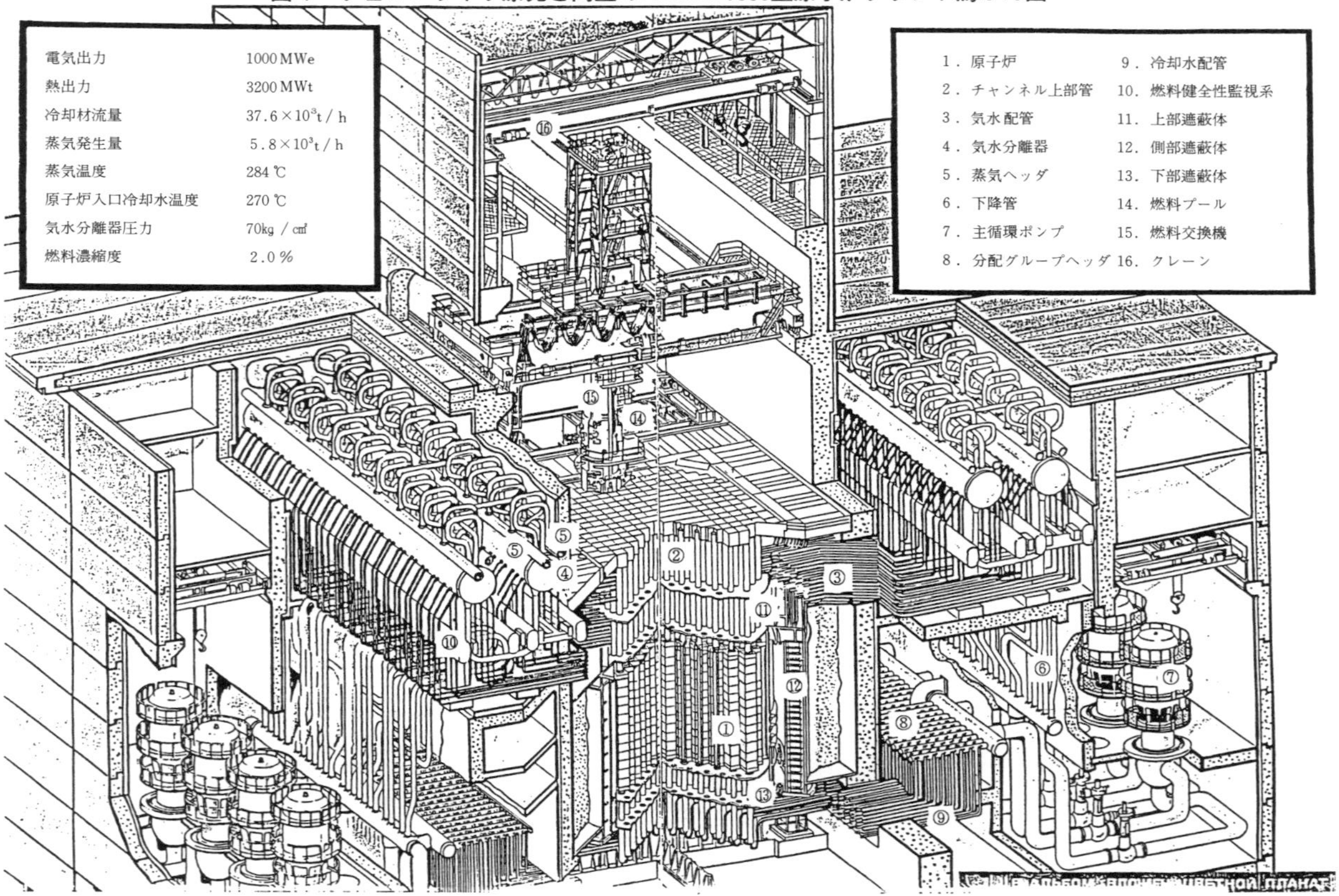

電気出力　1000 MWe
熱出力　3200 MWt
冷却材流量　37.6×10³t／h
蒸気発生量　5.8×10³t／h
蒸気温度　284 ℃
原子炉入口冷却水温度　270 ℃
気水分離器圧力　70kg／cm²
燃料濃縮度　2.0％
1．原子炉
2．チャンネル上部管
3．気水配管
4．気水分離器
5．蒸気ヘッダ
6．下降管
7．主循環ポンプ
8．分配グループヘッダ
9．冷却水配管
10．燃料健全性監視系
11．上部遮蔽体
12．側部遮蔽体
13．下部遮蔽体
14．燃料プール
15．燃料交換機
16．クレーン

出所）RBMK－1000 パンフレット

第1章　原子炉暴走

実験準備

チェルノブイリ原発の所在地プリピャチ市は、ポレーシエの東端近くに位置している。絵のように美しい森と大小の湖、縦横に走る水路をもった広びろとした低地。独特の地形をもつポレーシエは、白ロシア南部からウクライナの北部、そしてロシアのブリャンスクにかけて広がっている。この低地帯は、スカンジナビアからバルト海を超え、ドニエプル峡谷沿いに押し出した氷河が残した爪跡である。

四月下旬ともなると、ポレーシエに春のしるしが満ちてくる。長い冬の間、厚い雪に蔽われた土の下に眠っていた生物たちが眠りからさめて、いっせいに活動を開始する。木々の枝々に豪勢な緑の春がやってきた。雪どけで水かさを増した湖や河川の水面を吹き渡る風は、もう肌にやさしい。

この季節は人の心を浮き立たせる。一週間後にはメーデーがくる。そして五月九日は対独戦勝記念日だ。第二次世界大戦でソ連は人的・物的に最大の損失をこうむった国のひとつだが、なかでもナチス・ドイツ軍に占領され、最大の被害を受けたウクライナ、白ロシアの人たちにとって、それは忘れることのできない大切な祝日である。人びとは春の祝休日の到来を心待ちにしている。

一九八六年四月二十五日、金曜日。

のどかな春の週末の一日だった。南からサイクロン（低気圧）が近づいているので、天気は下り坂だった。

この日、チェルノブイリ原発第四発電所で、ある重要な実験が準備されていた。もともとその日は第四発電所の中間的な保守点検をするため、原子炉の運転を停止することになっていた。その機会を利用して、運転停止前に第八タービン発電機で「慣性運転」試験を行なう計画だったのだ。

この実験は何のために必要だったのか？

簡単に説明しよう。原発では原子炉内の核分裂で生じる熱エネルギーが冷却材の水を熱して蒸気を発生させ、その蒸気でタービン発電機を回転させて発電をする。ところが何かの原因で外部からの電源が切れて、タービンに蒸気を送れなくなった場合、ほんのわずかな時間だけでも発電所内の電源を維持するために、タービン発電機の回転惰性に頼ることになる。どれ位の時間（多分数十秒間だろうが）慣性運転が効くのか、それを確かめるのがこの実験の眼目だった。

もし原発で外部電源の喪失が起これば、それは緊急事態であり、まかりまちがえば致命的な大事故につながる。なぜならば、原子炉内部では、核分裂反応が停止した場合でも、核燃料はものすごい量の熱を出し続けるからである。その熱を取り去らなければ、やがて炉心部が溶け、溶けた炉心構造の高熱の塊が炉の底を貫き、大惨事に発展するおそれがあるのだ。電気の供給が断たれることは、つまり、炉心を冷却し続けるのをきわめて難しくすることを意味している。

電源喪失や冷却水の循環用配管の破断などの事故に備えて、原子炉にはECCS（緊急炉心冷却システム）という安全装置が設置されている。それを動かすための電気の供給は、事故発生後四十五〜五十秒間、タービン発電機の惰性回転力の低下（コーストダウン）時に発生する電力を使うことになっていた。

チェルノブイリ原発でこれから実施しようとしていたのは、こうした緊急事態に対処するためのものだった。ソ連ではこのような実験は、安全対策が十分になされていれば、運転中の発電所で行なってもよいことになっていた。

四月二十五日午前一時、試験計画にしたがって、原子炉の出力低下が開始され、十二時間後の午後一時五分、出力は定格出力（熱出力三二〇万キロワット）の半分まで低下した。

化学部隊訓練基地で

四月下旬、V・ピカロフ大将が率いるソ連国防省化学部隊は、モスクワを遠く離れた演習地で、実戦レベルの特別演習に入っていた。連日の激しい訓練で、部隊将兵は体力をいちじるしく消耗していた。化学部隊の演習項目には、砲身砲とロケット砲の化学装薬、戦術ミサイル用弾頭・航空爆弾・化学薬品撒布装置・化学手榴弾等の整備、敵軍の化学兵器の無害化・解体・廃棄などが含まれている。

危険な化学兵器を取り扱う訓練が終わった後は、神経がくたくたになっている。

四月二十五日の午後、部隊本部は演習の一時中止を決定した。ピカロフ大将は夕刻、幕僚たちとともに部署を離れ、休息に入った。(1)


ちょうどそのころ、英国人女子留学生カレン・ウェイズブラットはロシア語を勉強するため、キエフに留学していた。留学生は総勢八六人、その大部分が英国人だったが、残りは大陸ヨーロッパと米国からだった。キエフに来て二週間ほどたっていた。毎日のロシア語のレッスンと放課後の参観は、とてもよく準備されていた。かれらはマルクス・レーニン主義博物館からゴム製造工場まで見て歩いた。すべての留学生がキエフの街を少しでもよく知ろうと、忙しく動きまわっていた。

カレンの手記から——

「四月二十日　スケジュールはぎっしりだが、それでも留学生仲間の中には、学校の周囲をうろつくタイプの若者たちと、親しくつきあう者もいる。若者のひとりは、ジョン・レノンの誕生日を祝って平和デモをしたところ、逮捕されて放校処分になったという。かれらも留学生と同じような若者で、CND（核軍縮キャンペーン）のバッジをつけている者もいた。私はその青年と友だちになった」(2)

原子炉爆発

四月二十五日。チェルノブイリ原発の防火を担当する第二消防隊の中で、この日の出番は第三小隊

（隊長プラヴィーク中尉）だった。午後は日課にしたがい、防災理論の学習、実地訓練が行なわれた。終了後は自由時間になり、フットボールをする者、テレビを見る者と分かれて時を過ごした。この日第四発電ブロックで行なわれている実験のことを、かれらは知らされていなかった。

午後二時、第四ブロックでは試験計画にしたがってＥＣＣＳが解かれた。出力低下をそのまま続ける予定だったが、キエフ電力局から送電の要請があり、その後およそ九時間にわたり、一六〇万キロワット（熱出力）で運転が続行された。その間、ＥＣＣＳは切り離されたままだった。これは運転規則の重大違反だった。

午後十一時十分、出力低下が再開された。試験計画では、タービン発電機の慣性運転実験は、熱出力七〇万〜一〇〇万キロワットのレベルで行なうことになっていた。しかし、技術的な不調により出力は三万キロワットに落ちた。

四月二十六日午前一時、運転員は出力を二〇万キロワットにまで回復させるのに成功した。それ以上の出力上昇はできないままだった。出力七〇万キロワット以下の長時間運転は規則違反であるにもかかわらず、実験を開始することになった。

一時二十三分、原子炉はきわめて不安定な状態にあり、しかも、その三十秒前に原子炉緊急停止信号が出ていたにもかかわらず、それをバイパスして、実験が開始された。

一時二十三分四秒、運転員は第八タービン発電機の主蒸気止め弁を閉じた。タービン発電機はコーストダウン（惰性回転力低下）開始。これにともなって炉心内では冷却材の流量が減り、蒸気発生が上昇、さらにその結果として炉の出力が上昇し始めた。

一時二十三分四十秒、当直責任者は緊急用制御棒の挿入を命じた。しかし、制御棒は効き始めるまでに六秒程度を要する位置にあり、出力上昇を抑えることができず、出力はさらに上昇した。

一時二十三分四十四秒、炉の出力が定格の百倍以上になった。冷却効果が低下し、核燃料の過熱と破壊、冷却材の沸騰が生じた。

一時二十四分、パイプの破壊部分から蒸気が噴出、蒸気爆発が起こった。爆発は原子炉建屋の一部を破壊、核分裂生成物（死の灰）を外部に撒き散らした。さらに水蒸気と燃料被覆管の反応で水素が発生し、二度目の爆発が起きた。

二度の爆発の間隔は二、三秒だった。真っ赤に焼けた破片が花火のように暗い夜空に舞い上がった。爆発によりすべての圧力管と原子炉上部の構造物が破壊され、燃料と黒鉛ブロック（減速材）の一部が飛散した。建屋内部ではクレーンと燃料交換機が落下した。炉心の高温物質が吹き上げられ、原子炉諸施設、機械室（タービン室）などの屋根に落下し、三〇カ所以上で火災が発生した。事故発生時、核燃料の一部は三〇〇〇〜四〇〇〇度の高温に達していた。

当時、原発サイトには第一から第四発電所までの当直運転、メンテナンス要員が一七六人、第五、六発電所の建設要員二六八人がいた。

第四発電所運転員のV・ホデムチュクは、頭上からの落下物に押しつぶされて即死した。遺体を搬出することはできなかった。

第四発電所電気工V・ルイスキンの話――

「土曜日の深夜でしたよ。週末なので一七人の同僚のうち、一〇人は休暇を取っていて、家にはいませんでした。近くにいい釣り場があるんでね、好きな連中はよく出かけるんですよ。家にいたのは七人だけでした。

私は非常呼集で夜中に起こされました。救急車のけたたましいサイレンの音で、何か大変なことがあったらしいと想像しました。原発のサイトはとても広いんですよ。急いで走ったんですが、なかなか着かなくて。第四発電所の建物が目に入った瞬間、あっ、これはひどい事故だな、と直感しました。黒鉛が吹き飛んで、あたり一面にごろごろしていました。放射線レベルもすごく高くなっていました」(3)

炎と放射能の中で

午前一時二十四分ごろ、爆発音が二回続き、第四発電所で火災が発生した。第二消防隊第三小隊はただちに現場へ出動した。途中プラヴィーク隊長は車内無線を通じて、キエフ州全域の消防隊に緊急出動を要請する第三警報を発した。

一時三十分、第三小隊は現場に到着した。現場はオイル管の破損、電気ケーブルのショート、原子炉からの強烈な熱輻射があいまって、機械室、原子炉室、その隣接部に火災の中心ができていた。機械室屋根の火災は勢いが強まり、隣りの第三発電所に延焼するおそれがあった。第三小隊はこの機械室屋根の消火を開始した。原発の八基のタービン発電機はすべてこの機械室の中にあった。広い屋上はあっという間に火と煙に包まれた。悪いことに屋根はアスファルトで覆われていた。高熱で溶け出し、泡立ったアスファルトが靴の下で燃え、衣服にも飛び散り、裸の皮膚に食いこんだ。煙と熱と痛みで消耗しきった隊員たちに、放射能が最後の一撃を加える。

一時三十五分、プリピャチ市の市部の消防を担当している独立第六消防隊（隊長キベノーク中尉）が現場に到着した。同隊は原子炉区域の消火と第三ブロックへの延焼防止を引き受けた。そこは放射線レベルが最も高く、危険もとくに大きな場所だった。第三小隊のプラヴィーク中尉は機械室屋根の消火を隊員にまかせ、自分は第六消防隊の応援にかけつけた。消防隊で最初に殉職した六人は、すべてこの原子炉区で消火に当たった者たちだった。

一時四十六分、休暇中だったテリャトニコフ少佐（チェルノブイリ原発第二消防隊長）が自宅からかけつけ、直接消火の指揮を取った。かれ自身、放射線防護服を用意する余裕がなかった。かれは非常階段をかけのぼって屋上に出た。「爆発でパックリと口を開けた原子炉、そのすぐそばで火とたたかっている部下たちの姿を目撃した時、テリャトニコフは体中の血が凍る思いで、一瞬立ちすくんだ」[4]。

二時十分、機械室の火災を抑制した。

二時三十分、原子炉区の火災を抑制した。

三時三十分〜四時、消防隊員の中から消火活動中に嘔吐、失神する者が続出したため、人員の交替を行なった。四時現在、事故現場には各地区から支援にかけつけた一五の消防隊が集結していた。

四時二十分、放射線が危険なレベルに達していることを考慮し、消防隊員と機材を現場から離脱させることになった。五キロ離れた地点に撤退、予備隊を編成して待機させた。

四時五十分、火災抑制。

六時三十五分、鎮火。

この夜、出動した消防車輛は総数八一台、隊員は総数一八六人だった。

初期消火活動に当たった隊員たちは自分たちの負傷や体の不調を手当てする前に、事故現場から何人もの原発運転要員を救出した。その中には第四発電ブロックの自動化システム調整係V・シャシェノークも含まれていた。かれは全身に重度の火傷を負っていた。プリピャチ市の病院に搬送されたシャシェノークは、看護婦である妻に見守られながら、間もなく絶命した。

ほとんどすべてのプリピャチ市民は、原発で起こったできごとを知らずに眠っている。


事故の第一報に接して機敏な対応を見せたのは、ウクライナ共和国の治安をあずかる内務省幹部だった。事故の九十分後に内務次官ベルドフ少将は早くも車で現地に到着した。かれはプリピャチ市警察署に内務省の現地連絡本部を設置した。そしてキエフ市から一〇〇〇人、キエフ州内から数千人の警官を現地に派遣するよう指示した。警察はプリピャチ市の治安維持と市内への交通の管理に当たった。ベルドフ少将は外部から市内に入るすべての道路の封鎖と、消防・医療・救援関係以外の車輛の進入規制を命じた。この命令にしたがって、GAI（国家自動車交通査察部）のビシニェフスキー警察少尉らは、放射能防護マスク、防護服も着けずに十〜十二時間にわたり、路上で交通規制に当たった。

ベルドフ少将よりわずかに遅れて、内務省のフラドゥシ警察局長も連絡本部に到着した。

こうして警備態勢は整えられていくが、肝心の住民の健康と安全のための対策は後手に回る。朝が来ても住民にはまだ事故発生が知らされていない。住民は何も知らずに窓を開き、放射能に触れ、体内に放射能を吸いこんだ。

化学部隊出動せよ

四月二十六日午前三時十二分、ウクライナのキエフ軍管区化学部隊に非常呼集が発せられ、先遣隊はチェルノブイリへ向かって出発した。キエフからも遠く隔たった演習地にいたピカロフ大将は、そのことを知らず、宿舎で深い眠りの中にあった。

ロシア大草原の空がほのかに白みかけたころ、モスクワからの電話が大将の眠りをさました。

「こんなに早い時間に、いったい何ごとだ……」

いぶかりながら、副官がさし出した受話器を耳にあてた。

「ピカロフ将軍、緊急指令だ。ウクライナのチェルノブイリ原発で事故が発生した。化学部隊をただちに現地へ派遣することを決定した」

その低音は参謀総長アフロメーエフ元帥の声だった。まさに寝耳に水である。参謀総長は五分間で現地の状況を説明し、化学部隊の任務について概略の指示をあたえた。そして電話の声が変わった。ソコロフ国防相が緊張した声で話し始めた。

「ピカロフ大将、本官は貴下がただちに特別演習を離脱し、指示された任務につくことを許可する。キエフを経由し、チェルノブイリへ行ってくれたまえ。貴下が必要と判断する兵員を化学部隊に編入する権限を与える」
国防相の指示も五分間で終わった。参謀総長と国防相からの直接指示は、「軍の最高の決定と命令に相当する。これは原発事故が容易ならぬ事態であることを示すものでもある。ピカロフ大将の熱くて長い一日が始まった。大将は化学部隊の第一陣とともに、AN二六型輸送機に乗りこんだ。行先はキエフ。

チェルノブイリ気象観測所はウシ川とプリピャチ川の合流点の近くにある。所員は六名。ここでは一日に八回空気のサンプルを採取し、土壌の水分を測定し、雲の動きを観測するのが日課になっている。

四月二十六日土曜日の朝の当直は、ジナーイダ・コルドウィク所長だった。気圧は低く、微風。風向は南から北または北西へ。かの女は空気のサンプルを集めたが、容器の一つで放射能の量がいつもより高い値を示しているのが気にかかった。「原発で何か異常なことが……」と心配しながら、いつものようにそのデータを電報でキエフの気象観測センターに送った。(5)

四月二十六日はとてもむし暑い一日だった。留学生のカレンはキエフの中心街の曲りくねった昔風の通りを散歩した。雨になったので、かの女はカフェで雨宿りした。

長い土砂降りの雨が過ぎた夜、キエフとモスクワのサッカーの対抗戦を観戦した。かの女が応援したキエフ・チームの勝ちだった。

政府委員会を設置

モスクワでは軍の最高首脳の動きと並行して、政府の対策が始まった。関係政府機関を集めて、事故の拡大を防ぎ、必要な対策を立て、原因を調査するための政府委員会が設置され、初代議長にB・シチェルビナ副首相が任命された。シチェルビナは一九二〇年生まれのウクライナ人である。西部シベリアの党チュメニ州第一書記だったころ、シベリア石油開発の推進役として大いに名声を博した。ソ連政府内では燃料エネルギー部門を担当する副首相である（この政府委員会はシチェルビナに続いてI・シラーエフ、L・ヴォローニン、Y・マスリューコフ、V・グーセフ、G・ヴェデルニコフ、Y・バターリンの六人の副首相が順番に議長をつとめることになる）。

シチェルビナは政府委員会のメンバーに有力な科学者を加えることを指示した。その一人はE・ヴェリホフ・ソ連科学アカデミー副総裁である。ソ連最高会議民族会議エネルギー委員会議長をつとめるかれは、エネルギー政策の専門家として鳴らし、ゴルバチョフ書記長とは同世代で、科学政策の立案ではかれが書記長のブレーンだとの見方がもっぱらである。政府委員会の科学者グループの中でトップの位置を占めることになる。

いま一人はV・レガソフ科学アカデミー会員。クルチャートフ記念原子力研究所第一副所長である。政府委員会のスポークスマンとして、やがて現地でも、モスクワでも、そしてウィーンでも、チェルノブイリ原発事故対策を代表する「顔」になっていく（後述のように、レガソフは二年後に原発事故の過酷さを身をもって示す)。

政府委員会のメンバーは四月二十六日午後、モスクワのヴヌコヴォ空港に集合を命じられ、特別機の準備ができしだい次つぎにキエフへ向かった。同行したレガソフは夕刻までにプリピャチ市に入った。事故現場を目撃したこの科学者は自分の目を疑った。原子炉の破壊のすさまじさは、かれの予想をはるかに超えるものだったからだ。


四月二十六日土曜日。電力生産者たちの都市といわれるプリピャチ市の新しい一日が始まった。通勤通学のにぎわいはいつもどおりだったし、商店も開いた。目に見えない放射線の値が、この町のいたるところでじわじわと確実に上がりつつあることなど、誰も気がつかなかった。

迫りつつある危険を知っていたのは、まだ限られた人たちだけだった。ウクライナ共和国内務省の現地連絡本部ではベルドフ次官を中心に、ひそかにプリピャチ市住民避難計画の検討が開始された。四万五〇〇〇人の住民を短時間で混乱なく運び出すというのは、誰も経験したことのない仕事だった。プリピャチ市は五区に分かれている。各区ごとに避難集団を編成し、市警察の幹部が各区の避難実施の責任を負うことにした。また党の機関から各集合住宅ごとの避難誘導員が指名された。避難用バスをどこに何台回すか、バスはどのルートを通り、どこへ避難民を運ぶのかが、いちいち綿密に検討され、決定された。それと並行して、全避難民の名簿作成作業も始まった。

そのころキエフに向かう輸送機の機上で、ピカロフ大将は今朝がたアフロメーエフ参謀総長とソコロフ国防相から指示されたことを反芻していた。化学部隊に課せられた任務は次の六点だった。①犠牲者の救助、②住民の保護と避難、③事故の局地化、④放射能汚染の測定と監視、⑤除染作業、⑥治安維持への協力。

具体的な行動は、現地の状況を判断し、政府委員会と協議しながら決定せよというのだ。

原子力災害現場での活動は初めての経験であり、しかも一刻の猶予も許さない任務が待っている。既存の範例や教科書は何の役にも立たない。一から十まで自分たちの頭で判断し、行動を組立てる必要がある。ピカロフは自分に言い聞かせるようにつぶやいた。

「緊張しすぎるな。落ち着いて判断せよ。最高指揮官の役割は部下の恐怖心を鎮め、任務はすべて実行できるとの確信をもたせることだ。われわれの敵は放射能と油断である。警戒心と注意力の不足のため、むだな犠牲を出してはならない」

十四時、輸送機はキエフ市西南部のジウリャヌイ空港に着いた。雨の中をチェルノブイリへ向かう。夜半、プリピャチ市に入った。

ウクライナ共産党プリピャチ市委員会の建物の内部はごった返していた。ソ連政府委員会をはじめ党キエフ州委員会など重要機関が、ここに現地連絡所を設けようとしてひしめいていたからだ。化学部隊は何とかして建物の一隅に指揮所のスペースを確保した。といっても机一つがやっと置ける程度しかない。ともあれそこに通信用機器を設置した。

化学部隊の最初の任務は、事故現場と周辺部の状況把握だった。とくに第四発電所の状況をできるだけ詳細につかまなければならない。ブローヒン、トポルコフ両上級中尉の指揮する測定班が原発サイトの放射能測定に出発した。間もなく測定班からの報告が入り始めた。

その夜、指揮部では誰も一睡もしなかった。

四万人以上の住民の避難用名簿作りには時間がかかる。作業は夜を徹して行なわれた。二十七日になった。キエフからウクライナ共和国内務省政治局長のボロヴィク少将がプリピャチに来着。同局長は必要な際に党とその系統機関の要員を動かせる立場にある。ベルドフ、ボロヴィク両少将が、避難の実行、その後の市内治安警備の中心になった。パニックの発生を避けるため、避難は実行の直前まで公表されない。

二十七日午前八時、ピカロフ大将は同じ建物の中にいる政府委員会に報告第一号を文書で送った。「事故発生からすでに三十一時間を経過した。第四ブロックとその周辺の状況はいちじるしく悪化しつつある」

第四ブロックの火災はおさまったが、事故炉内の燃焼は続いている。

火災鎮火後、炉が放出する放射能の高度がしだいに低下し、風向も変化したため、放射能の雲がプリピャチ市を低く覆っている。

測定データは昨夜九時、市内の通路で最高一四〇ミリレントゲン／時、今朝七時で同六〇〇ミリレントゲン／時を記録した。このまま推移すれば、汚染値がどこまで上昇するか予想できない。

ピカロフ大将は幕僚に命じ、モスクワに電話連絡させた。対核兵器防護の専門家クンツェヴィチ氏（科学アカデミー準会員）に、短期的な放射線レベルのコンピュータ予測を依頼するためだ。(6)

避難

混乱やパニックが起こるのを防ぐ方法の一つは、多くの人間を一ヵ所に集めないことである。その原則にしたがって、二十七日午後一時五十分、避難誘導員が各集合住宅の入口に配置された。避難警報はラジオを通じてその直前に発せられた。

さすがにこのころになると、市民の多くは原発での事故に気がついてきた。市内の様子もいつもの日曜日と何となくちがっている。要所要所に立っている警官の姿が目立ってきた。

それでも住民の多くは日ごろから原発事故に対する心の備えがなかった。事故、放射能……原発のある町に住んでいながら、ふだんそんなことを考えたことのない人の方が圧倒的に多かったのだ。だから知らせを聞いた住民の反応は「事故？　それがどうしたの？」という楽観派や無関心派と、「事故？　大変だ、どうしよう？」という恐慌派に二分された。

アネリヤ・ペルコフスカ（共産主義青年同盟プリピャチ市委員会書記）は、第五区の住宅の避難誘導を命じられた。かの女は語る。

「……ある人たちは原発事故の意味をすぐに理解しましたが、他方にはそんなの大したことじゃないよと、のんきに構えている人もいました。また極端に恐怖心をつのらせる人たちも出て、反応は実にまちまちでした。私たちは事実を隠さずに話すように努めました。真実を告げて一人びとりに用心してもらう方が、わざとらしい楽観的な見通しを語るよりはるかに大切だったし、みんなはその方を信じてくれると思ったからです。

第五区は私たちの事務所から一番遠いところに位置しています。二十七日の昼過ぎ、私は五区の集合住宅へ行き、住民たちに避難準備をするよう説得を始めました。一人暮らしの高齢者を数人、手を取って階下まで降ろしました。住民は徐々に住宅の入口に集まってきました[7]」

住民は各集合住宅の入口に集められた。午後二時、一一〇〇台のバスに分乗開始。「三日分の食料を準備して下さい」という警報のことばを、「三日間で帰ってこれる」と受けとった住民は、最小限の荷物しか携行しなかった。第一区から順番にバスの列が動き始めた。ＧＡＩの隊員が各区ごとにバスを先導した。

ほぼ二時間後、プリピャチ市は無人の都市と化した。

「原発で事故が発生した……」

四月二十七日、静かな日曜日の朝、キエフ市民の大部分は、一三〇キロ北のチェルノブイリ原発で起こった大事故のことをまだ知らない。表通りでは四日後に迫ったメーデーの準備が進んでいる。中央広場のまわりの壁面には、いつものように党指導者の大きな肖像画が飾られた。マルクス、エンゲルス、レーニンの巨大な肖像や、スローガンを書いた深紅の横断幕も取りつけられている。

同日午後、ポーランドのヴロツワフ他いくつかの都市から、放射線値の異常を告げる報告がワルシャワに届いた。このことは国家評議会議長のヤルゼルスキ将軍には知らされたが、メスネル首相にはなぜか翌日まで知らされなかった。

その日遅くなって、ワルシャワ大学の測候所が置かれているミコワイキ（マズール湖沼地帯にある）で、高レベルの放射能が観測された。ミコワイキの職員はテレックスでワルシャワのジェランにある中央放射線防護研究所（CELOR）に通報したが、日曜日だったため、CELORの当直職員はそのテレックスを見なかった。

二十八日月曜日の早朝、ワルシャワ近郊のシフィエルク原子力研究所の職員が高水準の放射能測定値に気がついたが、計測器が故障したせいだと考えてそのスイッチを切ってしまった。

午前八時、シフィエルクに出勤してきた人たちの個人用放射線モニターが高い放射線値を示していた。報告を受けた所長は、アイソトープ生産装置が故障したのが原因だろうと考えた。故障箇所を探しているうちに、何時間かがたってしまった。

月曜日の朝、モスクワのクレムリンでは党の政治局会議が開かれた。この日の最重要案件はチェルノブイリ原発事故だった。現地に設けられた政府委員会（議長＝シチェルビナ副首相）からの報告が入ってくるにしたがって、事故の重大さが判明してきた。

政治局はこの事故の事実をいつどんな形で内外に公表するかを議論した。ソ連は慣習として重要災害、とくに原子力災害は公表しない。これまで長年の間、それらをすべて秘密裡に処理してきた。そ

図5　チェルノブイリ原発事故の放射能の拡散（1986. 4. 29）

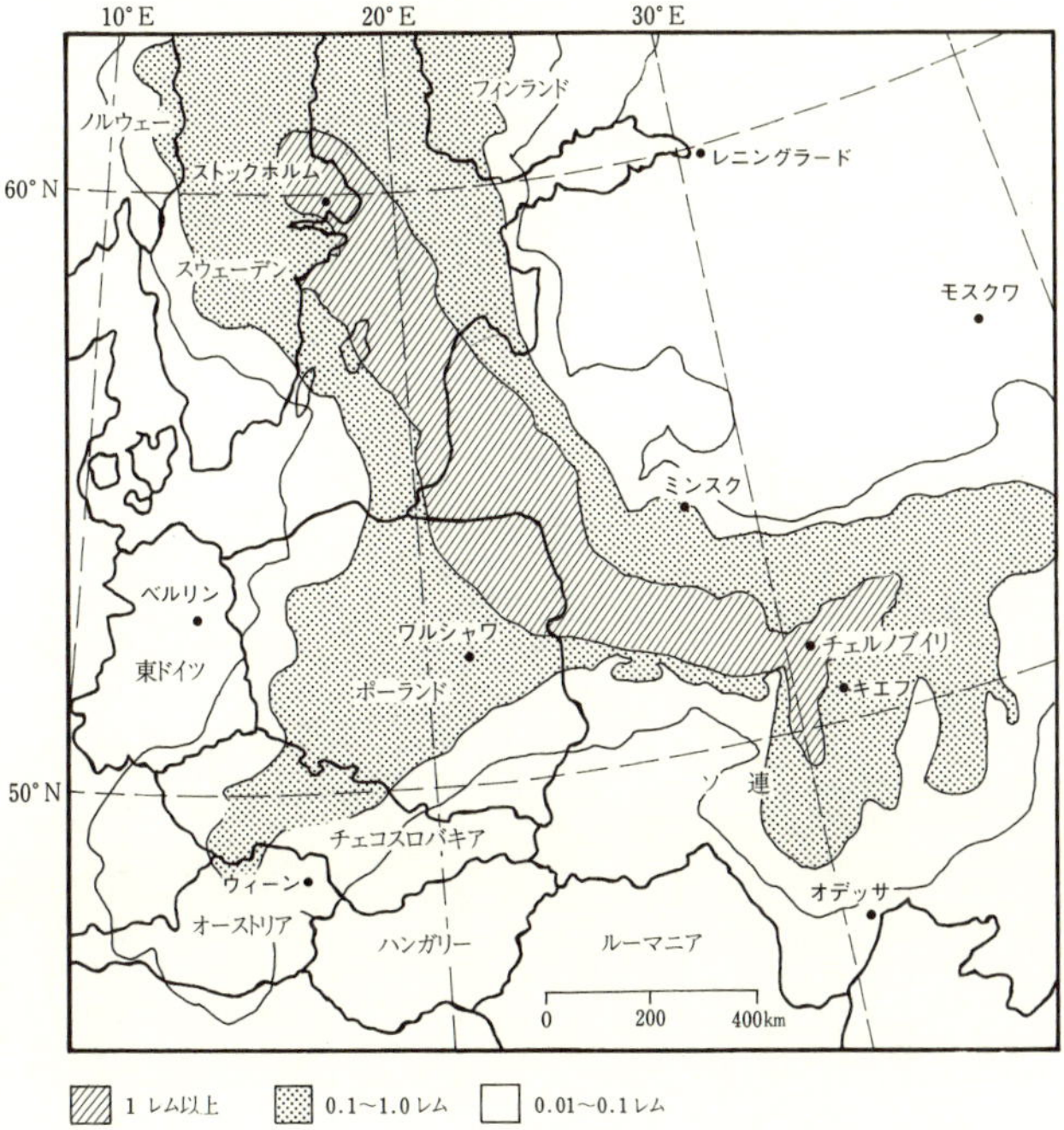

4月29日現在、甲状腺の放射線被曝量の分布を示す。
（米国ローレンス・リヴァモア国立研究所の調査による）

のやり方に慣れている政治局員の大半は、公表することに慎重論を唱えた。しかし、ゴルバチョフ書記長はグラスノスチ（情報公開）の原則に沿って、事実を明らかにすることを主張した。「くさいものに蓋」の時代はもう過ぎたのだ。だがこの時点で書記長に同意した政治局員は二人しかいなかった。(8)

ワルシャワではCELORの所員が、前日ミコワイキから入ったテレックスにやっと気がついた。そしてポーランド全国一五〇カ所で数時間ごとにモニタリングしているサネピッドと呼ばれるシステムが動き始めた。このモニタリング・システムは核戦争後の事態に対処する目的(!)で、一九六〇年代末に設置された民事用のネットワークであり、軍は別個に独自のネットワークでモニタリングを行なっていた。

全モニタリング・ステーションからのデータが、CELORとシフィエルクに届き始めた。ポーランドの全国土が放射性降下物の影響を受けつつあることが明らかになった。その原因は核実験かまたは核兵器の爆発事故と考えられた。

しかし、昼近くになってそうではないということがわかり、CELORの専門家グループは急遽ミエチスワフ・ソヴィンスキ原子力相と連絡を取ろうとした。けれども同相はPROM（国家再生愛国運動）の環境保護運動家たちと会談中で、電話に出ようとしなかった（のちになって政府特別委員会は、「情報チャンネルが適切に機能しなかった」と説明した）。

二十八日にはフィンランド、スウェーデン、デンマーク、ノルウェーの北欧四国で、異常に高い放射線値が検出され、そのことがチェルノブイリ原発事故の発生を全世界に告げるきっかけになった。

フィンランドの放射能防護センターによると、二十七日夜、同国北部と中央部で大気の放射能汚染が観測され、翌日には首都ヘルシンキでも平常の二〜六倍の放射能が検出された。

スウェーデンでは首都ストックホルムを含む数カ所で強い放射能が検出された。同国の国防研究所は「放射能はソ連から来ており、ソ連の原発で何らかの原因で漏れたものと思う」とコメントした。二十八日朝、同国のフォルシュマルク原発では出勤した従業員の靴が、放射能で汚染されていることが判明、一時はこの原発から漏れたのではないかと疑われ、六〇〇人の従業員を避難させるさわぎにまでなった。

デンマークでもふだんより六倍高い放射能が観測された。首都コペンハーゲンではヨウ素剤を求める市民が薬局に殺到し、市内の四つの薬局では二十八日夜までにヨウ素剤が売切れてしまった。

ノルウェーの公害防止当局は、二十八日オスロ市で通常の一・五倍の放射能を観測したことを明らかにした。

モスクワ駐在のスウェーデン大使館スポークスマンによると、ソ連の国家原子力利用委員会など二機関の当局者は、二十八日同大使館に対して、「ソ連国内ではスウェーデンに達するような放射能漏れの原発事故は一切聞いていない」と語った。

正確な情報がないため、推測や未確認情報が世界中を飛び回った。「ソ連原発事故、二千人を超す死者?」という見出しが、新聞の紙面で躍った。

朝日新聞モスクワ支局がソ連国営タス通信に問い合わせたところ、二十八日夜九時に公式な発表があると答え、何らかの異変が起こった可能性を示唆した。(10)

ワルシャワでは二十八日の午後になって、軍からCELORに連絡が入った。アンジェイ・ロドヴィチ原子力次官もかけつけてきた。スタッフはやっとメスネル首相に連絡がつき、異常な事態を知らせることができた。

午後三時ごろ、シフィエルクでは放射能の発生源がソ連であることが明らかになった。しかし、ワルシャワとシフィエルクを結ぶ電話回線は不通だった。

二十八日午後九時、モスクワ放送のラジオ・ニュース番組が簡単なソ連政府発表文を読み上げた。「チェルノブイリ原発で事故が発生した。原子炉の一つが損壊した。事故の影響を除去するための対策が取られている。被害者に対して援助が与えられている。政府委員会が設置された」(11)

実に簡単な内容だった。

ワルシャワも午後八時(現地時間)にタス通信の通報をキャッチした。その夜、ポーランド労働者党の政治局会議が開かれ、特別対策委員会の設置が決定された。これには専門家からの圧力が効を奏したことは明らかである。一部の政治局員は早まらないで、モスクワからの勧告を待つべきだと主張したが、前もって専門家の説明を受けていたメスネル首相が即刻行動することを決定した。(12)

二十八日の夜、留学生のカレンはキエフの映画館にニューヨーク四二番通りを主題にした面白い反米映画を見に行った。映画のあとでアイスクリームを食べながら、仲間たちと話に花を咲かせた。

カレンの手記——

「その夜宿舎に帰り、夜中の三時に電話で起こされるまでぐっすり眠った。電話の主はパリにいる友人だった。友人の話では、キエフに近いチェルノブイリで原子力事故が起こったのを、タス通信が認めたという。事故は三日前の土曜日の未明に起きたらしい。悪い知らせだが、しかし、これは重要なメッセージだ。電話を聞きながら私は自問自答した。

『すぐにでもキエフを離れた方がいい。いや、離れるべきだ』

受話器を戻すと、私は起き上がって窓際に寄ってみた。窓はしっかりと閉まっている。樹木も鳥たちも別に何ともないようだし、道路をへだてたゴロセーエフスキー公園も輝きを失っていない。おそらくさっきの電話は、ただの誤報だったのかもしれない。それでなければ、西側の新手の反ソ宣伝ではないだろうか。それにしても、その事故をタスが確認したのはどうして?[13]」

思い乱れて、カレンはもう眠れなくなった。

〔注〕

（1）プラウダ　86・12・25

（2）カレン・ウェイズブラットの手記、ヨーロッパ核軍縮運動（END）情報連絡誌『ENDジャーナル』（英文）24号（86・10／11）

（3）プラウダ　86・5・16

（4）ヴァシル・ニバク『チェルノブイリ』（英文）、ウクライナ政治出版社、キエフ、一九八七

（5）プラウダ　86・5・6

(6) 前出、プラウダ 86・12・25
(7) コムソモリスカヤ・プラウダ 86・5・11
(8) Erik P. Hoffmann, *Nuclear deception : Soviet information policy*, Bulletin of Nuclear Scientists, Aug./Sept. 1986.
(9) ポーランド人原子力科学者の証言、在ロンドン・ポーランド問題情報センター『ポーランドの検閲されていないニュース』誌（英文）23／24号（86・12・25）
(10) 朝日新聞 86・4・29
(11) イズベスチヤ 86・4・30
(12) 前出、ポーランド人原子力科学者の証言
(13) 前出、カレン・ウェイズブラットの手記
▼この章の事故発生経過は次の資料を参考にした。
＊原子力安全委員会・ソ連原子力発電所事故調査特別委員会編『ソ連原子力発電所事故調査報告書』（第一次）86・9・9
＊同前『ソ連原子力発電所事故調査報告書』87・5・28
＊原子力資料情報室編『チェルノブイリ原発事故関連資料集』87・12・26
＊田中幸夫、広瀬泰之訳『ソ連原発事故報告書』（経セミ増刊、日本評論社）86・12・24

第2章　魔の明り

魔の明りを消せ

四月二十六日午後モスクワを発ったレガソフ・アカデミー会員は、その夜のうちに事故現場に着いた。四号炉の炉上の暗い夜空にぽっと浮かんだ「魔の明り」（原子炉内の火の照り返し）を目にして、かれは強い衝撃を受けた。炉心は灼熱状態にあり、炉心溶融が進行して、大惨事にいたる可能性がある。いまは何としても炉心の温度を下げ、黒鉛の燃焼を止めなければならない。

そのため最初は炉に放水して除熱する方策が立てられた。キエフ市内務局のチームが考案した特製のスプリンクラーを持ちこんで、炉の外側に放水した。また空軍パイロットがヘリコプターからホースを吊り下げ、原子炉に接近して放水をこころみたが、わずかな風にもホースが揺れて、思うように操作できない。放水による冷却は労多くして効果なしと判断され、この手段は放棄された。

現地の政府委員会ではこれにかわる方策が真剣に追求された。二つの現実的な対策が浮上した。一つは燃焼過程が自然に終結するのを待つ。いま一つは炉心に除熱材と濾過材を投入し、事故の中心部分を局在化することである。

第一の方法、つまり炉の自然冷却を待つことは、炉底溶解の危険を避ける上で有利だが、しかし、非常に長い時間を要する。その間、放射能が継続的に放出され、放射能汚染の規模と濃度がきわめて大きくなる。

第二の方法は、事故炉の上部を塞ぐことで放射能汚染を減らすのには役立つが、しかし、熱の排出をさまたげ、燃料が溶け、閉塞物の重さも加わって下降する危険がある。この問題を解決するには、熱を通過させるとともに温度を安定させる物質や、放射線防護に役立つ溶解しやすい金属、それに原子炉の熱を奪うとともに、黒鉛の燃焼を止めるのに役立つ炭酸塩が必要である。

政府委員会の専門家グループは、討議の結果、第二の方法を選んだ。科学者たちの計算では、原子炉を密封するために要る材料は、次のように膨大な数字になった。

▼燃焼防止のためのドロマイト（白雲石）、八〇〇トン▼核燃料の再臨界を防止するためのホウ素、四〇〇トン▼冷却と放射能放出抑制のための鉛、二四〇〇トン▼熱を通過させるフィルター材として粘土と砂、一四〇〇トン、合計五〇〇〇トン。

これらの大量の物質を、ヘリコプターで空中から炉心に投下するのである。

大量の資材を緊急に準備し、ヘリコプターの離着陸地点に集めるのも容易ではなかった。たとえば一〇〇〇トンの砂を用意するため、プリピャチ川を往来している荷船が動員された。集められた川砂の山を袋に入れて砂袋を作るのは、動員された共産青年同盟員や学生たちの仕事だった。この作業中に放射線防護服やマスクを着けている者はいなかった。近くの採土場から粘土を掘って運ぶ仕事は、トラックの運転手たちに託された。その後六日間の突貫作業の後、過労と放射線障害のうたがいで、運転手の多くは入院することになる。

空中投下作業の実行責任者として、モスクワからN・アントシキン空軍少将が派遣された。ぱっくりと大きな口を開けた原子炉、その口は熱と放射能を吐き出している。上空から見ると、それはちょうど「虫歯が抜けた跡」のようなかたちだった。その穴に栓を詰める作業、これはいままで誰も経験したことのない、危険な作業であった。

チェルノブイリ原発には事故を起こした第四発電所のほかに、三つの発電所がある。高さ一五〇メートルのガス抜き煙突も立っている。建物のまわりでは多数の人が事故処理作業を続けている。その上空を飛んで右に記したような資材を投下するのだ。それも二〇〇メートルの高度を維持しつつ一〇トン前後の重量の物を小さな目標の上に投下しなければならない。目標をはずすことは許されない作業であった。

しかし、最初五〇キロの鉛の塊を投下したパイロットたちは、なれないこともあって命中率はよくなかった。命中精度を少しでも高めるために、無線係が四号炉に近い建屋の屋上に上がり、ヘリコプターに投下位置を指示することまで行なわれた。無線誘導員たちが大量の被曝をしたことは言うまでもない。

その後、ヘリの胴体にパラシュートを逆さに吊り下げ、袋の部分に資材を詰め、開口部めがけて投下するようにした。さらにはジェット機の着陸速度を制御する丈夫なパラシュートが使用された。

排気用煙突などの障害物の間を縫って、危険な炉上飛行をするのに、絶妙の航空技術を示したのは、A・セレブリャコフ飛行士だった。かれの飛行は「空のスラローム」の異名を得た。しかし、どれほど経験を積んだパイロットでも、誰もが楽々と飛べたわけではなかった。なかでもパイロットたちを束ねるアントシキン少将の心労は大きかった。

アントシキン少将の話——

「空軍はヘリコプター操縦に豊富な経験と高い技倆を持つパイロットを呼び集めました。そうですね、パイロットは一日平均二〇回以上飛びましたよ。いや、それ以上の回数飛んだ者もいます。第一日目は全部で九三回、二日目は一八六回の飛行が記録されています。

初めはパイロットの人数が足りなかったため、正直に言って、無理な飛行が強いられました。それは二週間のうちで一番ストレスの強かった時期です。緊張が強すぎて、最初の四日間位は私も隊員たちも、眠ることさえできなかったほどです。四日目ごろからやっと少しは眠れるようになりました。それに最初の数日は飛んだり、準備したりが忙しくて、軽く何かを口に入れる余裕さえなかったほどです。

そのころはまさに、空軍がとてつもなく大きな責任を負わされていることを、ひしひしと感じさせられる日々でした。大げさに聞こえるかもしれませんが、事故炉の運命はまさにパイロットたちの手に握られていたのです。

一週間たったころから、私たちの仕事は少し楽になりました。新しい隊員が補充されたからです。新人の多くはアフガニスタンから帰ってきた者たちでした。それからは交替で休めるようになりました。それまではヘリを着地停止させる間もなく、物資を引っ張り上げるという無茶な作業の連続だったのです(1)」

事故炉密封のほかに、パイロットには放射能測定、事故炉内部の写真撮影、その他の特殊な任務もあった。政府委員会が常に新しいデータの収集を要求してきたからだ。科学者や専門家を同乗させて炉上を飛ぶこともあった。

牛飼農家の息子に生まれ、子どものころから大空を飛ぶことを夢見たニコライ・アントシキンは、長じてオレンブルグ航空学校に入学しその夢を実現した。がっしりとした体格、温厚な人柄、沈着冷静な判断力を持ったかれは、空軍の中で上部からは信頼され、部下からは好感をもたれた。しかし、今度ばかりはこれまでと勝手がちがった。チェルノブイリに来て数日でたちまち体重を七キロも減らしてしまった。

一番辛かったのは、危険な飛行をためらうパイロットに、飛行命令を下す時だった。アントシキンはそのころを回想してこう語っている。

「パイロットの数が足りなかったため、予備役の民間人まで動員しなければなりませんでした。かれらに軍服を着せ、プリピャチに集めたのです。この人たちは何をやらされるのかを知って、ためらいを示しました。私はかれらを整列させ、こう訓示したものです。

『諸君の前に立っているのはソ連空軍の将官である。私は諸君とともに出動する。もしも私がたじろいだりしたなら、諸君も私に習って任務を放棄してよい。だが私が諸君とともにいる限り、諸君は一歩も退いてはならない』

こうしてわれわれは日の出から日没まで働きました。途中で任務を投げた者は一人もいませんでした」(2)

留学生カレンの不安

深夜の電話を受けてからカレンは眠れないまま朝を迎えた。四月二十九日火曜日、宿舎一階の食堂ではいつものように、英国人留学生たちがにぎやかに朝食をとっていた。米国人留学生のリーダーはといえば、原発事故の知らせを聞いたばかりだというのに、公演予定のバレーの切符を売るのにかまけている。留学生世話係のソ連人はいつもの隅っこの席にくつろぎ、ほほに笑みを絶やさずに留学生たちの質問に答えている。

留学生　私たちはいま危険な状態に置かれているが、どんな対策が立てられているのか?

世話係　キエフのすべての機能が正常に動いていることは、みなさんごらんのとおりです。ウクライナの首都はいつもと少しも変わっていませんよ。バカなことを言わないで下さい。重大な異変があれば、政府が必ずみなさんに知らせますから、心配ありません。

世話係の説明でカレンたちはほんの少しだけ気もちが楽になったが、それでも不安がすっかり消えたわけではなかった。

ＢＢＣ（英国国営放送）の世界事情リポートは、「ウクライナで原子力史上最悪の惨事が起こった」と報じた。それなのに、地元の新聞はこの事故について一言も書いていない。昨夜、テレビニュースが原発で異常があったことを報じたが、何だかあいまいで要領を得なかった。カレンと友人は手分けしてモスクワのイギリス、アメリカ両大使館に電話をかけて情報を求めたが、収穫はなかった。(3)

政府による公式の発表はないが、二十九日の朝になると原発事故のうわさはキエフ大学の大学生や、留学生の宿舎の従業員たちの間にもひろがっていった。たとえば、二十六日の深夜、大量のバスがあわただしくキエフ市から北の方へ移動した後、プリピャチ市などの住民がキエフ市郊外に避難してきたとか、キエフ市内の病院には原発事故による負傷者がつぎつぎに運びこまれているという。

事故を起こした原発はいまなお危険な状況が続き、放射能を出し続けていること、キエフでも牛乳や生水《なまみず》を飲まない方がいい、空気が汚染されているから、なるべく外出を控えた方がいい、党や政府の指導者は家族をひそかに避難させているといったことも、口コミで広がっていった。不安は一気にたかまった。

アングラ情報を耳にはさんだカレンは、いても立ってもいられず、英語の通じる旅行代理店のインツーリストに電話を入れた。

「皮膚についたチリは、汚染された水で洗ってもいいんですか、それともそのままにしておいた方がいいんでしょうか？」

「コンタクト・レンズはそのまま使っていてもいいんでしょうか？」

「部屋の中に閉じこもっていた方がいいのでしょうか？」

矢つぎばやに質問をぶつけてみたが、何ひとつ回答はなかった。

水や食物の汚染が心配なので、留学生の中にはミネラル・ウォーター、炭酸飲料、チョコレートで「キエフ式ダイエット」を始める者も出てきた。

どうしていいのかわからない。カレンは学校を欠席し、宿舎の自室でただ座っていたが、とにかく暑かった。窓の外を見ると、Tシャツや半ズボン姿の人たちが多かった。欠席者が増えたので、とうとう学校の責任者が宿舎にやって来た。かの女はこう説明した。

「飲料水の水源はチェルノブイリ原発より風上にあります。もし何か変わったことが起きているのなら、当局が子どもや女性をキエフに置いておくでしょうか。何も心配することはないのです(4)」

確かにキエフ市の生活は表面的には平静を保っていた。メーデーのパレードも例年どおり行なわれる予定だ。しかし、「心配いりません」「安心しなさい」という上の人たちの説明とは別に、親しい間では「ねえ、今日のレベルは?」というのが、しだいにこれまでのあいさつにとってかわり始めた。

そして間もなくキエフ駅の出札窓口の前が急に混雑し、窓口にたどりつけないことが、何日も続くことになる。人びとは鉄道に少しでもコネのある知人に電話をかけまくった。電話を受けた人がまた知人に電話をする。こんなことは、これまで新年の休みやその他の休日の前にも、起きたためしがなかった。

「なぜおれたちをチェルノブイリへ行かせないんだ?」

キエフ記録映画スタジオでスタッフに当たり散らしているのは、コヴァル監督だった。地獄耳のコヴァルは四月二十六日の早い時刻に、チェルノブイリ原発事故の情報をつかんでいた。かれはすぐさまスタジオにかけつけ、取材の準備を始めた。現場はここからわずか一三〇キロしか離れていない。その日のうちに役所から取材許可が下りるものと思っていた。だが今日で四日目、まだ許可が出ない(実際に記録映画の撮影ができたのは、事故から二十日も過ぎてからのことだった)。

モスクワの中央記録映画制作所でもセルギエンコ監督が、いつでもチェルノブイリ原発へ飛ぶ態勢を整え、国家映画委員会のヤルマシュ議長に、取材許可を要請していた。こちらもまた、待てど暮らせど返事は来ない。やっと国家映画委員会から電話があったかと思うと、それは取材許可の連絡ではなく、現地の専門家グループが事故原因を分析するために必要なカメラのレンズを提供してほしい、というものだった。

モスクワの記録映画チームが事故現場へ行くまでには、「最も権威のある党機関」の口ききが必要だった。ウクライナの制作チームが仕事を始められたのは、それより何日も後のことだった。

後にV・シネルニコフはプラウダ紙上で怒りをこめて書いている。

「映画制作局の官僚たちは、チェルノブイリの真実とソ連人民の精神力と行動を、内外に知らせるための努力を、何ひとつしようとしなかった。事故現場で二十日もの間、一人のカメラマンもカメラを回せなかったという事実を正当化するのに、多くの口実を見つけることができるだろう。しかし、多くの人たちが被災者のために自分たちの心と家の戸を開いていた時に、その場面を一カットもフィルムに納めなかったことを、どういう風に説明すればいいのだろうか。つまり記録映画界は悲しいことに、この社会において自らが置かれている位置を、あらためて思い知らされたというわけである」(6)

さようならキエフ

原発事故はカレンたち留学生仲間の反応にも亀裂をもたらした。放射線の作用に知識があり、多少とも不安や恐怖を感じた者は、語学研修を中断して帰国することを希望した。原発や放射能に関心も知識のかけらも持たなかった者は、「神経質すぎるんじゃないの」といった顔でいた。ソ連の世話係は、帰国するかどうかは、留学生全員の意思で自主的に決めてほしい、ソ連側は皆さんの決定を尊重するという方針を伝えてきた。

キエフに残るかそれとも離れるか、それを決めるために、留学生は全員投票することになった。その結果、帰国を希望する者四六人、事情がはっきりするまで残りたいという者四〇人。わずか六票差だったが、規則によって、残留希望者も一緒に帰国しなければならなかった。

ソ連側の学生旅行代理店スプートニクは、手際よく帰国の手続きをしてくれた。四月三十日水曜日の夜、留学生たちは放射能汚染区域を通過する列車でキエフを後にした。

出発の何時間か前に、カレンはロンドンの母親から電報を受け取った。電報には、チェルノブイリ原発でメルトダウン(炉心溶融)が起きていると書かれていた。「大気と水は放射能で汚染されている」。カレンは知り合いのソ連人に電報を見せた。集めたBBCの情報を知らせると、一様にショックを受けたようだった。

ソ連人は「あちら側」から自国の大惨事を教えられることを好まない。だがこうなった以上、どうしたらいいのか？　あるソ連人の友人はすぐにキエフを離れて南部の祖母のところへ行く決心をした。留学生たちがモスクワに着くまでに、列車は定員をオーバーして満杯になった。三〇キロ・ゾーンの住民たちが避難したのは、それからなお数日後のことだった。

カレンら留学生たちがキエフから少しでも遠くへ離れようとしていたころ、海の外から逆にモスクワへ行こうとしている一人の男がいた。四月二十九日の朝、かれはロサンゼルスの自宅でラジオを聞きながら、ひげをそっていた。ソ連のチェルノブイリ原発で事故があり犠牲者が出たこと、放射能がスカンジナビア一帯に広がっていることをラジオが伝えた。それを聞いた瞬間、男は思った。

「ソ連はわれわれの助力が要るはずだ」

かれはレーガン大統領のガン制圧問題の顧問アーマンド・ハマーの名前を思い出した。かれならモスクワとの太いパイプを持っているはずだ。男はさっそく電話をかけた。

「ハマー博士、私はロバート・ゲイルと申します。カリフォルニア州立大学医学部にいます。骨髄移植の専門家です。ソ連は骨髄移植の専門医を求めていると思いますが……」

ゲイルの自己紹介と援助申し出を聞いていたハマーは、モスクワと相談した上で返事をしたい、と言って電話を切った。

ロバート・ゲイル、四〇歳。アメリカ人によくあるややおせっかいな正義感と学問的功名心に満ちた男。何カ月か後に、ソ連のある詩人はプラウダに発表した自作の詩の中で、「ヒロシマの年に生まれたゲイルの行為に、神が宿っている」とかれを称讃するが、その時はまだモスクワに行けるかどう

か、その確率は予想できなかった。(7)

カレンたちはモスクワに着いた。メーデーだった。留学生たちは放射線被曝の検査を受けるため、全員がモスクワ第七病院に入院した。病院側は結果を出そうとして懸命だったが、徹底的な検査をするには何しろ時間が短すぎた。

カレンは病院でのこっけいな体験を憶えている。尿検査をする時、蓋のないジャムのびんを渡された。尿を入れたびんを戻すと、職員はそれに男の名前を書き込んだ。ガイガーカウンターの測定も行なわれた。カレンの衣服は三〇、靴のかかと二〇、体二〇だったが、それがどんなことを意味するのか、誰も知らなかった。

五月一日の朝七時半、ロバート・ゲイルの自宅に電話がかかった。相手は首都ワシントンにあるソ連大使館のO・ソコロフ代理大使だった。かれは単刀直入に聞いてきた。

「ゲイル博士、あなたはいつモスクワへ出発できますか?」

「今日でしたら午後三時半のルフトハンザに乗れます。モスクワに明二日六時十分に着くでしょう」

ロバート・ゲイルは旅行に携行するのはいつも機内持ち込みのバッグ一個と決めていた。「要るものはソ連でも買えるさ」と妻のタマーに言って、かれは家を出た。

ゲイルがモスクワ入りした二日後、カレンたちはモスクワを去った。モスクワ空港の英国航空カウンターでスーツとナイロン・ストッキングを特別に支給された。着ていた衣服と荷物はプラスチックの袋にパックされた。機内ではアルコールは無料サービス、食事はまるで王様なみの待遇だった。

ロンドン空港で英国放射線防護委員会（NRPB）の代表から丁重に迎えられた。のどに数秒器具を当てる簡単な検査をされ、全員心配はないと太鼓判を押された。だが、放射線レベルが基準値を超えていたとの理由で、衣服を押収された者もいた。

カレンは、被曝線量は心配ないと言われた。しかし、カレンが何度要求しても、NRPBは検査結果を送って寄こさなかった。(8)

再爆発を回避せよ

アントシキン少将らによる空からの原子炉閉塞作業は、事故翌日の四月二十七日から五月十日まで続けられた。実際は四月二十八日から五月二日までの五日間が山場だった。その結果、五月六日までに事故炉からの放射能放出は大幅に減少したが、なお深刻な問題が残っていた。

五月二日ごろ炉心の温度が一時急激に上昇したのである。その原因は、内部で黒鉛の燃焼が続いているためと推測された。高熱のため炉心が溶けて下降し、原子炉建屋下部に設けられたサプレッション・プール（事故時に発生した蒸気を凝縮する装置）内の貯水に接触するか、あるいは水びたしになっている地下に到達すれば、新たな大爆発を起こす恐れがある。それを回避するためには、炉心の温度を低下させること、サプレッション・プールと建屋地下の水抜きをすることが至上命令だった。

炉心温度を低下させるために二つのことがなされた。一つはコンプレッサーで原子炉下部の空間に窒素を送り、燃料温度と酸素濃度を低下させることだ。これにより五月六日までに原子炉温度の上昇は停止した。だがこれで安心はできない。炉内の高熱は依然として続いており、しかも炉の上には五〇〇〇トンもの投下物が乗っている。確率的には小さいといっても、原子炉建造物の下層が破壊される可能性がある。それに備えて、原子炉基底部の下にコンクリート・スラブ（平板）を置き、人工的な除熱層とすることが決められた。つまり四号炉の下部に向かって水平トンネルを掘り進め、炉の真下に大きな鉄筋コンクリートの箱を造るのである。

ウクライナ共和国のスルガイ石炭産業相がこの工事の指揮を取ることになった。モスクワからの地下鉄工事労働者や炭坑夫ら一五四人、ドネツ炭田の炭坑夫二三四人から成る掘削班が編成された。スルガイ氏は語っている。

「作業班は全長一三六メートルのトンネルを掘り抜き、ケーブルを配線し、トロッコ用の軌道を敷きました。トンネルの直径はわずか一・八メートルの窮屈なものでした。

この作業の最大の難問は放射線とのたたかいでした。作業開始時の線量は三〜四レントゲンでしたが、切羽に入ると線量はだいぶ下がりました。

作業は一日二十四時間八交替で行ないました。一チームは一日三時間作業で、十五日間働くと撤退させました。この作業で四号炉の下から約一〇〇〇立方メートルの土を掘り出し、その後にコンクリートを詰めたのです」(9)

作業中の労働者の多くは、暑さのため上半身裸同然だった。放射能防護マスクも防護服もつけてい

図6　チェルノブイリ原発と同じRBMK-1000型の断面

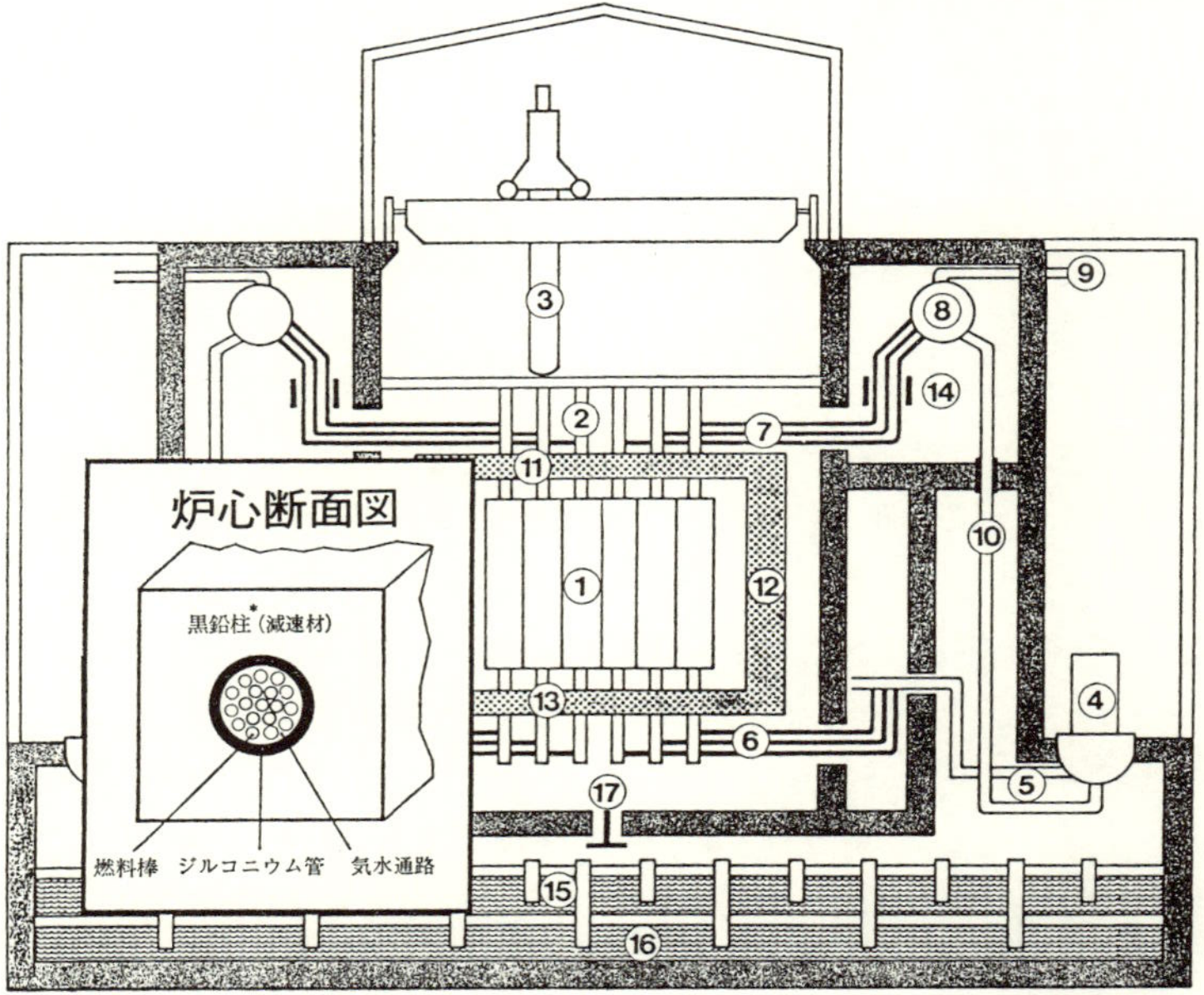

①炉心（左下断面図参照）
②燃料棒および制御棒チャンネル
③燃料交換機
④主循環ポンプ
⑤分配グループヘッダ
（冷却材を細い冷却水配管へ送る）
⑥冷却水配管（冷却材を炉心の気水通路へ送る）
⑦気水配管（気水混合物の出口）
⑧気水分離器（蒸気と水を分離する）
⑨蒸気ヘッダ（蒸気をタービンへ送る）
⑩下降管（分離した水を循環パイプに戻す）
⑪上部生体遮蔽
（従業員を炉心の放射能から防護する）
⑫側部生体遮蔽
⑬下部生体遮蔽
⑭燃料健全性監視系
（燃料棒の破損を監視する）
⑮上部サプレッション・プール
（配管破断などで漏れた蒸気を圧縮する）
⑯下部サプレッション・プール（同上）
⑰圧力開放弁
（原子炉建屋内に漏れた蒸気をサプレッション・プールに通す）

▩生体遮蔽　▩強化コンクリート

＊ ウラン燃料棒を囲む黒鉛柱1661本が炉心に装着されている。

出所）Bulltin of Nuclear Scientists, Aug./Sept. 1986

なかった。そんな姿では地下での肉体労働はできなかった。

プラウダ記者はこのトンネル掘削作業を次のように伝えている。

「……トンネルの入口が見えた。屈強な若者が四〜五分ごとに、原子炉の下で掘った土砂を積んだトロッコを押してくる。仕事衣は汗でびっしょりだ。

『若い連中がこのトンネルを何て呼んでいるかわかりますか?』と副作業隊長のラフィ・テュルキャンが聞いた。『いのちの道、て言ってるんですよ』。

狭軌道トロッコの箱に山積みされた土砂は、入口で待っているトラックに移し替えられる。帰るトロッコは鉄骨、砂利、パイプをのせていく。

トンネルの奥まで行ってみたいと申し出ると、『プラウダの記者がそちらへ行きたいと言ってるぞ』と電話で叫ぶ。『よーしっ、通していいぞ』と返事。

われわれは奥の方へ下っていく。炉の下ではコンクリート詰めの最後の段階に入っている。トロッコ運搬のリズムを妨げないよう、気をつけねばならない。入口から遠くなるほど暑くなり、空気の湿り気が強くなるのを感じる。トンネルは金属の輪で支えられている。頭上と左右にはパイプ、電線、足もとにはレール。われわれを案内してくれた人は、『頭を下げて、もっと低く!』と注意してくれた。

トンネルの行き止まりに来た。足もとには鋼材が井げたに組まれ、頭の上には第四発電所の土台のコンクリートが見えた。いわばこれが原発の足なのだ。そしていまその足の下に、もう一つのもっと頑丈な土台を造っているのだ。ここで働いている人の数は少ないが、一人ひとりが責任の重い仕事を分担している(10)」

この作業は六月末に終了した。

原子炉下部の水抜き作業に当たったのは、原発の当直長バラノフ、技師ベスパロフ、機械技手アナネンコの三人だった。かれらはウェットスーツを着け、水浸しの通路を歩き、貯水槽のバルブに達した。地下にたまった水を抜くのはさらに困難だった。運転中の原子炉を冷却するのに使われる通風管は、放射能で汚染された水の三メートル下に沈み、そのバルブは堅く締まって動かなかった。したがって水はポンプでくみ出さなければならなかった。

ビラ・ツェルクェヴァから来たナハイェフスキー隊長が率いる消防隊員がこの任務を与えられた。かれらはポンプ車を地下にじかに乗り入れ、ポンプを始動させた。ポンプは度たび停止するので、隊員はそのたびに放射線値のきわめて高いポンプのそばへ取って返さねばならなかった。十五時間後に地下にたまっていた大量の水はほぼくみ出された(11)。

この作業に従事した二人の消防隊員トリノスとドブリン(ともに二八歳)は、作業の終了直後、病院に収容されたが、その時のことをふり返ってこもごも次のように語った。

ドブリンの話――

「あそこは、まるで生き地獄のようでした。でも命令を受けたので、それをやりとげたのです。誰かが身の安全を犠牲にしなかったら、惨事の拡大を食いとめることはできなかったでしょう。どれ位の線量を浴びたのかですって？　そんなことはわかりません。あそこはちょうど戦場と同じような状況だったからです。民間防衛指示によれば、作業隊は放射線値を調べながら作業をすることになっていますが、あの場には放射線管理員もいませんし、線量の測れる者なんていなかったのです。いまだからこそ過去をふり返って、ああすべきだった、こうすべきだったと言えますが、あの時はもう指示がどうのこうのと考えるゆとりさえありませんでした。われわれはただ夢中で職務を実行しただけですよ」

トリノスの話――

「許しがたいと思っていることが一つあります。事故があった四月二十六日の夜、私たちはプリピャチ市内を巡視する任務に就いていました。その時には原発で火事があったことは誰もが知っていましたが、原発が爆発炎上したことなど、誰も言ってくれなかったのです。私の隊の仲間は誰も爆発のことを知りませんでした。翌朝、私たちはのんきに日光浴をしたものです。放射能が降ってきたなんて夢にも思わなかったからです。それから私たちの隊が待機して休んでいる時に、地元の消防士たちが必死で原発の火とたたかっていたことも、後になって知らされたのです」

二人は一カ月以上入院していた。入院中に放射線障害で苦しんでいる同僚の消防士たちを見た。かれらはひどい火傷を負い、頭髪は脱け落ちていた。

事故の二カ月後にトリノスの家族は新しいアパートを与えられた。二人は年に一回、病院で検査と治療を受けている。病院側の公式の診断発表では「いまのところ白血病の心配はない」という。

本人の話でもいまのところ別段変わったことはない。トリノスは最後に自分の意見を述べてくれた。

「私たちはもっと事実を公開することが大切だ。世界で最大の原発事故の影響を除去する力量がわれわれにあったと言うのなら、われわれが直面したあらゆる種類の問題を、もっともっと明るみに出せ

るだけの力量も備えているはずだ。人びとが問題が何かを知った時に初めて、それを解決することができるのだから」(12)

記者会見

五月六日、この日からソ連の新聞は政府の公式発表だけでなく、現地に入った記者たちの取材記事を載せ始めた。プラウダはグーバレフ記者（科学部長）とアディニェツ記者（キエフ支局）の報告を載せた。

「ヘリコプターから見おろしたプリピャチ市の異様な光景。雪のように白い高層ビル、広びろとした街路、公園、スタジアム、幼稚園とその運動場、商店街。数日前までここに四万五〇〇〇人が住み、発電所や建設現場や化学工場や運輸機関で働いていた。だがいまこの都市は空っぽになった。街路には人っ子ひとり歩いていない。夜が訪れても灯のともる窓はない。ときどき街路を走っている放射線測定車の影が動くだけだ。また時折この静寂を破るエンジンの音が川の方からひびいてくる。運転停止中の一、二、三号炉を監視するための交替要員を運んでくる船が発する音だ」(13)

同じ日、モスクワの外務省プレスセンターで、内外記者団を集めてチェルノブイリ原発事故に関する初の会見が行なわれた。司会をした外務省のコヴァリョフ第一次官は、東京サミット（五月四〜六日）に集まった西側七カ国の首脳たちが、チェルノブイリ原発事故に関連してソ連の「秘密主義」を非難したことに反論した。同次官は続けて、ソ連は事故についての事実が判明するにしたがって随時それを公表してきたのであって、想像や推測でものを言うのをつつしんできたにすぎない、米国でも一九七九年のスリーマイル島原発事故の際には、即座に事故原因を発表したわけではなかった、米国政府が上院に報告を提出したのは約十日後であり、IAEA（国際原子力機関）には二カ月後にやっと報告を出したのではなかったか、と切り返した。

確かに原発事故は西側大国にとって両刃の剣である。チェルノブイリ原発事故につけこんで、ここを先途とソ連の「秘密主義」を深追いすれば、それがブーメランのように自分たちの側にはね返ってくる。原子力にまつわる秘密政策については、おたがいにすねに傷を持っている。コヴァリョフ第一次官はその弱点を衝いたのだった。しかし、西も東もこの秘密主義非難ごっこは、政治的演技の限度を超えてはならないことを、十分に心得ていた。

ソ連政府からこの記者会見に出席したのは、シチェルビナ副首相（政府委員会議長）、ペトロシャンツ国家原子力利用委員会議長、ウォロビョフ保健第一次官、セドゥノフ国家水文気象環境委員会第一副議長、エメリャーノフ科学アカデミー準会員らである。この記者会見では次のような見方が明らかにされた。

シチェルビナ副首相　ソ連政府は事故直後に政府委員会を設置し、事故の影響除去と原因調査に取組んだ。われわれは数時間内に現地に到着した。化学部隊と治安警察も到着した。必要な数のヘリコプターと資材が送られた。

事故による死者は二名、放射線障害を負った者は一〇〇名以上で、かれらは四月二十六、二十七両日、モスクワの病院に送られた。モスクワでは米国のゲイル、テラサキ両教授がソ連の医療障に協力している。危険地帯に住んでいた住民は避難している。三〇キロ・ゾーンからの避難民に対して、医療、住居、就業面での援助が与えられている。

読売（日本）、ムラダ・フロンタ（チェコ）、AP（米国）の特派員らは、「原子炉は密封された状態にある」という表現を、具体的に説明してほしいと質問した。また「放射能の放出は止まったのかどうか」についても質問が発せられた。

回答　原子炉が密封された状態とは、内部での核分裂連鎖反応が停止したことを意味している。緊急安全対策によってこの状態が生じたのであり、原子炉の出力はミニマムになっている。したがって核分裂反応にともなう放射能の漏洩は事実上起こっていない。

CBS（米国）、ARD放送（西ドイツ）その他の特派員らは、人的被害の状況について質問した。

回答　二人の死者のうち一名は火傷、もう一人は負傷で死亡した。放射線障害で入院した者は二〇四名に上った。かれらはすべてソ連で最高の治療を受けている。

ネプサバドシャグ（ハンガリー）、デンマーク・テレビの特派員らは、この事故が近隣諸国に及ぼす影響について質問した。

回答　事故炉が放出した放射能により、チェルノブイリ原発周辺の放射線レベルは上昇した。ソ連国内の遠隔地、近隣諸国でも放射線レベルが大幅に変化したとのデータを得ている。われわれの考えでは、放射性降下物の半減期は短く、自然放射線レベルと比較して大差はないと考えている。

日本、フィンランドその他の記者から、ソ連の原発の信頼性、今後の原子力政策について質問が出た。

回答　ソ連の原子力発電に関連する科学・技術のレベルは高く、原子炉と発電所の設計もすぐれている。個別の部品、組立部分についても、多くの場合、外国のものを超えている。確かに事故は起こったが、ソ連では現在四一基の原子炉が運転中であり、しかも三十年以上の運転経験を有しているという事実を、忘れてはならない。原子力工学はいまなお若い技術である。だがそれは安全に、確実に運用されている。ソ連の原子力工学が他国より劣っているとの評価は正しいとは言えない。

チェルノブイリ原発事故によって、原子力工学の発展が妨げられることはない。さらなる信頼性を確保し、いかなる事故の発生も防ぐ措置を取る必要があることは、言うまでもない。(14)

目に見えない敵

政府要人たちがモスクワで内外記者団を前に、政治的かつ楽観的な見方を披露していたころ、現地では依然として目に見えない敵、放射能とのたたかいが続いていた。

原子炉の頭部にできた穴を、五〇〇〇トンの物質でふさいだことで、ヘリコプター・パイロットの仕事が終わったわけではなかった。

上空から見ると、原発サイトには爆発で飛び散った破片やがらくたが、まだ一面に散らばっている。放射能まみれのがらくたを片づける前に、応急の除染が必要だった。それは想像できないほど複雑な作業だった。とくに難しいのは放射能の塵が舞わないようにすることである。塵を「おとなしく寝かせる」ために、大きな白い「羽ぶとん」をかけてやらねばならない。ふとんは柔毛のかわりに液状合成ゴムが使用された。この液体は空気に接触するとすぐに固化して、汚染された地面や物体の表面をしっかりと膜で覆ってしまう。ふとんを地表に敷く仕事がヘリコプター隊にゆだねられた。

ヘリコプターから撒かれた液体の「羽ぶとん」は、こわれた原子炉の近くにある目標物の上に降りそそいだ。白い建屋の屋根、壁、まわりに散らばっている破片類を、薄い膜が包んでいった(15)。

空では鳥のように、地上では虫のように、事故処理活動が続いている。地味で目立たないが、住民生活の安全を守る上で欠かすことのできない任務を引き受けたのが工兵部隊だった。

工兵部隊に課せられた任務のうち、困難をきわめたのが、河川水の放射能汚染を防止するために、堤防を構築する作業だった。

政府委員会はベロウーソフ中佐が指揮する工兵大隊に対して、プリピャチ川に堤防を築き、また同川の二つの支流をダムで遮断し、雨水がプリピャチ川に流入するのを防止する任務を与えた。工事完了期限は十日後。それを聞いた時、ベロウーソフも部下たちも一瞬耳を疑った。普通ならどれほど急いでも一カ月は優にかかる工事量である。昼夜兼行で各中隊ごとに交替で作業に当たることになった。

五月初頭に工事は開始された。支流をふさぐために浅い川底から掘り上げる砂は、最初の三昼夜のうちはまるで底なし沼でもあるかのように、水の中に吸い込まれていく。ブルドーザーが土砂を運んできても、一向に土はたまらない。三、四、五……時間。川はいくらでも土砂をのみこんでしまう。兵士たちの顔につかれといらだちが濃くなった。こんなことをして何の役に立つのか、疑いと絶望の気分がつのっていった。兵士の疲労と不満は、指示された期限の直前にもう極限に達した。大隊党書記ディデンコ大尉、中隊長ミュレル中尉は心配のあまり現場を離れることができなかった。二人は連日、作業現場の車の中で仮眠した。

大隊長ベロウーソフ中佐、副隊長サジェーエフ少佐（政治部）、大隊付チェルノコフ少佐、コステンコ准尉らは、アフガニスタンから帰ってきた猛者ぞろいである。兵士たちに弱音を吐かせず、たいていのことはやってのけるこわもてだった。かれらはアフガニスタンの戦場での辛いきびしい日々を思い起こしながら、若い兵士たちを励ました。

ウクライナ北部は雨になるとの天気予報が伝えられた。雨が降り出す前に工事を完了しなければならない。後でそれは誤報だったことがわかるのだが、その時は誤報が作業を速めるのに役立った。ブルドーザーの刃をさらに幅の広いものと取り替え、徹夜の作業が続いた。やっと土砂の流失が止まり、ダムの形が見えるようになった。翌朝ダムはできあがり、放射能汚染水がプリピャチ川に流れ込むのが避けられる見通しになった。(16)

他方、除染・建設作業に従事している若い兵士たちの苦労も、並みたいていではなかった。車道の表土を削り取り、家屋を洗浄し、削った土はダンプカーで「埋葬地」へ運ぶ。トラックが遠方からきれいな土を運んでくる。削った道路に新しい土を入れ、ならして固める。暑さの中で放射能の恐怖と

たたかいながら、兵士たちはこの仕事の苦痛に耐えている。(17)

〔注〕

(1) イズベスチヤ　86・12・31
(2) 同前
(3) 前出、カレン・ウェイズブラットの手記
(4) 同前
(5) コムソモリスカヤ・プラウダ　86・6・26
(6) プラウダ　86・7・16
(7) 米誌『ライフ』　86・6
(8) 前出、カレン・ウェイズブラットの手記
(9) プラウダ　86・6・27
(10) 同前
(11) 前出、ヴァシル・ニバク『チェルノブイリ』
(12) ニューズ・フロム・ウクライナ（以下NFU）　88・No.18
(13) プラウダ　86・5・6
(14) プラウダ　86・5・7
(15) トルード　86・5・25
(16) クラスナヤ・ズベズダ　86・5・14
(17) プラウダ　86・7・23

第3章　汚染地域

衣服を洗って下さい

五月二日、ルイシコフ・ソ連首相（党政治局員）とリガチョフ政治局員兼書記がチェルノブイリ原発現地を視察した。リガチョフ氏はイデオロギー政策の担当者として知られ、党内ではゴルバチョフ書記長に次ぐ実力者と目されている。事故現場と周辺では党、政府、軍、警察が活動している。またそれらも中央直属とウクライナ、白ロシアの共和国のレベルに分けられる。それぞれの責任と権限を明確にし、緊急事態に求められる指導の一元化を図ることは至難のことだったろう。その調整をするためにも、モスクワの最高責任者のすみやかな現地視察が必要とされたものと考えられる。この視察直後、政治局は事故の重大性を再認識し、ルイシコフを長とする事故対策委員会を局内に設置した。

一方、チェルノブイリ原発事故をめぐる西側の「誇大な報道」、事実に反する反ソ宣伝への反論が開始された。ハンブルクで開かれたドイツ共産党大会に出席のため西ドイツを訪問していたエリツィン・ソ連共産党政治局員候補（当時）は、五月三日のスピーチの中で、「ブルジョア宣伝はチェルノブイリ原発事故について、多くのでたらめな物語を作り上げている。西ドイツのある新聞はこの事故による死者は数千人に上ったと報じているが、こうした厚顔無恥なデマには、率直に言って怒りを禁じ得ない」と述べた(1)。

また政治解説者のユーリー・ジューコフ氏は、米国政府当局とその意向に従順なマスメディアが、チェルノブイリ事故を利用してソ連に対する不信と敵意を煽り立てていることを非難した。同氏はプラウダ紙上でこう述べている。

「すべての人が知っているように、チェルノブイリ原発事故の影響を除去し、犠牲者たちを救援するために、全力をそそいで対策を講じてきた。ソ連政府は諸国政府に事故の真相を通報した。ソ連の国連代表も総会の席上、事故対策について報告した。

しかし、ワシントンと一部NATO諸国の首脳たちは、この事故を悪意に満ちた政治目的に利用した。かれらはヒステリーとパニックを煽り始めた。ソ連に滞在している西側諸国からの留学生、専門家、観光客は、シベリアにいる者までが強制的に避難させられているなどと、でたらめを言っている(2)」

五月初頭はまだ事故から十日もたっていない時であり、正確な情報と予測は西側だけでなく、モスクワにも不足していた。したがってジューコフ氏は「チェルノブイリの放射能が西ヨーロッパや米国の人たちにまで影響するかのように、西側では作り話を広めている」と非難したが、後にこれは単なる「作り話」ではなかったことが明らかになる。ここでもまた、政治的立場の如何を問わず、ジューコフ氏ほどの影響力を持つ解説者にも、原子力災害についての正確な知識と感覚が欠けていることに、不毛な議論の原因が宿っていると感じざるを得ない。

五月六日、ソ連政府は次のような広報を発表した。

「五月四日、事故の影響を除去するための一連の対策がひき続き講じられた。第四発電所サイトの除染作業が進行している。放射性物質の放出は減少しつつある。河川水の汚染を防止するため、原発周辺のプリピャチ川にそって堤防を構築する作業が行なわれている。ウクライナと白ロシアの放射線の状態は安定しつつあり、改善の方向に向かっている。それらの地域では必要な保健、衛生、医療、予防措置が取られている。三〇キロ・ゾーンからの避難者たちのために、工場、建設工事現場、国営・集団農場等で臨時の雇用が確保されている(3)」

政府の公式発表は放射能放出量の減少を楽観的なトーンで伝え、ウクライナと白ロシアでは状況が改善されつつあると言っている。しかし、ウクライナや白ロシアの人びとの気分は、公式発表をうのみにできるほど、おだやかなものではなかった。

同じ日、ウクライナ政府のロマネンコ保健相はテレビを通じて放射能対策を呼びかけた。

「外出から帰宅したら、衣服を洗って下さい。床は濡れた布で拭いて下さい。毎日シャワーを浴び、シャンプーを使って下さい」

同保健相によると、当面の主たる敵は塵である。というのは、この数日間、ウクライナにばら撒かれた放射性物質を、塵が媒体となって運ぶおそれがあるからだ。

そのころキエフでは、約二五万人の生徒児童が繰り上げ休日を利用して、キエフ市を出るよう市当局から勧告されていた。その半面、当局は依然として放射能による危険はないと言い続けていた。

今日のレベル知ってるかい?

五月十日土曜日、キエフ市の路上ではアイスクリームが売られていた。鐘を伏せた形の色とりどりの日除けパラソルの下で、人びとがジュースやコーヒーを飲んでいる。ルーシ映画劇場の前では入場者の長い列ができていた。余ったチケットはないかとたずねている者もいた。

新聞記者のボロジェベツはその脇を通りながら、ふとこんな会話を耳にはさんだ。

「ねえ、今日のレベル知ってるかい? 一二〇〇なんだよ」

「えっ、一二〇〇だって!」

驚きと不安の声。つぎに会話がどう発展するか想像はつく。五月になってから、キエフ市民はどこに行っても、飽きることなく同じ質問を繰り返している。

「一時間、一日、いや一年間の放射線量はいくらになる? ねえ、一生の間にどれだけの量を浴びることになるの?」

数日前、ボロジェベツ記者はこんなことを言う人に出会った。

「私は何人かの物理学者を知っています。かれらが自宅のバルコニーに置いている線量計は、二日間で三レントゲンを記録したそうです。恐ろしいことですよ」

かれはその事実を確認するために、名前の出された物理学者に電話をかけてみた。すると返事はこうだった。

「エッ、線量計ですって？　何レントゲン？　そりゃいったい何のことです？　私は出張旅行から帰ってきたばかりです」

　ある人たちは政府の公式発表を頭から信用しようとしない。かれらは憶測を働かせる。自分の憶測に信憑性を持たせるために、権威ある人たちの名前が引用される。

　共産主義青年同盟の機関紙コムソモリスカヤ・プラウダの記者であるボロジェベツは、そうしたうわさやデマに許しがたい思いを持っていた。それは取りも直さず、党と政府の威信が無視され、傷つけられることを意味する。なぜ人びとは当局を信じようとしないのだろうか？

　それは共青同盟機関紙記者という責任ある、選ばれた立場にあるかれには、理解の枠を超えることでもあった。というのは、いつでもかれは、「こうである」という現実よりも、「こうあるべきだ」という目標を出発点に、ものごとを考えるのに慣れていたからだ。

　ロマネンコ保健相がテレビを通じて状況説明をして以後、キエフ市民の気もちはやや落ち着きを取り戻したように感じられる。しかし、放送が後手に回ったのは残念だった。その放送でしばらく緊張はゆるんだが、それも長くは続かなかった。子どもたちをキエフから避難させる問題が持ち上がったからだ。

「なぜ、いつ、どれ位の期間避難するの？」

「どうしてもっと早く決定しなかったの？」

　親たちはいらいらしていた。それも無理はない、とボロジェベツは思った。〈親というのは、子どもの安全をいつも心配しているものだ。逆に許せないのはキエフ市の教育局だ。なぜ当局は市民の疑問に答えようとしないのか？　なぜあなた方、役所の人たちは慎重に沈黙を守っているのか？　こんなにも大事な時だというのに。ヒソヒソ話、憶測、デマの横行を断ち切るためには、行政機関がものごとを早目にはっきりと告げる必要がある〉――ボロジェベツはそう思うようになった。

つい二、三日前にもこんなことがあった。学童の健康のため、夏休みを繰り上げることが決まりそうだと聞いたかれは、同僚とともに市教育局にかけつけ、局長の談話を取ろうとした。ところが二人は応接室で四時間も待たされたあげく、結局その日はインタビューができなかった。

取材ができたのは、最初に役所にかけつけた時から二十四時間後のことだった。教育局長の発する一言が、子どもを持つ多くの親たちを緊張から解き放ってくれるのだ。それなのに、発言するかしないかを決めるのに二十四時間も熟慮するなんて！　かれはこの時ばかりは度しがたい官僚主義を呪った。原発事故以後、かれは自分の中にこれまでの自分とちがった、もう一人の別の自分が育っているように感じ始めた。それがどんな自分なのかは、まだよくはわからない。

かれは避難民の取材をした時の経験を、いまでも忘れることができない。それはキエフ州ボロジャンカ地区ザァルツイ村でのできごとだった。そこには北の危険地域から「若い共産主義者」国営農場の人たちが避難してきていた。

かれは何人かの若者たちを集めて、「君たちはこの村でどのように受け入れられているか、何か困っていることはないか？」と質問していた。

その時のことだ。とつぜん一人の男が飛び出してきて会話に割り込んだ。

「この連中の困難について書くことはならん！」

男はわめいた。かれは明らかに避難民ではなかった。

「かれらのヒロイズムについて書きたまえ。事故の後でさえ、かれらは農場でバレイショの植付けに励んでいたんだよ。放射能のことなんか、これっぽっちも念頭になかった。かれらはりっぱに仕事をやりとげたのだ。それがすべてだ。それを書くだけで十分だろう」

ボロジェベツは頭にきた。「何を書くかをジャーナリストに指示するなんて、いったいあんたは何様なんだ。あんたの言うヒロイズムについてなんて、書く気はない。大体そんなのヒロイズムなんてものじゃない。事故の直後に畑仕事を続けるなんて、それは犯罪的なデタラメにほかならない。だって君たちの国営農場は、原発からたった五キロしか離れていないんだろう？　だったら農場長は原子力のイロハぐらい知っていなけりゃならんはずだ。だというのに、事故の直後に農場の仕事を続けさせるなんて……。安全問題に鈍感になり、事故なんか起こりっこないという思いこみが、とんでもない危険な報いをもたらしたのだ」とかれは後に記している。[4]

ボロジェベツ記者の頭の中を、似たようないくつものシーンが、走馬灯のようにぐるぐるかけめぐった。

「原発は安全なんだ、だからわれわれも安全なんだ」。この根拠のない楽天主義がすっかり人びとの身についてしまった。

共青同盟キエフ市委員会の委員で、キエフ工科大学で技術教育を受けた者までが、四号炉からの放射線値のデータを見たにもかかわらず、事故の発生を信じようとしなかった。「そんなことはあり得ない」と言い張って、事故の可能性さえその男は否定した。

ボロジェベツはつくずく思った。

「何だかんだと言っても、結局、罪はわれわれ自身にある。われわれはつい先日まで、原発事故なんて予想もしなかった。チェルノブイリ原発の事故は起こり得ないし、また起こってはならないと、思いこんでいた。計算上も経験上も、それは証明されていると信じこんでいた。ところが事故は現に起こってしまったのだ」

チェルノブイリ原発の上級技師だったサーシャ・ユヴチェンコのことをボロジェベツは思い出す。かれは事故現場に踏みとどまって放射線をたっぷりと浴びてしまったため、モスクワの病院に入院した。気分のよいある日、かれはわざわざ原発の党支部事務所の移転先をさがして、電話をかけてきた。党員候補期間が満期になったので、正式入党を申請したいというのだ。委員会は満場一致でかれの入党を承認した。

しかし、世の中にはそれとちがった種類の人間もいる。やりたい放題にやってきた連中である。かれらは法の網の目をくぐり、住宅を要求し、順番を待たずにわが子を幼稚園に入れさせ、昇給を要求するのが得意だった。状況がきびしい時には、かれらは要領よく第一線から姿を消した。集会のたびに演壇の幹部席にまっ先に登ることを好んだ連中の一人が、事故の後でそこら中にひびきわたるような大声で叫んだ。

「プリピャチなんか、くそくらえ！」

ボロジェベツは思う。「こういう連中を、いまさら臆病者だとか、逃亡者だなどと言いたくはない。ただかれは職務失格者だとだけ言っておこう」と。

かれの話は次のエピソードで終わる。

「私は今日キエフ市の郊外電車に乗った。イルペニ駅で若い女性が乗ってきた。かの女は知り合いを見つけて、すぐにチェルノブイリのことを話し始めた。その話は私を仰天させた。原発の技師長がピストルで自殺し、所長は大量の睡眠薬をのんで自殺をはかったというのだ。

『君は正気かね』と私は言った。私は立入禁止区域への通行証を見せ、数日前に話題の人物たちに会ってきたことを告げた。

私は思う。どうしてみんなこんな風になってしまったのだろう？　誰もかれも疑い深くなって、心が萎縮してしまった。なぜなんだ？　それもこれもすべては目に見えぬあの放射能のせいなのか？」(5)

要注意地帯

事故の直後、白ロシア共和国ではA・ペトロフ副首相を議長とする政府事故対策委員会が設置された。同委員会の最初の仕事は、三〇キロ・ゾーンから住民と家畜を避難させることだった。しかし、放射線が危険なレベルにあるのは、半径三〇キロの円周の内部だけではなかった。死の灰の降り方は不均等だった。円周の外側、かなり遠い所までも、放射能汚染度の高いホットスポットができた。プラウダの記者は次のように報じている。

「危険地帯の外側に要注意地帯がつくられた。そこでは農作業をするにも時間が定められ、交替制で作業が行なわれた。思いもかけない新しい事態の下で、農場の幹部たちは新しい賃金、福祉体系を急いで作らねばならなかった。

政府委員会はゴメリ州南部の農民に対して、自留地からの収穫物を食卓に上げないように指示した。農作物はすべて協同組合を通じて政府が買い上げ、汚染度を分析検査し、廃棄処分にするものと、加工食品用に保存するものとに区分けした。政府は農民たちに乳製品、肉類、野菜、缶詰を供給した。

政府委員会は全上水道の検査を命じた。汚染された井戸は封印をして、使用を禁止した。新しい井戸を掘るための作業チームが編成された。放射能を運ぶ媒体となる粉塵の飛散防止対策も重要だった。人が集まりやすい場所では、道路舗装工事が行なわれた。道路とそのまわりは液体プラスチックで表面を覆い、ほこりが舞い立たないようにした。

政府委員会はトラクター製造工場に対して、気密室を備えた特製のトラクター、ハーベスターの製造を指示した。また農作業員用の小型シャワー、自留地用の密閉温室も発注された(6)」

これほどまでして農業を続ける意味があるのかどうか、という自然の疑問が生じるが、ともあれ現実の生活はそのように進行した。

ゴメリ州南部のブラーギン地区では、四八集落から住民を立ちのかせねばならなかった。避難民は一時ブラーギン地区北部に滞在していたが、かれらへの給食、日用品の支給は大変な仕事だった。

「原発事故は何の前ぶれもなく突然起こった。誰ひとり心の準備はできていなかった。しかし、避難民の口と胃袋に封をするわけにはいかない。キッチンカーや臨時給食所が増やされた。日用品の仮設配給所が設けられた。料理係、ウェイター、レジ係も募集する。人手不足を補うために、専門学校、大学の学生たちが動員された。それでも人手は十分でなかった。

誰もがてんてこまいだった。最大の難問は水不足をどう解決するかである。ゴメリ州で使用停止された井戸は七〇〇〇本に上った。そのうち一〇〇〇本の井戸をどうしても使いたいというので、何度も水をくみ出した。その作業のために白ロシアの各地から、大量の人員が動員された。くみ出した汚染水はそのまま流してしまった。

避難民や動員された作業員たちのために、薬局、助産婦詰所、公衆浴場が夜間も開かれた。一日十数回、放射線測定が行なわれている。最も危険が大きかった時期は過ぎたが、除染のためにこれから多くのことをしなければならない(7)」

ブラーギン、ホイニキ、ナロヴリャなど、ウクライナとの国境に近い町々では、土地、家屋、工場等の除染のため、人員、機材がフル動員された。除染活動の主力は軍隊であり、それを一般住民、労働者、農民が支援している。プラウダは書いている。

「こうした作業の中で早くも厄介な問題が生じている。それは同一作業に対して、外部から来た機械運転員に支払われる賃金と、地元の運転員が受け取る賃金の間に、二倍の差が出ているというのだ。これは危険地帯での労働に対する統一賃金基準がまだできていないための混乱だった(8)」

もう一つの問題は、除染作業に従事している軍隊と民間人の関係である。

「ある時、作業中の兵士たちが住民たちに取り囲まれた。住民たちは口々に現在の放射線値や野菜が汚染されているかどうかを、兵士たちに問いかけた。仕事を妨害されてすっかり神経質になった指揮官が、ゴメリ州執行委員会に照会してきた。いったいなぜ軍隊が一般人から放射線のことで詰問されなければならないのかと[9]」

軍の将兵もまた放射線被曝の恐怖とたたかいながら、辛い除染作業に従事しているのだ。兵士たちはこう思っている。住民がいら立って自分たち軍隊につめ寄ってくるのは、正確な情報が伝達されていないからだ。それは新聞やテレビ、ラジオの怠慢ではないか。本当の状況を住民に知らせる必要がある。住民はそれを知りたがっているのだ。

芝生も花だんもなくなった

それにしてもこの除染作業はいつまで続くのだろうか。放射能汚染は本当に除けるのだろうか。「事故が起こるまでは静かで、しっとりと落ち着いていたブラーギンの町も、あの事件を境に模様が一変した。居住地区に朝から晩までダンプカー、アスファルト敷設車、放水車、ローラーの音がひびき渡っている。放水車は特殊液を使って家屋、樹木、道路を洗浄している。高い樹木や建物を洗浄するためにハシゴ車も呼び寄せられた[10]」

洗浄が終了すれば住民はこの町に帰ってこれると、町の責任者は言う。だから妊婦、乳幼児、学童だけでなく、成人も一時この町から立ちのいて、親せきや知人の家に厄介になるようにと、町のおえら方たちは口をすっぱくして一軒ずつ説得に回っている。だが住民たちはといえば、この町のキーロフ通り、十月通り、ソビエト通り、ガガーリン通りの手入れのゆきとどいた美しい芝生と花だんが、あっという間に掘り返され、どこかへ土が運ばれていったのを、その手伝いをしながら悲しみのこもった目で見送った。

「ブラーギン地区執行委員会は、避難民のために地区の北部に九〇〇戸の仮住宅を建てることを計画している。三〇キロ・ゾーンから避難してきた人たちをそこに入居させる予定だ。食堂、店舗、浴場などもつくられることになっている。しかし、住民はこの土地から離れることを心の中では望んでいない。とくに農民にその気もちが強い。集団農場の人たちは何だかんだと理由をつけて、一人でも多く、また少しでも長く生まれ育った土地に残ろうとしている(11)」

事情は他の地区でも同じだった。そうした住民の気もちを考慮して、白ロシア共和国政府は避難民をできるだけ郷里に近い場所に移住させようとした。つまりゴメリ州のブラーギン、ホイニキ、ナロヴリャ地区では、同一地区内の北部に仮居住地を設けようとした。しかし、それは不可能なことがわかった。政府の専門家会議は、ゴメリ州内の北寄りの地域に避難民を住まわせるのが適当だとの結論を出したのだ。

白ロシア共和国のププリコフ建設委員会議長は、次のように説明している。

(1) 医学専門家たちは、危険地帯の住民はできるだけ放射線バックグラウンドの低い地域に移すのがよいという点で、意見の一致を見た。とくに子どもたちの健康を考えた場合はそうである。

(2) ブラーギン、ホイニキ、ナロヴリャ地区の北部は確かに汚染の心配はないが、人口密度が高い。それに反してゴメリ州内でも北部のカリンコヴィチ、レチッツァ、オクチャブリスキー、ブダコシェレヴォ、ロガチェフ、ジローピンなどの諸地区は、過疎で労働力が不足している。これらのことを考慮して、移住場所が選ばれたのだ。

(3) 新居住地は避難民の郷里からそれほど遠く離れているわけではない。そこに移住することは、避難民のためにもなり、また国のためにもなる。新居住地の決定に対して、住民の怒り、反対、抗議は一つもなかった。避難民には多額の補償金が支払われた。自宅に残してきた家財道具を買いかえるために、十分すぎる額である。十月一日までに避難民が住めるように、四〇〇〇戸の住宅が建設されることになっている。(12)

白ロシアは広大なソ連国土の西端に位置している。そのため大祖国戦争では一九四一年から四四年まで、ナチス・ドイツ軍の占領下に置かれた。二〇〇以上の都市、九二〇〇の村が破壊された。白ロシアの大地をドイツ軍とソ連軍がローラーをかけるように往き来して、死闘を演じた。この戦争は白ロシアの人びとに最大の犠牲を強いた。あの戦争で辛くも生き残った人たちは、「チェルノブイリはあの戦争以来、四十年ぶりの災厄だ」となげく。高齢者たちは、一度の人生で二度も故郷を追われる身になるとは、夢にも思っていなかった。

〔注〕

(1) プラウダ 86・5・4

(2) プラウダ 86・5・6

（3）イズベスチヤ　86・5・7
（4）コムソモリスカヤ・プラウダ　86・6・26
（5）同前
（6）プラウダ　86・6・4
（7）プラウダ　86・7・9
（8）同前
（9）同前
（10）プラウダ　86・7・23
（11）同前
（12）イズベスチヤ　86・7・16

第4章　モスクワ第六病院

ゲイル博士とグシコーヴァ博士

身の回りの品をつめたバッグ一つを手にさげて、ロサンゼルスを飛び立ったロバート・ゲイル博士は、五月二日モスクワに着いた。空港ではモスクワ第六病院のバラノフ医師（血液病部長）らが迎えてくれた。

第六病院はクレムリンから見れば東北の方向、モスクワの古典建築様式の博物館と称せられるノーヴァヤ・バスマンナヤ通りにある。この通りに面した建物はすべて一八世紀末から一九世紀初頭にかけて、ほぼ同時期に同一のスタイルで建てられたものだ。この病院は最初、孤児学校として使われ、ついでバスマンナヤ病院（一九世紀末から）、大祖国戦争中は軍事病院といった変遷をたどった。病室の天井は高く、廊下は古い大学の図書館か教会の通廊を思わせる。

チェルノブイリ原発の事故現場から運ばれてきた人びとが入院しているフロアは、厳重に管理されており、看護婦たちは放射線防護用の黒い衛生衣と黒い靴、イスラム女性のヴェールを思わせる白いキャップとマスクを着けていた。

ゲイルは放射線科医長のアンゲリナ・グシコーヴァ博士に会って挨拶した。四〇歳のゲイルより二まわり近くも年長のかの女は、経験を積んだ専門医の自信と重厚さをただよわせていた。曾祖父、祖父、父と三代にわたる医師の家系に生まれたかの女は、大祖国戦争が始まった一九四一年にスベルドロフスク医科大学に入学した。戦後の五〇年代になって、かの女は放射線医学の専門医としての勉学を修めた。一九八四年にソ連で『原子力産業従業員の医学的観察の組織化』という報告書が発表された。グシコーヴァはこの報告書を執筆した専門医グループの一員だった。同報告書の「原子炉事故と被害者救助の組織化」の章は、チェルノブイリの被害者に対する医療対策のマニュアルになった。

グシコーヴァ博士といえば、病院の同僚や友人たちの間では、「マスコミぎらい」で知られていた。記者たちを自分のそばに近づけようとしないし、たとえインタビューに応じても、必要最小限のことしか口にしない。その口の堅さに泣かされた記者連中が、マスコミに愛想のいいソ連のある高名な科学者と女史を比較したことがあった。それを耳にしたグシコーヴァは毅然としてこう言った。

「われわれ医者は入院患者の生命をあずかっています。医師のちょっとした不用意な発言、とくに個人名を出した発言が、患者の容態に影響する恐れがあります。われわれが口を閉ざしていると、世間はやれ医者の独善とか、閉鎖的とか、自信がないからだとか言いたがるものです(1)」

ゲイルは独特の医師の倫理観を守っているグシコーヴァ女史が、口の軽いアメリカ人の流儀に批判を持っていること、とくに医師が患者のことを平気で外部に発表したり、大統領が腫瘍の手術をしたことをそのたびに公表したりする、そういう習慣には、ソ連の医師としては嫌悪以外の何ものも感じないと手きびしいことも知っていた。ゲイルは自分が生きている社会とはまったく異なった倫理観を持っているこの母親のような存在が、ちょっぴり苦手だった。

チェルノブイリ原発事故を主題にした戯曲『石棺』（V・グーバレフ作）は、まったく作者の想像の産物にほかならないとはいえ、それは明らかにモスクワの第六病院をモデルにしているものと理解できる。劇中人物のプチーツィナ教授はグシコーヴァ博士を、カイル教授はゲイル博士をモデルに劇化したものだろう。

劇中のプチーツィナ教授は米国のカイル博士が患者治療の応援に来たと聞いて、こんなせりふを吐く。

「私たちロシア人がいつも誰かに教えてもらわなきゃならないなんて、そんなのはもう古い話ですよ。何かあればそれフランス人だ、ドイツ人だ、アメリカ人だ、イギリス人だなんて」

プチーツィナ教授は西側諸国がソ連を放射能汚染の実験台のように考えて、除染剤や医薬品を売りつけてくる一方で、放射能汚染にかこつけてソ連からの食糧の輸入を禁止し、飛行機や船舶の入国を拒否していることにいきどおりを感じている。かの女は放射線医学の研究システムも、また放射線生物学の研究も、米国よりもソ連が先鞭をつけたと主張する。そしてカイル博士を次のように評する。

「かれは優秀な外科医ですよ。でも骨髄移植が役に立つのは、被曝線量が一定のレベル以下の時だけです。六〇〇ラドをほんのちょっと超えただけでもう効き目がありません。それなのにかれは骨髄移植を万能薬と思っているのです」。

医師団のたたかい

ソ連の放射線医学水準の高さに強い自信を持つ誇り高いグシコーヴァ医長の下で、はたして米ソ両国の医師の協力がうまくいくだろうか。ゲイルはそのことを危惧していたが、案じていたよりもスムースに事は運んだ。ゲイル博士は米国を発つ前に、国際骨髄移植登録機構の会長として、ソ連の医師団に高線量を浴びた三五人の治療を遅らせないことを勧告していた。

またかれは被曝者の治療のため、必要に応じて外国人医師を診療に参加させること、必要な医療機器と医薬品等を国外から調達することを提案し、ソ連側はそれに同意していた。そして一五カ国の医療機関がゲイル会長の協力要請を受け入れた。しかし、ソ連の医師団はしっかりと組織されていたし、第六病院も複雑な骨髄移植手術を行なうのに十分な設備が整っている、とゲイルは感じた。

ゲイル博士が最初に診察したのは消防士だった。チェルノブイリ原発事故現場で放射能汚染水を処理したため両手に火傷を負い、包帯を巻いていた。胸部と脚部に絆創膏《ばんそうこう》を張ったような跡があり、日焼けして皮がむけたように見えた。

かれは最初の数日間で約八〇人の患者を診察した。消防士、医療要員、警備員など、事故現場にいた人たちである。その中には放射能の微粒子やプラスチック類が燃えて発生した有毒ガスを吸入して、具合の悪くなった者もいた。救急隊の一員として現場にかけつけ、自分も被曝した医師もいた。かれの行為は英雄的だとして称讃されたが、重度の被曝で骨髄移植が困難であり、二週間とたたないうちに死亡した。

ゲイル博士は思った。これまで一回の原発事故でこれほど多くの人数が現場で被曝したことはなかった。多くの者が二〇〇〜一二〇〇ラドの線量を浴びていた。医師たちは核爆弾が投下された時、あるいは原子力潜水艦の乗員が被曝した時のことを想像しながら、真剣に議論した。

日がたつにしたがって、患者たちは嘔吐、下痢、黄疸、脱毛、混迷、高熱などの症状を見せるようになった。それらは放射線障害に共通する症状である。患者の一部は昏睡状態に陥った。この病院でゲイル博士が滞在した半月ほどの間に二二名が死亡した。

米ソ両国の医師たちが最大の精神的苦痛を味わったのは、どの患者の生命を救い、どの患者はあきらめるのかの決断を迫られた時だった。火傷を負って死に瀕した患者の場合は、移植の対象から除いた。そして残りの患者を救うために全力を尽した。医師たちは時間と競うように働いた。

ゲイル博士がモスクワに到着したその週、または遅くともその翌週には骨髄移植の手術をしなければならなかった。この手術が遅れると、白血球と血小板の減少により、感染症や死亡の可能性が大きくなるからだ。

移植する骨髄の提供者として最も適しているのは、普通は兄弟姉妹である。ソ連側は八方手をつくして提供者を探し求めた。遠くに住んでいる肉親をモスクワまで呼び寄せた。患者にとっては、移植を受けてから骨髄が機能するようになるまでが、非常に危険な時期である。しかし、患者は現に重態の状態にあり、手術の見通しや結果は、二義的な問題となった。

手術台をはさんで米ソ両国の二チームの医師たちが共同で手術をした。一方にソ連人の医師と二人のナース、他方にゲイル博士かまたはディック・チャムプリン医師と二人のナース。この組合わせはとても効果的だった。言葉の壁による問題は起こらなかった。

病院の外に放射能を持ち出すのを防ぐために、医師やナースの体、衣服はいつもきびしく測定された。患者に対しても同じような管理がなされた。患者の尿と血液は放射能を帯びている。患者の血液を分析室に持ち込むと、分析室もまた汚染される。こうした終わりのない汚染の循環を、どこで断ち切るかが問題だった。(2)

以上は主としてゲイル博士の側から見た第六病院での患者の状況だったが、同じ被曝者に対する診療の状況をソ連側ではどのように総括しているかを、次に見ておくことにしたい。

急性放射線障害

事故発生直後から数時間にわたる防災活動で、多くの原発および防災対策要員が一〇〇レム以上の高い線量を浴びた。消火活動の際に火傷を負った者もいた。

四月二十六日午前六時までに一〇八人が病院に収容され、その日のうちにさらに二四人が要入院と判断された。

急性放射線障害がいちじるしく進行すると診断された者は即時入院させられた。最初の二日間に一二九人の患者がモスクワに送られたが、そのうち最初の三日間で八四人の患者が急性放射線症候群の重度二〜四、二七人が重度一と認定された。同じくキエフでは一七人が重度二〜四、五五人が重度一とされた。

事故現場で活動した要員のうち、火傷と放射線障害が原因で死亡した者の総数は、六月初め現在で二八名に達した。(3)

ソ連では急性放射線障害のうち、骨髄と腸管症候群の重度を次のような基準で分類している。

重度四（六〜一六グレイ）＝最も重い症状で、初期症状（嘔吐、頭痛、体温上昇）が被曝後三十分以内に現われ、重大な症状が現われるまでの潜伏期間も六〜八日と短い。重度四に属する被災者は二二人であり、二一人が死亡した。三〜六日以内に白血球が減少、全員の皮膚の四〇〜九〇パーセントの火傷が認められた（注・一グレイ＝一〇〇ラド）。

重度三（四・二〜六・三グレイ）＝二三人が分類され、そのうち七人が二〜七週間で死亡した。とくに皮膚にいちじるしい障害があった六人は症状を悪化させ、おおかた死亡した。症状としては、初期症状（嘔吐、頭痛、間歇的な発熱、皮膚の充血）が三十分〜一時間ではじまり、三〜六日でリンパ球数がいちじるしく減少する。潜伏期間は八〜十七日であり、脱毛が特徴的である。

重度二（三〜四グレイ）＝一〜二時間後に初期症状が現われ、三〜六日でリンパ球数が減少し、潜伏期間は十五〜二十四日。五二人がこの分類に属するが、死者はなかった。

重度一（〇・八〜二・一グレイ）＝二時間後に初期症状が現われ、潜伏期間は三十日。この障害を受けた被災者は四五人であったが、症状をいちじるしく悪化させる皮膚障害を持った者はなく、死者もなかった。(4)

最後に骨髄移植手術の治療効果についてだが、ソ連側の報告書はこう評価している。

「骨髄移植は、……被曝後十四〜十六日に一三人に行なわれたのみであった。そのうち七人は、移植された骨髄を着実にとりいれられるはずであった。しかし、九〜十九日の間に、皮膚や腸の障害で全員が死亡した。他方、他の六人については、致命的となるそれらの障害がなく、不完全ながらも移植骨髄が体になじみ始めた。結論をいえば、今回の事故による患者を治療するのに、骨髄移植はあまり有効ではなかった。この移植は副作用をおこし、生命を危険にさらす危険性をあわせもつことがわかった」(5)

グシコーヴァ教授はめったにマスメディアに登場しない人だが、一九八六年八月、ウィーンで開かれたIAEAのチェルノブイリ原発事故解析専門家会議にソ連代表団の一員として参加した際、他のソ連科学者とともにイズベスチヤ紙記者と会見し、次のように語った。

「この事故で三〇〇人が入院した。そのうち二〇三人が重度の異なる急性放射線症と診断された。三〇〇人のうち一二九人は三機の航空機で四月二十七日にモスクワの特別病院に運ばれた。かれらは症状の最も重かった患者であり、とくに手のこんだ手当が必要だった。

残念ながらわれわれは患者全員の生命を救うことはできなかった。三一人が死亡した。六人は消防士、二人は原発従業員だった。――その一人は事故の際落下した破片に埋まり即死し、いま一人は重度の熱火傷で四月二十六日午前六時に死亡した。残りの死者二三人も原発の従業員だった」

「現在なおモスクワの病院で治療を受けているのは二人で、皮膚の傷痕を除去するために形成外科の治療中である。残りの者は退院し、リハビリテーションまたは休息の時期にある。患者だった人たちの一部はすでに職務に復帰したし、またもうすぐ復帰する者もいる。

われわれがかれらの健康状態を追跡調査していることは言うまでもない。しかし、時々かれらは病院に帰ってこなければならない。それは治療を受けるためであり、またどんな職種がその人に適しているかを判断するためである。そういうことで一五人から二〇人がいま入院中であり、一人退院すると、別の一人が入院して来るというやり方でやっている」(6)

一九八八年一月ソビエツカヤ・ロシヤ紙の質問に答えて、レオニード・イリイン博士（ソ連医学アカデミー副総裁、ソ連保健省生物理学研究所所長）が明らかにした事故直後の医療救急対応について、ここにその内容を引いておく。すでに述べられたことと一部重複する部分があるが、最も新しい資料として注目してよい。

〈モスクワの医師団は数時間後、事故現地へ飛び立った。かれらは現地の医師たちとともに傷病者の救急活動を開始し、傷病者はプリピャチ市医療救護病院に入った。最も重要な仕事の一つは、患者を症状の重度によって区分することだった。被害者の数が多いことが明らかになった。患者の一部はキエフの二つの病院に運ばれた。最も重い患者は、ソ連民間航空の二機の特別機で、モスクワの第六病院に運ぶことになった。（中略）飛行機が到着した時、モスクワ空港ではすでに迎えのバスが待ち受けていた。すべての車輛は特別のプラスチックの薄膜で覆われていた。なぜなら乗客のすべては高い濃度の放射能汚染を受けていたからである。かれらの衣類はすべて処分された。車輛も完全に除染された。

モスクワにおいて最初になすべきこと、それは綿密に血液分析を行ない、血中の放射性アイソトープ、とくにナトリウム24を測定することだった。もしそれが発見された場合は、その人は中性子の照射も受けたことになる。われわれ医師は先ず、中性子放射がないことを確認した。つまり事故の時間には原子炉内の連鎖反応が停まっていたことになる。この結論は、事故の影響除去に従事したすべての者にとって重要な意味をもつ。そしてもちろんわれわれ医師にとって、中性子被曝後の患者の治療ははるかに困難になるのである。

われわれが直面しなければならなかったもう一つの問題、それは火傷だった。それも熱性の火傷だけでなく、放射線による火傷を治療しなければならなかった。一部の患者は火傷の範囲が皮膚の九〇パーセントに達していた。患者を治療する上で大きな役割を果たしたのは、われわれの研究所の同僚たちが開発したリオクサノール剤だった。その薬品のおかげで、われわれは火傷の作用をいちじるしく緩和することができた。

患者の検査と治療には、生物理学研究所の指導的な専門家たち、およびソ連の多くの医療施設の専門家たちが参加した。輸血、抗生物質など最新医薬の投与、骨髄移植などの主要な治療がなされたが、患者の一部は生命と両立し難い放射線被曝のために死亡した。

以上のことはすでに報道された事実だが、正確を期するために再度申し上げたい。放射線病と診断された二八七人のうち、死者は二八人。ほかに一人が事故の際、第四ブロックの崩壊により死亡し、さらに別の一人は重度の熱性火傷により、プリピャチ市の医療救護病院で亡くなった。三十一番目の死者について報じられたが、この人（男性）は事故の関係ではなく、梗塞《こうそく》で亡くなったのだ。

傷病者のために救急センターを開設し、かれらをキエフ市内の病院に入院させるのと並行して、チェルノブイリに隣接する諸地区、諸州においては、空前の大規模な医療救急管理網が設置された。私自身は四月二十八日に事故現地へ入ったが、すでにプリピャチ市民は避難した後だった。(7)

（なおイリイン博士の他の問題——避難実施の遅れ、放射能の長期的影響の評価その他——についての口述は、巻末に資料として付記する。）

〔注〕

（1）A・イレシ、A・プラリニコフ共著『チェルノブイリからの報告』（露文）、モスクワ、ムイスリ出版社、一九八七

（2）前出、R・ゲイルの手記、米誌『ライフ』86・6

（3）前出、『ソ連原発事故報告書』（経セミ増刊、日本評論社）

（4）同前、付録

（5）同前

（6）イズベスチヤ　86・9・19

（7）ソビエツカヤ・ロシヤ　88・1・31

〔参考図書〕

A・グシコーヴァ教授の見解をより深く知るためには、次の図書が参考になる。

アンドレイ・イレッシュ著、鈴木康雄訳『現地ルポ・チェルノブイリ』「第8章　放射線障害」（読売新聞社）

第5章　「幽霊」たちの除染作業

「幽　霊」

四号炉の爆発で砕けた建物の断片や炉内の物質が、原発の広いサイトに散乱していた。それに地面はもちろんのこと、建屋の壁という壁、屋根という屋根に放射性微粒子や塵埃《じんあい》が付着し、ひどい汚染度だった。少しでもサイト内の放射線量を下げ、第四ブロックの密閉作業を進めるためには、放射能の塊ともいうべき固形物や堆積物を取り除かねばならない。とりわけ汚染度が高いために除染作業が難航したのは、四号炉の建屋の屋根部分だった。

屋根の上にはコンクリートの破片が足の踏み場もないほど散乱していた。放射能をたっぷり含んだ厚い埃の層がそれを包んでいる。この区域の除染作業には機械は使えない。人間の手でするしかなかった。しかし、誰がこの危険な作業に当たるのか？　先ず志願者を募った。志願者の中から最初に屋根に上がり、作業用の細い通路を開く者たちが選ばれた。

その選ばれた者たちのために、厳密な訓練計画が実施された。最初に訓練をほどこしたのは医師と物理学者だった。かれらはこの作業がどれほど危険なものか、作業規則と時間を守ることがいかに重要であるかを細かく説いて聞かせた。

あらゆることが綿密に準備された。いよいよ実験開始までの分読み段階に入った。出発の準備ができた。最初に出てきた人物の服装を見て、まわりの者はあっとおどろいた。

「見ろ、見ろ!」と何人かが叫ぶ。そして一瞬口ごもった後、「こいつはまさに幽霊《ファントム》だ!」と続けた。

頭から足のつま先まで放射能防具に身を固めた恰好が、中世騎士の再来を思わせただけでなく、この者は常人の入っていけない危険な場所にでも入っていけるという意味で、「幽霊《ファントム》」という呼び名が使われたのだ(1)。

がっちりした体格の一番手は、ありとあらゆるセンサーがぶら下がった重い甲冑のような防護服を着ている。この「幽霊」は第一歩を踏み出した。続いて二番手が行く。未知なる危険に向かって出かける。目には見えないが、明らかに存在する危険の中に入っていくのだ。動いた空間と時間、および被曝線量の関係を測るのがかれらの任務だった。

かれらはあらかじめ指示されたとおりのルートを進んだ。その一挙手一投足は、前もってきっちりと確定されている。「幽霊」の後に続く二番手のなすべき行動も、正確に図示されていた。

かれらは全コースを通って、帰ってきた。実験は終了した。そのデータが分析された。

さあ、いよいよ本番だ。最も困難な任務を始めるべき時がきたのだ。

「一番難しい区画は、サモイレンコの持ち場だ」

作業開始前の数日間、何度もこのことばが人びとの口にのぼった。

サモイレンコの決断

チェルノブイリ原発副技師長ユーリー・サモイレンコ。かれとその部下たちのたまり場は、原発事務棟三階の小部屋にあった。部屋の内部は周囲わずか一〇メートルのせまさだ。その中に八人の作業員がつめこまれ、机の上には所狭しとばかりグラフや図面が広げられている。

サモイレンコは若くて円顔、中背でがっちりした体格の持ち主だ。室内の壁にはすき間もないほどに、第四ブロックの平面図、立体図、それに写真が貼ってある。その大きな図面は、軍隊の作戦用地図に似ていた。この場合、敵軍は目に見えないが、悪辣で、きわめて危険な相手である。その名は放射能。

地図の上にはいろいろな色の小旗が刺してある。放射能が多量にたまっている場所には大きな旗が立てられ、個々の汚染物質が残っている場所には小さな旗が立てられている。いちばん多かったのは、ピンで留められた正方形の小さな紙片で、その上に簡単なサインが記されている。「イェローヒン准尉」「サエンコフ上級中尉」「スシチェンコ上級中尉」……。それらはきわめて危険な作業が完了した区域と、各作業チームの責任者の名前を記したものだった。

地図の右上の隅には、大小さまざまな旗がびっしりと並んでいる。数日前まで、それらの旗は汚染区域の存在を意味していたが、いまではその除染が完了したため、それぞれの旗をはずして右の隅に集めたのだという。

サモイレンコのチームは一五〇〇平方メートルの広さの屋根をきれいにしなければならなかった。第四号建屋の屋根の上には、爆発による建造物の破片が一面に散乱していた。しかも火災の熱でアスファルトが溶け、後で冷えた時にその中に大量の放射性物質が残ってしまった。それらの放射能混入物をはぎ取り、地面に投げ落とすためには、崩れ残った壁に穴をあける必要があった。だがそれはとても難しい仕事だった。最初はハンマーでたたいて穴をあけるつもりだったが、そういう考えは捨てねばならなかった。作業時間と被曝線量を考えると、とても無理だということがわかったからだ。いろいろと考えた末、サモイレンコらはやむを得ず、壁を爆破する方針を採用することにした。

計算と実験の結果、爆破で壁に穴をあけられるとの結論を得た。そこでサモイレンコたちは政府委員会の除染作業指導部へ行って、爆破を必要とする論拠を並べ立てた。だが答えは、「別の方法を考えてほしい。第四ブロックでは爆薬を使用することは厳しく禁じられている」というものだった。

どうすればいいか?

屋根の除染作業が一日遅くなれば、他の作業の進行をそれだけ遅らせることになる。といって、他にどんな妙手があるというのか?

サモイレンコは隊員たちに、「よし、爆破装置を準備しておけ」と言い残して、再度指導部へ出向いた。答えは前回と変わらなかった。

自分の部署に戻ってみると、隊員たちはもう起爆器にケーブルを接続し終わっていた。あとはスウィッチを手で回せばいいだけだ。ここまできたら、もう爆破を決行する以外に道はない。サモイレンコは決心した。かれはもう一度、同じ道をひき返した。

「爆破の許可をお願いします」

指導部の連中は、あきれ顔でサモイレンコを見つめた。結局、「許可書を発行することはできない。しかし、貴下の作業を妨害はしない」という回答を得た。

サモイレンコたちは実行に移った。建屋の周辺の作業要員をすべて待避させ、無人となったのを確認した上で、起爆器のスウィッチを回した。爆発音がとどろき、放射能の埃が舞い上がった。その埃がしずまった時、壁には作業のために必要な穴がぽっかりと空いているのが見えた。

もう時間だ

放射能を含んだ塵埃や細かいガラクタを屋根から始末するのに、ロボットを使うだけでは十分でなかった。人間がシャベルでガラクタをすくい、屋根の端まで運んで投げ捨てる。アスファルトをていねいに剝がして、運び出す。しかし、言うまでもなくこの仕事は、人間にとってきわめて大きな危険を意味している。

サモイレンコの片腕であるタラカーノフは後にこう語っている。

「除染グループに参加した仲間たちに頼んだのです。つまりこの仕事をひき受けるかどうかは、自分たち一人ひとりで考えてから決めるようにと。結局、必要人員の五倍の志願者がありました」

サモイレンコは、屋根の爆破といったはかり知れないほど「無謀な」ことをやってのけた半面、作業員の「安全」には細心の注意を払った。かれは述懐している。

「この種の危険な作業にとって、最も必要なのは組織性です。作業のあらゆる細部に監視の目をゆきとどかせることが要求されます。

第一にわれわれは屋根に出て行く隊員の安全に、慎重な配慮をしました。

第二に作業の前日には、除去すべき対象物に最短時間で到達する方法をテストしました。

作業員一人ひとりの一歩ごとの時間をあらかじめ測って、調整しました。しかも、危険区域に滞在できるのは秒単位の時間です。屋上の作業はテレビ・モニターで観察しています。屋上から大きな破片を除去する作業をする時、広い場所ではロボット・トラクターを使用しました。必要に応じてクレーンやヘリコプターまで動員したのです」

この作業が具体的にどのように行なわれたか、詳しい報告は見当たらない。プラウダ紙のグーバレフ記者（戯曲「石棺」の作者）は、現場での取材を土台に執筆した小説『幽霊』（ファントム）において、四号炉建屋の屋根の除染作業を真に迫るタッチで描写している。その文章から作業の実況を再現してみる。

〈屋根の上には原子炉の爆発の際に噴き出した核燃料、黒鉛、コンクリートの破片が散乱している。それらは強烈な放射線の発生源になっている。放射線管理員はそこへ出るのを数秒間しか許可しなかった。つまりこの屋根全体が放射線を発射する場と化しているのだ。爆発直後の火災は消えたが、いまは別の火災が猛威をふるっていた。放射線という名の火災が。この火を消すためには、屋根の上の汚染源をすっかり取り除かねばならない。

屋根の上に出ていく作業員は宇宙服のような形の放射線防護服を身に着けた。上衣にもズボンにも鉛の薄板が入っているので、すごく重かった。これだけの重装備をしても、屋根の上に滞在できるのは三分間以内と厳命された。

作業はテレビ画面に写し出される。誘導員がストップウォッチと画面をにらみながら、無線で誘導する。一つの画面には宇宙服を着た動きが写され、もう一つの画面には屋根全体の情景。誘導員は宇宙服の動きに全神経を集中する。宇宙服はゆっくりと動いていく。

「右一・五メートル、四〇〇。左〇・五メートル、二五〇」。宇宙服の作業員から屋根の放射線値が伝えられてくる。「右一メートル、八〇〇、右二メートル、五〇〇」。声がだんだんはっきりしなくなる。放射線が強くなると、無線連絡の音が消されるのだ。「左二・三メートル、一〇〇〇、右同じく九〇〇、何かぶら下がっている、一〇〇〇だ……」。

宇宙服の男はしゃがんで落ちていた破片を拾い上げ、それをこわれた原子炉の裂け目へ投げこんだ。誘導員はあわてて叫んだ。

「S、帰って来い。もう時間だ、時間だ！」

だが男はもう一度黒鉛の塊を拾い上げて、それを炉の中へ投げ落とした。〉

小説の中では、除染用ロボットの製作が間に合わないため、志願要員の手作業で一つひとつていねいに汚染源を除去することが決められる。(2)

サモイレンコ、共産党員、チェリャビンスク工科大学卒。五月以来、第四ブロックの事故処理に従事。これ以外の個人データはわからない。

ところで屋上にいちばんはじめに登場して、作業用の通路を開いた「幽霊」の正体だが、かれは現

在レニングラードに住んで働いている。かれの名前はアレクサンドル・サレーエフ軍医中佐。(3)

プラウダが伝えるところによると、一九八七年一月十四日、ソ連最高会議幹部会議長グロムイコ氏は、チェルノブイリ原発事故処理に功績のあった軍人、消防士、技術者ら七人に、英雄称号と勲章を授与した。サモイレンコはその栄誉に浴した七人の英雄の一人となった。

グロムイコ議長は「チェルノブイリの功績――それはあの恐るべき火を消しとめた消防士たちの、つねに放射線とのたたかいの最前線に立っている将兵たちの、破壊された原子炉を封じこめるという内外でもめったにない作業をやりとげた建設者たちの、英雄的な行動でした」と述べ、七人が代表している無数の無名の英雄たちの行為を誉めたたえた。

グロムイコ議長はサモイレンコに対して、「サモイレンコにも感謝のことばを述べなければなりません。かれが指揮したグループは最も困難だった区域の一つ、つまり事故が起こった原子炉の屋根の汚染を除去するという作業に従事したのです」ということばを贈った。

サモイレンコはその後、プリピャチ市の放射能蓄積調査、同除染作業を指導している。(5)

〔注〕

(1) V・グーバレフ『幽霊』(『科学と生活』誌、87・6、7号)。
(2) 同前
(3) プラウダ　86・10・2
(4) プラウダ　87・1・15
(5) プラウダ　88・4・24

第6章　試される人びと

消えた子どもたち

ウクライナ人の作家ユーリー・シチェルバクは、医師でもある。チェルノブイリ原発事故後間もなく、かれは避難民の医療保健援助グループの一員として、事故処理活動に参加するが、それと並行して『文学新聞』の特派記者として、作家の目で見た現地の状況を読者に伝え始める。かれの現地報告第一報は、「痛みと勇気」と題して『文学新聞』（86・5・21）の目撃者の手記欄にのせられた。かれは書いている。

〈チェルノブイリ事故は人類に多くの新しい問題をもたらした。そこには科学技術上の問題だけでなく、心理学的な問題までも含まれている。死をもたらすような危険物が、いかなる外観も持たないばかりか、味もなければにおいもなく、その存在はただ特定の器具でしか検知できないというのは、とても合点のいかないことだし、人間の意識にきわめてなじみにくいことである。

死の危険はあのにおいさわやかな空気の中にも、白と薄紅色のリンゴの花にも、街路のほこりにも、村の井戸の中にも、牛乳にも、野菜畑の色あざやかな青物にも、そしてこの美しい春の自然のいたるところに満ちみちているのだ[1]。〉

シチェルバクは一九三四年キエフで生まれ、大祖国戦争期に避難生活を体験した。かれは一九五八年にキエフ医科大学を卒業した後、八七年までキエフ伝染病・疫学研究所に勤務した。だがかれは実験室にこもっている研究者ではなく、長年の間何度も防疫の現場に出て働き、伝染病の悲惨な犠牲者たちを目にしてきた。病原菌とのたたかいには慣れているつもりのかれも、放射能汚染の現場を見るのは初めてのことだった。

〈チェルノブイリ原発で起こったできごとは、住民にとって急激に危険が高まった度合からしても、医師たちの前に提起された任務の困難なことからしても、また避難した人口の大きさからしても、過去に蔓延したいかなる伝染病のケースとも、比較することができない。二列に並んだ一〇〇〇台ものバスがヘッドライトを耿々《こうこう》とつけて、何万人ものプリピャチ市民を運んでいくさまを想像してみるとよい。昨日まで自分たちが誇りにしていたあの美しい近代的な町を、捨てさせられた人びとのことを思ってみてほしい。

私はイワンコフ地区ブリチ村で避難民の一人、リリヤ・ガリチェンコに会った。かの女はチェルノブイリ原発の建設労働者であり、夫は原発の電気工だった。かの女は子どもや孫たちを連れて逃げ出した時のことを語ってくれた。「二日もしたら家に帰れると思ったものですから、身分証明書のほかは何も持たずに飛び出してしまったんですよ」。

プリピャチから来た人たちは異口同音に、パニックは起こらなかったと言った。かれらはおし黙って、何か考えに耽っているようだった。涙を流す者はめったになかった。言い争いも起きなかった。「権利をふりかざす」者もいなかった。ただ人びとの目には心の痛みと不安とが宿っていた。(2)〉

五月のキエフの街は、人がいっぱいで活気があって、いつもと少しも変わらなかった。しかし、注意深く観察してみると、どこかちがったところがあった。小さな子どもたちが不意に見えなくなったことだ。何日か前たくさんのバスが学童たちを乗せて、はやばやと夏休みのキャンプへ連れ出してしまったのだ。心配顔の親たちは泣きながら子どもらに別れを告げた。

事故から一カ月余りの間、シチェルバクは医者としてまた記者として、大勢の子どもたちを見てきたし、その子どもらの親たちや教師たちにも出会った。プリピャチ、チェルノブイリ、そして三〇キロ・ゾーンの農村から避難してきた子どもたち。かれはこの子らに接するたびに思うのだった。〈この子らが健康でいてほしい――それこそが私たちの未来なのだから。私たちのいのちを次の世紀にひきついでくれるのは、かれらなのだから。平穏無事に育ってきたこの若い世代は、心も体も固まっていないし、とても傷つきやすい。その小さな者たちがある日とつぜん災厄に会い、親たちの苦労を目にし、避難まで体験してしまったのだ。(3)〉

シチェルバクは事故後のある日、チェルノブイリの隣りの地区にあるポレススコエの町の児童図書館で、仕事も手につかず茫然としているタマーラ・クラフチェンコに会った。かの女はこの図書館で司書として働いてきた。あの事故が起こるまでは、四〇〇〇人もの子どもたちが入れかわり立ちかわりここに来て本を読み、本を借りていった。それがいまは一人の子どもも来ない。図書館の中はがらんとしている。あの事故のあと何日かたって、この町から子どもの姿が消えてしまったのだ。

不気味に静まり返った図書館の本棚では、プーシキンやシェフチェンコが、チュコフスキーとルイリスキーも、そしてマルシャークやチュチュンニクが、小さな読者たちが帰って来る日を待っている。タマーラもまた子どもたちを待っている。かの女はたとえ子どもが来てくれなくても、一日も仕事を休まない。利用者の来ない職場に出かけては、本を取り出して埃を払う。そして心の中でその日を待っている。子どもたちはいつかきっと帰って来るだろうと希望を持ち、それを信じているのだ。(4)

心の傷

シチェルバクはポレススコエの小さな家で、プリピャチから避難してきた小学校の先生たちと会った。教師たちと交わした会話の中身をかれはこう書いている。

〈教師たちは何一つ隠さず、また何一つ誇張せずに話をしてくれた。生まれ育った家を捨ててきた子どもたちの勇気について語った。避難の際に上級生が小さな子どもたちを助けた様子を話してくれた。昨日まではほんとに頼りないねんねに見えた子どもたちが、一夜のうちに成長をとげたことを。あの困難な時に大多数の自己犠牲的な教師たちは、子どもたちを見捨てなかった。事故が起こったあの日、プリピャチ市教育部長のディーナ・フメレフスカヤは市内の学校を走り回り、安全のためのあらゆる措置を取るように説いてまわった。ディーナは子どもたちがすべて避難したのを見とどけた後に、自分も市を離れた。その後かの女は危険を冒して二回市に戻った。学生生徒の学籍簿を取りに来たのだった。学籍簿といえば、こんな話を聞いた。避難後しばらくの間、仮設学校では学籍簿がなかった。そこで子どもたちそれぞれに自分のこれまでの成績を申告させた。なかには実際より低く申告した者もいたが、自分の成績を水増しした者は一人もなかった。

けれども子どもたちに初めての無慈悲な教訓を与えた教師たちもいた。かれらは自分の安全を優先させたあまり、子どもたちを見捨て、裏切った。教師への信頼を自ら踏みにじった。子どもにとってはきびしい教訓だった。子どもの心に深い傷を残した。(5)〉

避難した子どもたちの話を聞いているうちに、シチェルバクはいまから四十五年前の幼い日のことを思い出していた。一九四一年、ナチス・ドイツ軍の対ソ侵攻が始まり、家族とともにキエフの実家を離れ、そこから東へ一〇〇〇キロもへだたったサラトフの町へ避難した、あの戦争の日々のできごとが、胸によみがえってきた。

〈……私は遠いウクライナから移ってきた七歳の子どもだった。サラトフからボルガ川をさらにさかのぼったスイズラニが私たちの家族が滞在した町だった。私の最初の担任はアレクサンドラ・ボリシァコヴァ先生だった。先生が私にあたえてくれたあのロシアの女性の思いやり、やさしさは、いつまでも心の中に生きている。けれどもやはり、自分の家を離れ、よその土地で暮らすというのは不自然なことであり、心はいつも不安にさいなまれていた。避難生活の苦しかった経験は、子どもの心に深い刻印を残した。

だからこそいま私は思うのである――子どもたちが負った心の傷をできるだけやわらげることを、教師も医者も作家も、第一にしっかりと考えなければならないと。問題はいろいろあって、教師の力だけでは解決できないこともあるし、またピオネール・キャンプの自主活動だけではどうにもならないこともある。

南の方に避難した子どもたちが書いた手紙を読んだことがある。そこでは生活のために何一つ不自由のないように、すばらしい条件が整えられている。子どもたちはまわりの人たちのあたたかな思いやりに包まれて毎日を過ごしている。それでも手紙の行間から、父や母を恋うる思いが伝わってくる。家族がそろって暮らせる日が帰ってくるのだろうか? 子どもたちは胸を痛める。一緒にいた時には愛し合い、助け合うよりは、いがみ合い、争うことの多かった肉親たちが、別々に暮らしてみるとこんなにも懐しく、大切な存在だったとは……〉(6)

心貧しき人

ウクライナの詩人で作家のボリス・オレイニク、かれもまたシチェルバクに並んで、チェルノブイリについて発言をしている文学者の一人である。『文学新聞』(86・9・24)は二頁目の〈作家と社会〉欄に全頁にわたるかれの長文の評論「チェルノブイリに試される」を掲載した。その中でオレイニクはいくつもの事実と論点を挙げている。

医師らしく慎重にことばを選ぶシチェルバクにくらべると、オレイニクの方はいかにも詩人らしい率直さで、チェルノブイリ・スキャンダルともいうべき恥部をぐいぐいえぐり出していく。かれはモスクワでの次のような信じがたい経験を伝えている。

〈キエフ発の列車はほぼ定刻にモスクワに着いた。チェルノブイリの事故後、五月のことだった。駅前のタクシー乗場には長い列ができていた。行列のそばをうろついている白タク運転手の目配せを無視して、私は行列のうしろに並んだ。そのうちにかれらの一人が気安く私の肩に手をかけ、人の顔をじろじろ見ながら言った。

「どこまで行くの?」

私は不愉快な気分で答えた。

「モスクワ・ホテルまでだよ」

「いくら払うつもり?」

「いくらならいいんだ?」

「一〇〇ルーブル」

地面に置いた旅行鞄に手をかけそうになった時、私は不意に亡くなった母のことを思い出した。集団農場で働いていた母は、二六ルーブルの年金をもらっていた。この母に対して、それに一〇〇ルーブル以下の給料しかもらっていない人たちに対して、私はうずくような恥ずかしさを感じた。私はつっけんどんに言ってやった。

「冗談はよしなよ。メーターだったら一ルーブルのところだぜ」

私の語気に押されたかかれは一瞬ことばに詰まった。男は用心深く私を見つめていたかと思うと、急に親しげなそぶりで私を行列の外に連れ出した。

「あ、思い出したよ、そのハンチングを。チェルノブイリの避難者じゃないかね……、テレビに写ったことあるだろ？」

「多分ね」

「気の毒だったなあ、あんたもよお……。だったらまあここはひとつ、一〇ルーブルぐらい惜しむんじゃないな」

かれが吐いたことばの中で、何がいちばん私の心を刺したのか？　それに気がついたのはやっとホテルに着いてからのことだった。それはかれの厚かましさか？　強欲さか？　それとも世の中は金が第一という考え方か？　いやちがう。これまで私が知らなかった何かだ。何かこう異常なこと……、昔から大切にしてきたものが、急にこわされてしまったような感覚だった。

「火事で焼け出された人」にはいたわりを示すというのは、古来人間にとっての不文律だった。雨露をしのぐ場所と食べものを分かち合い、必要な物を提供する。そして何より大事なのは不幸な目に会った人の気もちになることである。他人の不幸につけこんで不正な利を計ろうと思うのは、最も重い、許しがたい罪と見なされたものだった。

ところがあの運転手は、まさに許しがたいことをしようとしたのだった。しかも、もうそれほど長く生きるわけでもないのに、金をケチってどうなるんだと、平然と、たのしげに言ってのけたのである。

私は戦争が始まった一九四一年の、つかれはてた避難民たちの長い列を思い起こした。あの時私の村の人たちは、家にあった口に入れられるものを全部持って出て、難儀な目に会った人たちを迎え、精一杯ふるまったものだった。体の弱った人たちを自分の家に泊めたり、負傷した赤軍の兵士を匿い、治療することも珍しくなかった。占領軍（ドイツ軍）に見つかれば、死の報復を受けることを覚悟の上でそれをしたのだった。

私はいまのいままで、被災者に連帯の意を示すのは、人間の心の自然なうごきだと思っていた。ところが、そうではなかったのだ……(7)〉

他人の不幸につけこんで私欲を満たそうとする事例は、モスクワの白タク運転手にとどまらなかった。オレイニクは自分の体験に続いて、『文学新聞』編集部にとどいた一通の驚くべき内容の手紙を紹介している。差出人はキエフ市に住むオリガ・ホロデンコさん。

〈キエフの何百人かの子どもたち（その大部分は就学前の幼児でした）が、母親とともに「ハリコフ」休息の家へ送られました。その費用は親子一組で二十四日間二五〇ルーブルでした（一日一〇ルーブル以上です）。私たちに当てがわれたのは、何の設備調度もない木造家屋の大部屋です。出された食物の中身と質は、小さな子どもにはとても食べられたものではありません。この程度のサービスならどこの休息の家でも大体六〇〜八〇ルーブルです。去年はここでもその値段でした。どうしてこんなことになったのか、その理由は簡単です。チェルノブイリ原発事故後、キエフ市民は子どもの健康に配慮して、キエフの外へ子どもらを出したがっています。こういう時には誰も値段に苦情など言わないと察知して、休息の家の幹部の誰かが（他人の不幸につけこんで）、自分たちの仕事の成績を上げるために値上げを決めたのです。
五月二十一日の『文学新聞』にユーリー・シチェルバクの書いた記事がありましたが、その中で「ウクライナの南の方では一部の強欲な連中が、不安な気分が広がっているのに乗じて、キエフ市民に貸す部屋の値段を吊り上げた」と述べています。「ハリコフ」休息の家の場合、勤労者の休息に配慮する義務を負った責任者自身が、同じような強欲者の役割を演じているのです。
施設の利用費を不当に吊り上げてまで、勤務成績を上げようとする——まさに投機師的なやり方と言うしかありません。しかも四〇〇人の子どもがいるというのに、シャワー室はたった四つ！ それも十時半から十四時までしか使えません。それも毎日ではないのです。おまけにしょっちゅう断水します。保母さんや教師もいなければ、医者の検診もありません。それなのに音楽だけは夜の十時まで鳴りっぱなしでした[8]。〉
ホロデンコさんからの投書の紹介はこれで終わっている。

避難民の苦境

オレイニクはこの二つの事例のほかに、チェルノブイリ原発がいかにルーズで無責任な体制の下で操業されてきたか、そこで働いている人たちの安全がいかに軽視されてきたかを、単刀直入に描いている。そのいくつかは、事故の起こったいまとなっては、文字どおりいまさら言っても後の祭り、の感がなきにしも非ずだが、後学のために見ておかねばならない。

〈以前にもこの原発の立地点の選定が正しかったかどうかについて、多くの人が疑問を抱いていた。原発はドニエプル川の支流として流域、水量ともに最大のプリピャチ川のほとりに建てられることになった。この川は両岸が低く、春の増水期には四カ月の間、広大な土地が水びたしになるのである。そして水域を放射能で汚染しないため、莫大な人力と資金が費された現在、この問題はあらためて浮かび上がり、事故の教訓となっただけでなく、将来への警告にもなっているのだ[9]〉

〈いかなる緊急事態にも対処できる用意が、ことばだけでなく実際に日ごろからできていれば、被害を大幅に減らすことができただろう。現実に原発で起きたことは、あの四〇年代の戦争前夜の状況と恐ろしいほど似ていた。当時、ドイツ軍がソ連に侵入してくる数時間前まで、「明日進撃の命令が下されようと、われらには今日すでに進撃の準備はできている」などと、のんびり歌っていたものだ。

残念ながらチェルノブイリでもまたプリピャチでも、事故への備えはほとんどできていなかった。もし対策が整っていたならば、献身的に火の中に飛びこんでいった消防士たちは、規定にしたがって放射線防護服を身に着けていただろう。また警官にしても上官にいたるまで、定められたとおりの装備を与えられていたら、かれらが浴びた放射線量ははるかに少なくてすんだだろう[10]〉

最後にオレイニクは、チェルノブイリ原発でデザイン・アーチストとして働いていたスタニスラフ・コンスタンチーノフの事故後の暮らしを取り上げて、官僚たちの事故に対する無関心と冷淡さを告発している。

コンスタンチーノフがたどった運命は、例外的に珍しいできごとではなかった。それは官僚主義という毒の花を育てた社会的病根の深さをまざまざと示すものである。

コンスタンチーノフはプリピャチから避難した後、新しい職を求めて国内のあちこちを石ころのように転々とした。役所に相談の足を運ぶたびに、あっちへ行け、こっちへ行けと、たらい回しにされた。チェルノブイリ原発で一緒に仕事をしていた仲間たちは、慣れない新しい仕事をやっと見つけた。一人（コンスタンチーノフ自身）はピオネール・キャンプのボイラー係、二人目はサナトリウムの庭番、三人目はビール工場の運搬員。仕事は不満だが、ぜいたくは言えない。

コンスタンチーノフは仕事と住居を探して苦労を重ねた。キエフ・エネルギー協会の職員も、またかれが臨時ボイラー係として勤務していたピオネール・キャンプの管理者たちも、かれの苦境には無関心であり、態度は冷たかった。

「何もかもが原発事故のせいです。仕方がありません。事故はもう過去のことですが、その余波は残っています。大人たち、そして多くの子どもたちの心の中でこの惨事はいまなお続いています……」

とかれは言う。

オレイニクはかれの記事をこう結んでいる。

〈人びとに原子炉爆発という、予想もしない試練をあたえたプリピャチ川のほとりのできごとは、この社会の不屈の生命力をあらためてわれわれに確信させるものだった。しかし、だからといって自分は、「われわれは教訓を学んだ。二度と事故を繰り返さない」という気休めのきまり文句で、文章を閉じようとは思わない。なぜなら、亡くなった消防士たち、重度の放射線障害に苦しむ人たち、住みなれたわが家に生涯帰れぬ人たちのことを思うと、われわれの気もちは休まることはないからだ。[11]〉

三〇キロ・ゾーンの犯罪

住民たちが去った後の危険地区に残された公私有財産の保護――それはウクライナ内務省の警察局にとっていちばん頭の痛い仕事であった。また避難民の留守宅荒らしが頻繁に出没したことは、ただでさえ辛い日々を送っている避難民の心を、深くふかく傷つけるできごとだった。

チェルノブイリ地区から避難して、いまはキエフ市に近いコツュビンスコエに仮寓しているスタローバヤさんの一家はこんな体験をした。

あの事故の後、一家はチェルノブイリ地区からマカロフ地区に移住した。何も持たずに体ひとつで家を出た。家財道具はすっかりそのまま残してきた。ほんのちょっとの間、家を離れるだけのつもりだったからだ。

しばらくして当分、いやもしかしたらいつまでも家に戻れないかもしれないことがわかり、祖父が必要なものを取りに戻った。そうしたら家の入口の錠はもぎ取られ、ドアは開けっ放しになっていた。砂糖煮の果物を入れたガラス容器のふたも開けてある。盗人はきっとその中に、果実酒が入っていると思ったのだろう。祖父はあらためて錠をつけ直した。

しかし、半月後にもう一度老人が戻ってみると、また同じことが起こっていた。錠ははずされ、窓は破られ、洋服ダンスもこわされて、めちゃくちゃにかきまわされていた。その様子に老人はまったく度を失ってしまった。

いったい誰が、何をさがしたのだろうか。こんないやな経験をしたのはスタローバヤ一家だけではない。多くの避難家族が心をかきむしられるような思いを味わっている。この苦い思いをいったい誰に訴えたらいいのだろうか。[12]〉

プラウダ紙のグーバレフ記者はスタローバヤさんの話を聞いて、こう書いている。

〈事故直後の日々に、警察がきめの細かい活動をしていたことをおぼえている。その時は盗人が人のいない家に忍びこむなどということは予想もできなかった。そういうことをする連中は、犯罪者としか呼びようがない。人の不幸につけこんで私利私欲を満たそうなどとするのは、二重三重に犯罪的な行為である。

ウクライナ内務省のお役人は、プリピャチと三〇キロ・ゾーンでは秩序がきちんと守られていると、自慢げに語っていた。それなのにどうしてスタローバヤさんが書いているようなことが起こったのだろうか。繰り返して言うが、住民が立ち去った町や村では、警察がきめ細かく手落ちのない活動をすることが必要となろう。[13]〉

グーバレフ記者が述べているように、内務省高官は三〇キロ・ゾーンで治安上の問題は起こっていないと豪語していた。たとえば内務次官ピツューラ少将の有名な談話がある。

「私はすべての避難民に保証する。みなさんの留守宅は警察が守っている。避難後一カ月たったが、三〇キロ・ゾーンではたった一件の小さな盗難が発生しただけだった。犯人はすぐに逮捕された。この男は酒を手に入れようとして、何軒かの家に押し入った。三〇キロ・ゾーンではこれ以外の犯罪は起こっていない[14]」

しかし三〇キロ・ゾーンのきめ細かいパトロールは、口で言うほどやさしい仕事ではない。警官だって人間だ。パトロールの回数や時間が長びけば、それだけたくさんの放射線を浴びることになる。誰にしたってこんな仕事は少しでも早く切り上げたがるのが人情だろう。

それを補うために、三〇キロ・ゾーンの境界線に監視塔が設置された。国境警備隊が使っているのと同じものだ。無用の人物、車輛の進入を禁止している。チェルノブイリの境界線はウクライナ側で一〇七キロの長さになる。検問所は三カ所あり、通行許可証がなければ中へは入れない。内部のパトロールは軍の治安部隊と警察が実施している。けれども度重なるパトロールは放射線を許容限度以上浴びてしまうので危険である。そのため各住居に自動警報システムを取りつけることが検討された。

無人の都市と化したプリピャチ市では、商店、銀行、行政機関、住宅団地など七〇〇カ所が要警備地点に指定された。警備を担当しているキエフ治安警備部の部長チャウス大佐は、この仕事には経費と人員と時間がかかることを強調した。かれは三〇キロ・ゾーンで盗難事件が頻発しているというのは、ためにする作り話にすぎないと否定した。少なくともプリピャチ市内に関する限り、そういうことはないと断言する(15)。

こうした警察幹部の強気の発言にもかかわらず、先述のグーバレフ記者の指摘を警察自体が認めざるを得なくなった。事故から半年後の十月になってからのことだが、ウクライナ共和国内務省は幹部会議を開き、避難民の私有財産を保護する努力が適切でなかったことを認めた。その責任者としてチェルノブイリ地区のスコピチ内務部次長、キエフ州のボブスノフスキー内務部次長の二人が懲戒処分を受けた。

幹部会議は次のような警備強化策を決めた。避難区域のすべての町村に警察官を配置し、二十四時間中パトロールを実施する。プリピャチ、チェルノブイリ両市の住宅団地には、集中警備センターに接続する警報システムを設置する。

幹部会議は、三〇キロ・ゾーンに許可なしに入り、避難民の私有財産を盗んだために、起訴された者が多数いる事実を認めた(16)。

後たたぬ略奪

原発事故は人の心を荒廃させた。犯罪件数の増加はそのことを物語っている。どれほど警備を強化しても、犯罪を根絶できないのは、それを育む社会的な土壌が存在するからにほかならない。ところでプリピャチ市から避難した人びとは、その後私物を取りに自宅へ帰ることを許された。けれども持ち出す前に品物の放射能を測定しなければならない。ジャケットやブーツなど、放射線値が許容レベル以下のものに限って、持ち出しを許される。

マイカーはどうか。運のよい人たちだけが自家用車を持ち出すことができた。けれども汚染値の高い車の持ち主は、悲しそうな顔でナンバープレートをはずし、愛車に別れを告げていた。汚染車の所有者は国家補償を受けることになっている。

プリピャチ市内務部のクラフチェンコ大尉によると、窃盗、略取の事例が増えている。とくに運転手たちによる犯罪が目立っている。つまりさまざまな企業、組合、機関ごとに、私物を運び出すために派遣した車の運転手たちが、それをやっているのだ。

クラフチェンコ警察大尉らは、六件のアパート荒らしをした二人の男を逮捕した。かれらはテレビ、カメラ、衣類はおろか、台所のタオルまで盗み出していた。商店や倉庫の入口を破って入った者たちも逮捕された。かれらは電話、煙草、菓子、食品などを奪った。

何より悪いのは、こういう連中が三〇キロ・ゾーンの放射線検査ポイントをうまくかわして、盗品を持ち出していることだ。盗品は放射線チェックをまったく受けないことになる。それらが転売されるといったいどういうことになるかは、説明の必要のないことだ。煙草、食品の汚染値は明らかに基準値を上回っている。

「こんなことができるのは人間じゃない!」とクラフチェンコは怒りを隠さない。しかし、問題はそれほど単純ではない。いったいなぜこんなに破廉恥なことが起きるのだろうか。その裏には実はこの国の根深い社会病が潜んでいる。それをはっきりさせなければならない。

全国から選び抜かれた人たちがプリピャチに集まり、さまざまな分野で事故処理作業に熱中している時、一部の企業の幹部たちはこの機会を悪用し、政府の動員要請に応えて、日ごろ職場で手を焼いている札つきの連中をおだてて、まんまと厄介払いしたのだ。かれらをチェルノブイリへ送りこんだ企業の責任者たちの罪の深さが、不問に付されてよいものだろうか。クラフチェンコ大尉はそう言うのだった。

最後にもう一つ、密造酒の問題を記しておこう。ゴルバチョフ政権はペレストロイカ(改革)を推進する政策の中で、アルコール制限キャンペーンを展開してきた。しかし、これにもまた表と裏があり、飲酒癖を一朝一夕に追放することは至難の業である。まして原発事故後は取り締まりも手薄になり、人びとは不安を少しでもまぎらわせるために、アルコールの助けを借りようとする。

三〇キロ・ゾーンでは交通事故のいちじるしい増加が記録されるようになった。原因の大部分は酒酔い運転である。三〇キロ・ゾーン内に酒を持ち込むことは一切許されていない。それなのにどうして？

調べてみると、周辺の村々で密造酒を売っていることがわかった。警察では一六カ所を摘発し、密造用の道具、酒、酵母などを押収した。密造酒を売っていた四人が起訴され、有罪になった。[17]村々では密造酒の製造は公然の秘密であり、それを愛用している人も多いことは事実である。

〔注〕

（1）文学新聞 86・5・21

（2）同前

（3）文学新聞 86・7・23

（4）同前

（5）同前

（6）同前

（7）文学新聞 86・9・24

（8）同前

（9）同前

(10) 同前
(11) 同前
(12) プラウダ 86・8・18
(13) 同前
(14) イズベスチヤ 86・5・29
(15) ソビエツカヤ・ロシヤ 86・6・10
(16) プラウダ 86・10・27
(17) アガニョーク 86・10、No.42

第7章　コマリンから来た女たち

ある投書

〈私たちゴメリ州ブラーギン地区から避難してきた女たちは、いまここミンスク州クリニツァのサナトリウムに滞在しています。私たちがこの手紙を書いたのは、いろいろな問題について本当のことを知りたいからです。

私たちはポレーシエにある大切な家を捨てることを強いられました。それはもの心がついたころから愛してきた、かけがえのない場所なのです。広びろとした美しいドニエプルの流れ、絵画のようにみごとなブラーギンの森、そして住みなれた居心地のよい家。思い出のいっぱい残っているそれらのすべてを捨てて、私たちは幼な子を連れて、遠く離れた土地へやって来たのです。〉

これはプラウダ紙にのった投書の書き出しの部分である。この投書には六人の女性が連署している。毎日プラウダの編集局に届くであろう恐らく何千通もの投書の山から、幸運にも選び出された一通である。目に見えない放射能によって生まれ故郷を追われた女たち。かの女たちは何を訴えようとしているのだろうか。その声に耳を傾けてみよう。

〈私たちは政府の配慮に感謝しています。医療関係者の心配り、サナトリウムの人たちのやさしさを、本当にありがたく思っているのです。

けれどもそれと同時に、どうしても解決のつかない多くの問題があり、それらがただでさえきびしい私たちの運命を、さらに困難なものにしているのです。私たちは物心両面で辛い立場に置かれています。それは単に私たちが正常な家庭生活を奪われ、危険地帯に残った肉親のことを案じながら、離ればなれに暮らしているからだけではありません。

がまんができないのは、ゴメリ州とブラーギン地区の機関の指導者たちが、この緊急事態に対してあまりに無為無策であり、敏速な対応を何一つ見せていないことです。〉

この投書は新聞掲載用に要約されているため、具体的にどんな問題があるのか、はっきりしないところがある。その点を編集部の解説が補っているが、それによれば——

クリニツァ・サナトリウムでは、一軒の家に何家族もが同居し、着替え用の衣類さえも提供されていない。いつになったら物的な援助が提供されるのかわかっていない。もちろん、避難という緊急事態のことだから、手落ちが生じるのは避けられないだろう。しかし、そうした手落ちは一刻も早く取り除かれねばならない。しかし、ここではそれが除かれないばかりか、逆に指導者側の無関心と形式主義が目立っている。クリニツァまで足を運んで、不幸に遭遇した人たちとじかに会って、問題を解決しようとする幹部はいない。女たちの怒りと不満はつのる一方だ。(1)

図7-1 白ロシア共和国

図7-2 ゴメリ州

ミンスクに広がる不安

白ロシアの首都ミンスクで発行されている新聞『ソビエツカヤ・ベロルシヤ』の編集局にも、チェルノブイリ原発事故の実態と影響について電話や手紙での問い合わせが殺到している。読者の不安と関心に応えるために、同紙記者はサフチェンコ保健相にインタビューをこころみた。

問　多くの読者が白ロシアにおける放射線の状態を心配し、今後どのように変化するのかを知りたがっています。住民の健康を保護するため、政府がどのような対策を講じているのか、説明していただきたい。

保健相　白ロシア共和国内の放射線レベルの上昇についていえば、ゴメリ州のブラーギン、ホイニキ、ナロヴリャの三地区で最もいちじるしい。またそれらに近接するイェリスク、モズイリ、カリンコヴィチ、レチッツァ、ロエフの諸地区でもほぼ同様です。ミンスク、モギリョフ、ブレスト三州の一部でも、放射線レベルの上昇が記録されました。

最初に述べたゴメリ州三地区のうち、三〇キロ・ゾーンに入る町村から住民が避難しました。子どもと妊婦を先んじて立ち退かせました。それら三地区ではすべての住民が検診を受けています。三〇キロ・ゾーンにいた住民は継続的に観察されています。健康状態についての不安はありません。最も深刻な影響を受けた南部の村から首都ミンスクにいたるまで、全住民の健康診断をしましたが、心配される事例はありませんでした。
現在白ロシアの全土は完全に常態に復しています。ゴメリ州のすべての地区で農業活動が行なわれています。放射線レベルは低下傾向をたどっています。現在すでに三〇キロ・ゾーンや他の避難指定地区を除けば、全地域が安全レベルにあると言うことができます。

問　次のような投書が編集部に届いているので、聞いて下さい。

「私の知人がミンスク市に住んでいます。放射能に対する、かれらの過敏症ぶりには驚きました。その知人を訪ねた時のことです。玄関のベルを押してドアを開けようとすると、いきなり私の足もとに新聞紙が投げられました。『新聞紙の上に立って下さい。後でその紙を燃やします』と言うのです。『いったいどうして?』と聞くと、『ミンスクにも放射能はあるんですよ』という返事でした。
知人はコップの水に四滴ほどヨードをたらして、私にすすめます。私はヨードを服用する場合は、医師の忠告にしたがってすべきだと説得したのですが、知人は耳を貸そうとしませんでした」
最近似たような話がとみに増えていますが、これについて大臣はどう思いますか。

保健相　実際に放射能の危険があるところでは、住民にそのことを知らせていますし、今後もお知らせします。労働、日常生活、レクリエーションの場で心がけるべきこと、予防薬の服用などについては、すべて新聞、ラジオ、テレビを通じて伝えていますし、職場、居住地でも広報をしているはずです。
ミンスクを含む白ロシアの大多数の市町村で、住民の健康に有害なレベルの放射線はまったく存在しないと断言できます。たとえばミンスクで放射線レベルの上昇が観測されたのは、四月二十八日だけでした。それも短時間だけでその日のうちに放射線値は大幅に下がったのです。現在では事実上、平常値と等しくなっています。

したがって、ミンスクの放射線の状態が深刻だといったうわさはすべて、何の根拠もないものです。うわさが広まった理由の一つは、ミンスク第二八病院に大勢の市民が押しかけたことにあるのでしょう。あの病院には、南部からの避難民のために放射線測定器が設置されているのです。そこに市民の長い列ができました。それを見て、各保健機関に問い合わせの電話が殺到したというのが、いきさつだったのです。

くどいようですが、ミンスク市民のために特別検診をしなければならない理由はなかった。いまだってありません。

しかし、ゴメリ州南部の諸地区を離れたり、また逆に避難先からそこへ再移住する人の場合は、すべて検査を受けねばなりません。この機会を借りて三〇キロ・ゾーン内にいたすべての人に申し上げます。必ず現住地の病院へ行って下さい。これはあくまでも健康を守るための措置であり、現に健康障害の恐れがあるということではありません。

平常の条件下では保健衛生の基準を守りさえすれば、健康障害が起こる心配はありません。とくに農作業の後はシャワーを浴びることです。衣服や履物は清潔に保って下さい。建物を濡れた雑巾でよく拭くことも、健康を保つのに役立ちます。ゴメリ州南部諸地区で農作業をしている人には、放射能防護マスクの着用を勧告しました。

問　ところで夏休みが近づいています。多くの人たちがこの夏をどう過ごしたらよいかと案じています。この点について、保健省としてはどんな勧告を出されるつもりですか。

保健相　例年と同様、同じ場所で休暇を過ごされてかまいません。もちろん、三〇キロ・ゾーンに隣接しているゴメリ州のいくつかの地区には行くべきでない。遠足に出かけたり、子どもが外気に接するのを、制限する理由はありません。ただし、避難区域に隣接しているゴメリ州の八つの地区は別です。

インタビューの引用は、これで終わる。

政府の責任者の発言には、判で押したように一つのトーンがあることに気がつく。それは「放射能汚染の恐れがあるから、十分気をつけるように」ではなく、「汚染の恐れはないから、心配しないように」ということに、力点を置いている点だ。それが政府機関と報道機関に与えられた広報用の守るべき指示であることは疑いない。

それにしても、このインタビューの中に出てくるミンスク市民の放射能過敏症のエピソードは二重三重に皮肉である。

外来の客に玄関で新聞紙の上に立たせて、放射能の塵を落とさせる。その後で新聞紙を燃やすというのだ。放射能は燃やしても消えてなくなるものではない。燃やしたりすると、かえって大気中に飛散する可能性が生じる。

この無知を傍観者的に冷笑できるだろうか？　原子力事故がもたらす際限のない「悪魔のいたずら」に、ただただ戦慄をおぼえるだけではないか。(2)

コマリンから来た女たち

チェルノブイリ原発からつい目と鼻のさきの白ロシア共和国ゴメリ州、とくにその南部の住民の間では、事故からそろそろ三カ月になるというのに、いっこうに動揺がおさまる気配はない。政府の紋切型の声明やその枠を超えようとしないマスメディアの報道内容を、住民は信じていない。その不信の根深さが、抑えようもなく社会の表層に一瞬浮上することがある。これから語るエピソードは、そういう事例の一つにほかならない。

白ロシアの新聞『ソビエツカヤ・ベロルシヤ』のリャピチ記者は、八月のある日、ミンスクの官庁街にある保健省の次官室で、コンドルーセフ次官にインタビューしていた。この「ドラマ」は、まずその場面から始まる。

問　保健次官にうかがいます。モギリョフに住んでいるシェフリナさんからの質問ですが、モギリョフでは「放射線測定器の針が振り切れてしまうぐらい、放射線の値が高い」と言われますが、本当でしょうか？　スラヴゴーロドとクラスノポーリエでも同じうわさが広まっています。クリコフとコスチューコヴィチからの手紙も同様の不安を訴えています。

次官　モギリョフについては、まったく安全な状態にあると断言できます。確かに同州の一部にホットスポットがあります。そこでは積極的な住民対策が実施されてきました。常時モニタリングがなされ、正確に状況を判断し、住民の健康調査を続けています。しかし、これまでのところいかなる病気も発見されていません。あなたがおっしゃるのは、モギリョフのある女性からの質問ですが、クラスノポーリエ、スラブゴーロド、クリチェフ地区の住民からの質問ではないことに、どうか留意して下さい。なぜかというと、われわれはそこで住民とともに活動しているからです。

問　放射線レベルは時間の経過とともに変化しています。それに関して一部の読者は次のように質問しています。つまりその理由は、事故を起こした四号炉の状態と関係があるのか、それともこの地域は事故発生以前から汚染されていたのか？

次官　チェルノブイリ原発四号炉は、白ロシア共和国の住民居住地帯に何の影響も与えていません。日常的な検査結果に基づいて、そのことを確信できます。

八月五日正午、インタビューがここまできた時、突然次官室に四人の女性が入ってきた。ゴメリ州ブラーギン地区の南端コマリンから来た四人の母親たちだった。教師、農業技師、助産婦、保母という顔ぶれである。次官とかの女らの対話が始まった。記者はそのやりとりを忠実に記録した。

教師　私たちが住んでいるコマリンは、チェルノブイリ原発から二九キロしか離れていません。それだというのに、これまで政府機関からはただの一人も視察に来ていないのは、どういうことでしょうか。視察もしなければ、情報の提供もしない。住民の多くは、ここに留まるのは危険だと言っています。汚染があまりにひどいので、それを正確に測定できる器具もないとのことです。私たちはいま医療機関と協力して、子どもたちの健康状態をカード化しつつあります。医療機関はコマリンの全住民のためにも同じようなカードを作成しています。

次官 ちょっとお待ち下さい。聞いていると、あなたは何だかとんでもないことをおっしゃってるようですね。うかがいますが、五月六日にあなたはどこにおられたのですか？

教師 私はコマリンにいましたよ。

次官 それなのにあなたは、一人の役人もコマリンに来なかったと言われるのですか？

教師 そうです。

次官 五月六日に私自身が放射能測定班とともにコマリンへ行きました。放射線技師、コマリン病院の院長、三人の看護婦が同行し、私自身が検診をしました。そのとき検査を受けた住民の中で、甲状腺の放射線値が許容水準を超えた人は一人もいませんでしたよ。ただの一人も……。

コマリンは他の地区にくらべて、幸いにも汚染度がそれほど高くなかったのです。それなのになぜ私たちはそこへ行ったのか？ それは党ブラーギン地区委員会の第一書記の強い要請があったからです。コマリンの住民は逆上してしまってる、と言ってきたからですよ。しかし、コマリンが避難指定地域に入ったことは、まだ一度もありません。

農業技師 でもね、私は聞いたんですよ。コマリンにはもう生物は何も残らないだろうって……。

次官 そんなばかげたことを言いふらす連中がいるのは残念至極です。たとえばこんなことを連中は言ってるでしょう。人が危険なレベルの放射線を浴びると、何カ月か何年かたってガンになると……。ヨウ素の予防摂取をしましたから、現在の放射線レベルからすればガン発生は予想されません。まったくないでしょう。

みなさん頭を横にふってらっしゃいますね。「あんたはそう言うけど、あんたのことばなんか誰も信じていないよ」と言いたいんでしょう。そのかわりみなさんは、道で出会った見知らぬ相手を信じるというわけです。

助産婦　私たちはもうコマリンには帰りたくないんです。

次官　私は内外のすぐれた科学者たちと一緒に働いてきました。われわれはあらゆる状況証拠を検討しました。われわれ医学関係者は長期的影響についても成り行きを十分に監視することができます。そのことについて悲観的になる必要はまったくありません。

保母　六月十八日に私はブラーギン市で開かれた講演会に行きました。農業機械運転員クラブで開かれたものです。講師の話では、チェルノブイリ原発の爆発はヒロシマ型原発三個分に相当するそうですね。それでその講師がおっしゃるには、ブラーギンに子どもを連れてくるのは危険なんですって。

次官　あなた方は何が真実なのかを理解しなければなりません。あなたが聞きたいと思っていることが真実なのか、それとも現実に存在していることが真実なのか。第一、まだわかっていないことが沢山ありました。状況を調べる必要があったのです。それなのに何ということだ。まちがった情報を流す連中に出会ったり、講師の中にまでデマを流す連中がいるなんて……。モスクワの最もすぐれた科学者の一人、医学博士クニシニコフ教授がつい最近ホイニキとブラーギンへ行って来ました。教授は私に言いました。「実にきれいなところだ。君もぜひ奥さんと一緒にあそこで休日を過ごしたまえ」と。

保母　私のアパートが空いていますから、よろしかったら鍵をおあずけしますわ。

次官　アドレスを控えておきましょう。ついでに私の電話番号もメモしておいて下さい。ブラーギンに行かれたら、食料事情がどうなっているか知らせて下さい。それからどうかきれいに掃除することを忘れないように願います。

保母　ブラーギンでは医者や党幹部たちがまっ先に自分の子どもたちを避難させた事実をどう思われますか？

次官　それはうそです。党地区委員会第一書記と地区執行委員会議長の子どもたちが避難したのは、いちばん最後でした。

教師　私は高い放射線を浴びて入院している人たちを知っていますよ。

次官　どうか私の言うことを信じて下さい。一〇〇人の人がいれば、その三分の一は何かの病気を持っています。それがわれわれの生活の実態です。ですからブラーギン地区で誰かが入院しているからといって、その人が放射線症のために治療を受けていることにはならないでしょう。

教師　私たちはどこか別に部屋が欲しいとか、お金が欲しいなどと言いに来たのではないのです。この三カ月間、放射能のことが心配で心配で、もうすっかり疲れはててしまったのです……。(3)

〔注〕
（1）プラウダ　86・8・18
（2）ソビエツカヤ・ベロルシヤ　86・5・22
（3）ソビエツカヤ・ベロルシヤ　86・8・9

第8章　英雄神話

詩「人間」

詩人ヴォズネセンスキーは、ソ連の原子力研究のメッカといわれるドゥブナを舞台に、長篇詩「オザ」を書いた。一九六四年のことだった。その一節を引用する。

私は未来を思っているのだ、
　歴史家は続けた。
人間の夢が全部実現される時が来る、
テクノロジーは善用すれば役に立つ、
技術が恐《こわ》いだって？
ならば洞窟の昔に帰るがいい！

白髪で赤ら顔の学者は言った。
子どもらと犬たちがかれを見てほほ笑んだ。

スターリン批判、雪どけ、六〇年代の代表詩人としてさっそうと登場したヴォズネセンスキーが、「オザ」でうたい上げたのは技術の栄光ではなかった。逆にかれは技術の発展が、人間を機械化する危険を予感し、愛する娘ゾーヤ（語源は生命の意）がロボット人間と化したことを悲しむのである。詩の題名の「オザ」は、有機的な生命を無機的な物体に転換させる技術社会を象徴するため、ゾーヤ（ZOYA）をオザ（OZA）に置き換えたものである。

ロシア、私の国、美しい祖国、
ルブリョフ、ブローク*、レーニンの国、
雪はしんしんと降りつもり
白銀のしとねをくりひろげる
　世界に
　　救いと安らぎを
　　　もたらす！
それより高い仕事はないのだ
と言うかのように。

＊ルブリョフ（一三六〇頃〜一四三〇）は聖像画家、ブローク（一八八〇〜一九二一）は象徴派詩人。

この世界は、競売会《オークション》に出品された骨董品ではない、ただやたらに値段が高ければいいというものではない、と詩人は言う。

私は詩人のヴォズネセンスキー、
それ以外の何者でもない。
…………
どんなに技術が発展しようとも、
それが人間を傷つけ、損なうならば、
すべての進歩は退歩にすぎない。
私はありとあらゆるいつわりの進歩をのろい続ける。
技術用語をしゃべりすぎて、
私ののどはカラカラになってしまった。

楽天的な進歩観に対するヴォズネセンスキーの拒絶反応は、「もう歌うな、レコードよ、スターリンの歌を」というフレーズに重なる。「オザ」は技術の奴隷になることだけではなく、政治的な機械人間になることへの拒否を表わすものでもあり、「単なる機械の部品じゃない」、個性と自主性を持った全人的存在の回復宣言でもある。

それにしても「オザ」を書いた当時の詩人が、それから二十二年後、チェルノブイリ原発事故に際会して、犠牲者たちの魂をなぐさめ、英雄たちの行為を讃美する日が来ることを、想像できただろうか？　かれの詩「人間」は事故から一月余り後にプラウダの紙面を飾った。(1)

私を許せ、
　人間を許せ、
　　　人間、
歴史、ロシア、ヨーロッパ——
はかり知れない狂暴なものが
　この国に、
　　この時代に、
痛烈な試練を課したことを——
許してくれ、
　私がちっぽけな
　　人間にすぎないことを、

希望、
それはノーベルの栄誉で飾られていた、
それが恐ろしいジン*のように、
チェルノブイリの上で目をさました。

……………

*ジンはアラブ神話に登場する悪霊。

詩人はこの詩の中で、チェルノブイリの惨事をもたらしたのは、科学と人類の罪なのだろうかと問いかけている。この突然のできごとは、暴発してしまった戦争のようなものだという。安易な生活を当てにするのはやめよう。世界よ、手遅れにならないうちにそのことを知っておくがよい。そして人間が神のようであるならば、いや神とは言わぬまでも、私の言うようなものであれば、まだ救いは残されているという。

神は、身に放射線を浴びながら、
　原子炉の火を消しとめた
　　人びとの中に宿っている。
皮膚が焼け、服がこげても、
　自らの身をかえりみず、

キエフとオデッサを救った
かれはただ
人間らしくふるまっただけだ。

神は、ヘリコプター・パイロットに宿っている、
神はこの危難を救い、神自身も救われた、
神はまた、空をかけてロシアにやってきた
ヒロシマの年に生まれた
ゲイル博士に宿っている。

詩人は犠牲的精神を発揮した人たちをほめたたえた後、この惨事の責任は誰がとるのかを問い、「毒された知恵の果実」がどこにあるかを、いつか私たちは知るだろうと言う。ともあれ、いまわれわれは、私もそしてあなたも、あの日原発の中に飛びこんでいった人たちのおかげで、こうして現に生きていることができるのだと結ぶ。

詩「人間」はこうして終わる。この作品にはどこかにすき間が空いているような気がする。同じ詩人が二十二年前に書いた「オザ」を読んだ目で今回の詩を読むと、何かもの足りなさが感じられてならない。どうしてだろうか。

それはこの詩がチェルノブイリの英雄たちを美化し、神格化するものであるからだと思う。英雄神

話を創造することで、結果としては、原子力発電という現代のモンスターに対する批判に、催眠効果をもたらす。人間をスポイルするような技術の進歩は退歩であると断言した詩人、エセ進歩を呪いつづけると宣言した詩人の面目はどこに消えたのか。

ヴォズネセンスキーとその詩について語るのはこれでやめよう。六〇年代のあの「オザ」に示された前衛詩人のイメージにとらわれすぎているのかもしれない。問題はかれ個人の変容ではなく、繰り返して言うが、英雄神話を創ることで、現代テクノロジーの魔性への考察と批判が後景へ押しやられてしまうことである。それでは英雄再生産の道を断ち、犠牲者に真に報いることにはならないのだが。

私は自由な小鳥

話題を換えることにしよう。

マリヤ・プリマチェンコ、一九〇九年キエフ州に生まれた女流画家。八十歳に近いいまも、故郷のイワンコフ地区ボロトゥニャ村に住んでいる。そこは閉鎖中の三〇キロ・ゾーンからわずか一五キロしか離れていない。

プリマチェンコの作品の題材には動物や植物が多い。ウクライナの民間伝承を主題にした版画の作者としても知られている。*

一九八六年五月二十七日、チェルノブイリ原発事故から一カ月後、かの女は一枚の絵を描いた。テマリカンボクの林の小枝の間で、生きようとして懸命にたたかっている小鳥。その小鳥の体には花輪が描いてある。素朴な形象である。絵の裏側にはこんな題辞が記されていた。

コクマルガラスが飛んでいる
ご主人をさがしているのだろう
けれどもご主人は跡形もない
ウクライナ中に飛び散ってしまった。
いつか花が咲きほこり
子どもたちが花をつむ
そして花輪を編んで
墓に供えてくれるだろう
でも私には墓がない
私のお墓は
雲の上に昇ってしまったんだよ。

ヴァレリー・ホデムチュクに——

この詩を捧げられたホデムチュク、かれは四号炉が爆発した時即死し、遺体を搬出することさえできなかったあの最初の犠牲者である。マリヤはホデムチュクの姪にあたる隣家の少女にやさしくして

私は自由な小鳥（マリヤ・プリマチェンコ画）

出所）ニューズ・フロム・ウクライナ '87. №16.

いる。少女も老画家になついていている。

事故の翌日、プリピャチ市から避難する人たちをのせた数えきれないほど多くのバスが、村のそばの高速道路を走り過ぎていった。それからまた何日かたって、今度は三〇キロ・ゾーンから避難する人びとを運ぶ車輛が通っていった。

牛の移動の時は大さわぎだった。長いながい牛の列が通るのを見て、家々の飼犬がいっせいに吠え立てた。飼馬までがそのさわぎに興奮してしまった。プリマチェンコ家の馬はとうとう小屋の戸口を破り、飛び出していった。連れ戻すのに半日がかりだった。村中がまるで戦争が始まった時のような不安に包まれた。

マリヤは気丈な人だったので、そうしたさわぎの中でも毅然としていた。そしてうろたえる息子を叱った。

「落ち着きなさい。チェルノブイリはもっと大変なんだよ。難儀な目に遭うのは、何もこれが初めてのことじゃあるまいに……」

事故から五日目のことだった。マリヤは疲れきって庭の小屋に横になっていた。風が出て、小雨も落ちてきた。それでもかの女は家の中へ入ろうとしなかった。それにはこんなわけがある。

村人たちは国から芸術賞までもらったマリヤのことを尊敬している。原発事故という大事件が起こった時、村の人たちはいったいどうしたらいいのかわからなかった。迷い、心配した人たちの目は、そっとマリヤの方をうかがっていた。こんな時、マリヤの一家がどうふるまうかを注目しているのだ。マリヤはそのことに気がついていた。だから自分はつとめて平静を保たねばならない……。けれどもマリヤが平気な顔で戸外に横たわったりしたのは、それが最後だった。

麦わら帽子をかぶった仔牛

「私は紙に描くのではない。心に描くのです。すべてのものが、私の心の中にあります。色、ことば、おとぎばなし、そして真実のものがたりが……。私は自由な小鳥！　筆と絵具と紙は私の翼。私は空に飛び立っていく。どこに降りるかはわからない」

マリヤは死んだホデムチュクをコクマルガラスにたとえた。ヴォズネセンスキーの英雄讃歌よりも、こちらの方が私たちの感性の内側に素直に入ってくる。

原発事故が起こったプリピャチまで、わずか四五キロしか離れていない。初めての経験に加えて、知識も情報も不足どころか、完全に欠落している。マリヤにとって頼りになるのは七十七年の人生経

麦わら帽子をかぶった仔牛（M・プリマチェンコ画，下も同じ）

放射能から身を守る　出所）共にニューズ・フロム・ウクライナ '87. No.16

験とカンだけだった。

一枚の不思議な絵がある。麦わら帽子をかぶった仔牛（当時、医師は人びとに外出する時は帽子を着用するようにすすめていた）が、カエルと会話している。カエルは仔牛に忠告した。「牧場の草を食べない方がいいよ、体に悪いから」と。すると仔牛は答えた。「ぼくはウクライナのポレーシエ生まれなんだ。放射能をこわがるような弱虫じゃないよ」。これは頭かくして尻かくさず、どこか間が抜けている放射能対策への皮肉だろうか。

もう一枚は「放射能から身を守る」という題がついた絵。男がプラスチックの袋でツノとヒズメを包んだ牝牛を見ている。牝牛は牧草を食《は》んでいる。そして男に言う。「私はこんなに放射能に注意しているんだよ。あなたは何もしてないなんて、何という間抜けた人なんでしょう！」。

これもまたマリヤの痛烈な諷刺である。外形だけは放射線被曝を防ぐ用意をしながら、平気で汚染された牧草を食べ、他人に忠告までするなんて。

それにしても、牛までが放射能除けの麦わら帽子をかぶり、ツノやヒズメまで隠さねばならないとは、何という悲しい時代だろう。マリヤ・プリマチェンコの目に絶望的な怒りと悲しみの色が宿っている。「私は自由な小鳥」というのは、そうありたいと願うかの女の思いの表現だろうか。(2)

＊マリヤ・プリマチェンコの経歴を補足すると、一九三五〜四一年、キエフのウクライナ美術館付属実験工房で制作活動。その後帰村。六六年シェフチェンコ賞を授与され、七〇年ウクライナ功労美術家の称号を贈られた。ソ連装飾グラフィック・マスターの称号を持っている。

〔注〕

（1）プラウダ　86・6・3

（2）NFU　87・No.16

第9章　水汚染とのたたかい

飲料水を守れ

飲料水は汚されていないか？　ドニエプル水系に生活用水を依存している住民の最大の関心事の一つはそれだった。ドニエプル水系の地図（一四一頁）を見ていただきたい。この地図はチェルノブイリ原発事故で、放射能汚染の影響があったと考えられる地域（ウクライナ、白ロシア、ロシア三国に限っている）の、主な河川を示したものである。人体の神経系統かまたは血管のように、水系が広がっていることがわかる。

これだけ広大な大地と水系を、どうすれば放射能汚染から防ぐことができるだろうか。事実上、不可能ではなかろうか。しかし、少なくともパニックの発生を抑え、住民の気もちを鎮めるためには、何らかの対策が必要であり、それを宣伝広報することが必要だった。では、どのような手が打たれたのだろうか。

第一、ドニエプル川に全面的に依存している二五〇万キエフ市民のため、上水の安全を確保しなければならない。そのために講じられた最初の対策は、短期工事によりデスナ川の水をキエフ市の給水系統に移すことだった。

この工事について、ウクライナ政府のボリソフスキー特別建設事業相は次のように発表した。「チェルノブイリ原発事故によって、放射能がドニエプル川に流入する危険が生じた。それを防ぐために特別措置が講じられた。プリピャチ川に堤防が築かれたのをはじめとして、さまざまな工事がなされた。それにもかかわらず専門家たちは、キエフ貯水湖に危険がなくなったと考えてはいない。もちろん、それは潜在的危険にすぎないが。

われわれはキエフ市と周辺住民数百万人を危険にさらすことはできない。政府委員会はまちがいのない方針を立てなければならない。デスナ川から取水してキエフ市に給水するのも、その一つである。新たに二本の水道が造られることになった(1)」

デスナ川の水がはたして汚染されていないかどうかは定かではないが、ともかく工事は五月十六日に開始され、一カ月後の六月十六日からキエフ市の水道にデスナ川の水が給水されるようになった(ということは、事故後約五十日間は、それまでどおりキエフ貯水湖＝ドニエプル川の水だけを使っていたことになる)。

デスナ川とドニエプル川の合流点に近い湿地帯、ヤナギと白砂に縁どられた水辺に、ライトブルーの建物が出現した。格子の外装の上に看板が見える。これが新しいポンプ場だ。ここから鉄橋、道路、地下道、島、さらには地下水など大小一八の障害物をのりこえて、キエフ市内に伸びる全長六キロメートルの水道が完成した。ボリソフスキー特別建設事業相は「キエフ市民に上質の水を十分に供給できるようになった。水質基準も以前よりきびしくなっている」と発表した。デスナ川からの給水だけでは必要量をまかなうのに十分でないため、ドニエプル水系の水も従来どおり使われている。要するにドニエプルの水をデスナの水で割って、汚染濃度を薄くし、市民に少しでも安心感を与えることが新水源確保の目的だったのだろう。だが市民の不安がそれだけでおさまらないと見るや、特別建設事業省はさらに追加措置を取った。すなわちデスナ川からの給水量を二倍に増やす。深さ一六〇〜三三〇メートルの井戸五八本をキエフ市内に掘る。市内の製パン、乳製品工場ではすべて井戸を掘り、井戸水だけを使用するというものである。(2)

そのころチェルノブイリ原発の周辺では、飲料水源であるキエフ貯水湖を放射能汚染から守るための懸命の努力が続けられていた。チェルノブイリ原発のキジマ前建設部長はそのころを思い出して語った。

「いつ何どき豪雨が降るかもしれないことを、誰もが知っていました。水源の汚染を何としてでも防がねばなりません。市内に降った雨水が排水溝を通ってプリピャチ川に流入するのを止めることが必要でした。そのため雨水の溜池が作られました。必要に応じてホースを延ばせば、除染に使った水もここに集めることができました(2)」

事実、水質保護作業は事故直後に着手されたと、プラウダ・ウクライヌイ紙のソコル記者は報じている。

〈チェルノブイリでは小川に向かって急角度に下り坂になっている路面に、水の流れを食い止めるための土堤が築かれた。土地が低い場所では集めた水を落とすための井戸が掘られた。それと同時に大

図8　ドニエプル水系の支流

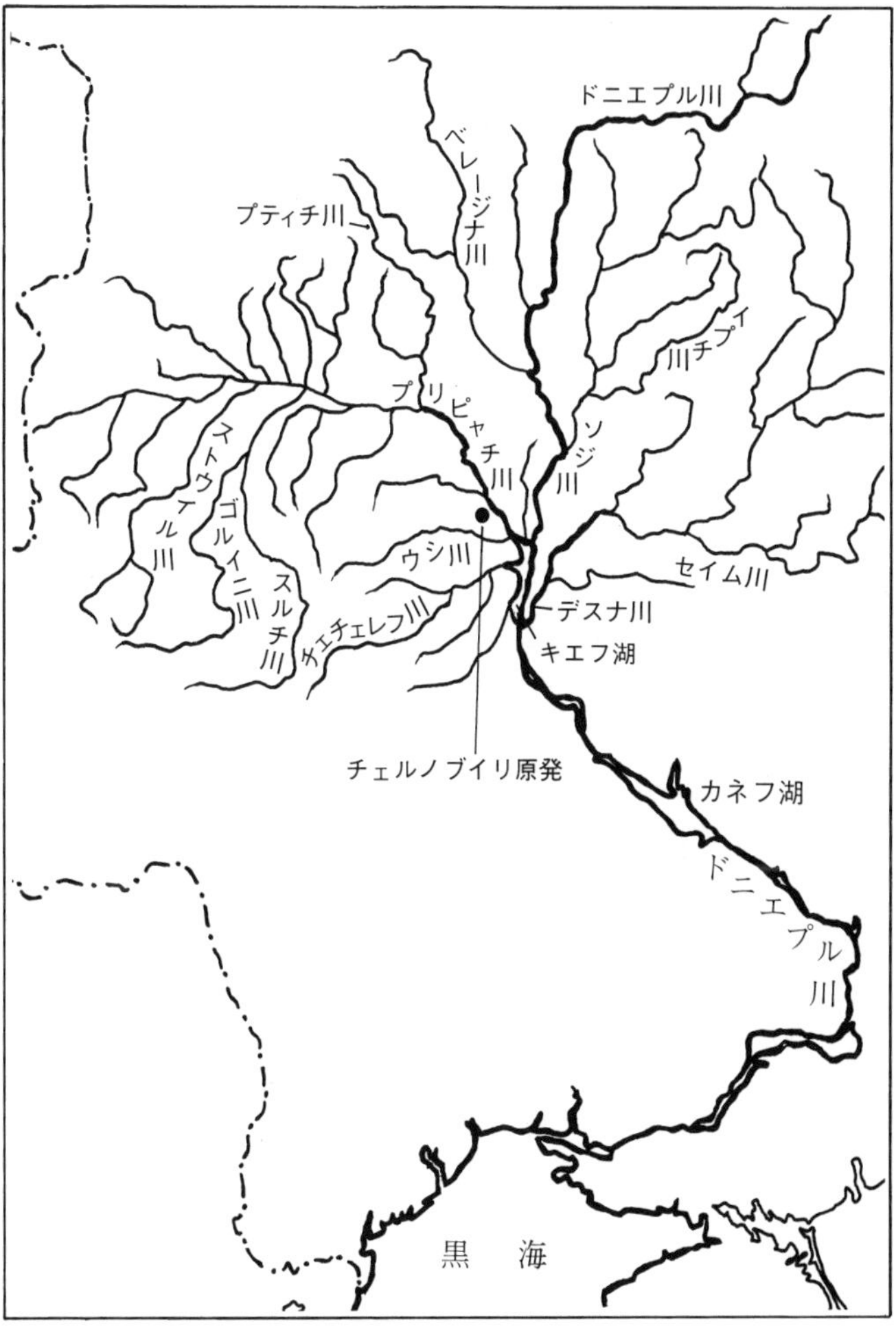

空でもたたかいが行なわれていた。化学薬剤を積んだ飛行機が雲の層に向かって飛び、中では酸素マスクと毛皮の服を着た作業員たちが、雨雲を散らすために奮闘していた。(4)〉

はてしない悪循環

水をめぐる難問はあらゆるところで発生した。たとえば、車輛除染水の処理もその一つである。放射能で汚染された車輛の除染に使用した水は当然ながら汚染される。その大量の汚染水をどのような方法で処理処分するのか。これはきわめて深刻な問題であり、放射能汚染のはてしない悪循環を示す事例である。

チェルノブイリからキエフ市にいたるドニエプル川沿いの国道の何カ所かにPUSOが設けられている。PUSOというのは特殊処理作業所の略称で、もともと軍事用語からきたものだが、ここでは放射能汚染区域を通ってきた車輛の汚染度の測定と除染をする場所を指す。

各PUSOにはチェルノブイリ方面から来たダンプカー、トラクター、ブルドーザー、軽自動車が列をなしている。車輛を洗浄した水はタンク、水槽車、セメント池、深井戸などに集められ、汚れた水を一滴も環境に流さないよう注意している。

しかし、当たり前のことだが、交通量が多くなればなるほど、それだけ早く水の貯蔵容量は限界に達する。一九八六年八月のある日、キエフ市北西ゴストメリのPUSO付近で、車輛が混雑していた。そのため数時間以内に廃水タンクが満杯になる恐れがあった。そうなると車輛の洗浄を停止せざるを得なくなる。結果的に道路交通は完全にマヒするだろう。それを避けるためにＰＵＳＯの責任者は事故処理本部に電話で汚染水処理班の出動を求めた。

要請を受けた本部から、二人の科学者、放射線技師、コンプレッサー係が作業車に乗り、ゴストメリに向かった。この作業車はＰＵＳＯで使った洗浄水を無害化するための装置を備えている。キエフのアルチョーム記念工場と建設道路用機械工場が共同で、汚染水浄化装置を車に据えつけた作業車を完成させた。移動式除染装置の原案を提供したのは、キエフ工科大学とウクライナ科学アカデミー・コロイド・水化学研究所だった。後者はこれまで静止状態の液体浄化用の効率的な技術を開発したことで知られている。

ここで使われている放射能汚染水浄化装置の仕組みは、つまびらかでない。遠心分離または発泡処理の原理を応用しているのだろうか？　そしてその効果はどうか？　いずれにしても車輌だけでなく、建築物の除染などに使われた膨大な量の汚染水の行方はどうなのか？　繰り返して言うが、原子力事故がもたらすはてしない汚染の悪循環を、ここに垣間見る思いである。(5)

ポレーシエを堰き止める

最初に述べたように、ポレーシエには大小無数の水路が張りめぐらされている。したがって水質の保護は頭で考えるほど簡単なことではなかった。とりわけチェルノブイリ原発のまわりには、水の乾いた名もない小川がたくさんある。だが雨が降るとそれらは水で溢れるのだ。除染水や下水がこの水路を流れ下るのを、黙って見のがすわけにはいかない。方法はどこかで水を堰き止めるか、あるいはフィルターを通すかの、二つに一つしかない。実際にはどういう風に解決したか。前出のソコル記者の報告を引くことにしよう。

ヘウクライナ水利省の四〇人の専門家グループが問題の解決に当たった。グループの指導者V・ミハイロフスキーは語った。

「難しいのは、この課題がまったく新しく、過去の勧告、法規上の文書がないことだ。われわれは危険と思われる場所をヘリコプターで空から観測し、実際に足で歩いて測定した。ある場所では堤防が、次の場所は小さな堤防、そして第三の所では大型のダムが必要だった。どこに何を造るかを決めていた時に、もう次のもっと困難な課題が生じていた。つまり堤防を造るには材料が要るということだ。その材料は放射能を通さないこと、それに高価でないことが条件だ。そうした材料を見つけてはテストした。その材料を製造し、送ってくれたのは『ザカルパト非金属鉱石生産合同』だった。それは六万トン以上の石だった。石の注文としては異様に大きな量だった。

築堤工事の規模の大きさには、大工事に慣れている建設作業者たちもさすがに驚いた。堤の延長は四〇キロメートルに達した。すべての工事は秋までに完成しなければならなかったが、もう七月が近づいていた。

作業は夜明けから日没まで行なわれた。作業員たちは夜中でもトラックの警笛の音で起き上がった。材料の石が運ばれてきたのだ。カチャンが率いる作業隊では、「すべてのことを安眠できる日のために」というスローガンが生まれた。作業は確実にするだけでなく、早くしなければならなかった。雨

が降る前に作業を終わらせる必要があったのだ。全員がそのことを理解していた(6)〉

ソコル記者の報告はさらに続く。水汚染防止の努力——それが完全に成功したか否かは別として——を、これほど細かく、具体的に記述した報告はめったにないので、もう少し引用を続けることにする。

〈設計技師たちも現場のテントに寝泊りした。作業の途中で計画が変更されることがあったからだ。天然、人工、大小、暗渠、明渠を含めて、すべての水路が堰き止められた。

たとえばチェルノブイリへ車で行く人は、ザレーシエ村を横切っている名無し川が危ないことに、ほとんど気がつかない。川床の干上がった川とその上にかかった小さな橋は、ありきたりの風景にすぎない。しかし、専門家たちはこの川に時として水が流れ、しかもそれが直接キエフ貯水湖に流入することを知っていた。したがってここにも石の堰が築かれた。この半円型の堰にはさまざまな種類の何層もの材料が使われた。つまりフィルターである。

白ロシアのブラーギンカ川はふだんは水の少ない小川でも、増水期にはまるで海のように水が溢れて広がることを、専門家は知っていた。ここでは二カ月間でダムを築かねばならなかった。早朝から暗くなるまで機械と車輌の音が鳴りひびいた。全長五〇〇メートルのダムができ上がった(7)〉

ソコル記者の報告はまだまだえんえんと続く。それによると、地上の水質保護施設は全体で一三一カ所に構築された、地下水対策にはより複雑な技術が要求されたという。同記者は次のように述べている。

〈非透水性の粘土層に達する地下三〇～三二メートルの深部に、長さ二キロメートル以上にわたる壁が造られた。これほど大きな壁が造られたことはかつて皆無だったし、深さの点でも世界にきわめて稀な例だった。しかも驚くほど短期間で完成したのである。

この工事のためには超強力溝掘り機が必要だった。どこにそういう機械があるか、国外にまで問い合わせがいった。しかし、機械そのものはキエフとザポロジで試作されていたものを、チェルノブイリ原発のサイトに持ってきて、試験と実用の両方の目的に供することにした。八〇トンの巨大な機械だった。また外国製の溝切り機械も輸入され、課税手続きを簡略化して、国境から直接事故現地へ機械を運んできた。後に判明したことだが、別に外国製機械を導入しなくても、国産機械で十分に間に合った。

この作業で困難だったのは、砂地にせまくて深い溝を掘ることだった。溝はよく崩れた。しかし、普通なら三年はかかる工事が、三カ月で完成した。この地下堤防によって、事故現場の直下からプリピャチ川へ流れる地下水の流れを堰き止めることができた。

地下水の水質を保全する二番目の方法として、排水用井戸が掘られた。放射能で汚染された水をこの井戸に吸いこませ、ついでポンプで吸い上げて浄化する。この作業は技術的障害はなかったものの、それほどやさしいものでもなかった。作業現場には放射線管理員が配置された。この井戸は粘土層まで掘るだけでなく、さらに三〇メートルの井戸を掘り、水を集め、それからポンプで汲み出した。こうした井戸が三五〇本以上掘られた。使われたパイプの長さは約二五キロメートルになった。

放射線値が高い場所でパイプを設置する時には、熔接は自動機械で行なわれた。この工事も通常一年半かかるところを、三カ月でやりとげた。(8)〉

川底の放射能を捕える

チェチェレフ川河口左岸のゼリョーヌイ・ムィス（緑の岬、チェルノブイリ原発勤務員の仮宿泊地がある）からドニエプル川上流を見ると、広い水面に海洋浚渫船ツェルピンスク号の大きな黒い影が見える。ドニエプル川の河口から遡上してきたのだ。この浚渫船はドニエプル川の水路を直角に横切る長さ四五〇メートルの水中堤防を築くことになっている。このため、その手前に幅一〇〇メートル、深さ一六メートルにわたり、川底の土をえぐり取ることになる。これはいわゆる水中落とし穴であり、プリピャチ川の大小の支流が集めて運んでくる放射性物質を、ここに滞留させる目的で造られるものだ。

キエフ水力発電所*のダムの前にも別の落とし穴が造られた。砂利を積んだ長い障壁が設けられ、その上流に広い穴が掘られた。

*ドニエプル川のウィシゴーロド付近に造営、一九六八年に完成、その結果キエフ貯水湖ができた。

プリピャチ川河口（ドニエプル川との合流部）北側にも、同じような石の暗礁が敷設されている。浚渫船ドニエプル二六号、同二七号が苦労して川底を一二メートル掘り下げ、その後高さ四メートルの濾過式ダムを築いた。

ドニエプル、プリピャチ両川に流入する支流のいくつかに、水質保全用のダム、堤防が造られ、総延長は二九キロに達した。川底から掘り上げた土砂の量は四〇万立方メートル。水中に投入した岩石二五万立方メートル。こうした施設を造った目的は、春秋の増水期にプリピャチ川からドニエプル川に流入する汚染水を防止することにあった。(9)

〔注〕

(1) ソビエツカヤ・ロシヤ　86・7・9
(2) 同前
(3) プラウダ・ウクライヌイ　87・4・5
(4) 同前
(5) プラウダ　86・8・16
(6) 前出、プラウダ・ウクライヌイ　87・4・5
(7) 同前
(8) 同前
(9) プラウダ　86・10・31

第10章　石棺建造

原子炉の埋葬

チェルノブイリ原子力発電所の大きさは、いったいどれくらいだったのだろうか？　ＲＭＢＫ大型原子炉の図面を見ると、原子炉建屋の高さは地上約五〇メートル、燃料集合体の交換用クレーン室の高さまでいれると、さらに六〜七メートル高くなる。建屋の幅は七六メートル、隣接する機械室まで測ると、幅はさらに六六メートル長くなる。原子炉爆発によって噴出飛散した燃料要素、黒鉛などにより、建屋が汚染されただけでなく、この巨大な構造物自体が強力な放射能汚染源と化した。サモイレンコらのグループをはじめとする除染作業チームが、ほとんど人力だけで（部分的にロボットによって）屋根上の黒鉛や燃料要素の取り片づけをしているのと並行して、巨大な汚染源を埋葬するために、石棺を建造する工事の計画が始まった。

イズベスチヤ紙のＡ・イレシ、Ａ・プラリニコフ両記者は回想している。

〈われわれが「石棺」ということばをはじめて聞いたのは、シラーエフ政府委員会議長*の口からだった。かれの説明によると、この石棺は汚染源を包みこんで人びとを守るものであり、こわれた原子炉を隠す大きなカバーのようなものだ(1)。〉

*I・シラーエフ副首相。シチェルビナ副首相に続く政府委員会の二代目議長。

チェルノブイリの町はずれにバス・ステーションがあった。事故が起こる前の日まで、ここはキエフ、チェルニゴフ、ゴメリ方面に行くバスを待つ人たちでいつも賑っていた。駅ビルはいま石棺建造工事本部になり、白いコンビを着た人たちの姿が見える。封鎖作業は計画的に進められている(3)。ここにはソ連各地から高放射線・高熱に耐える大規模建造物の専門家、技術者が集められた(石棺建設を担当した第六〇五建設管理局長はノヴォシビルスク出身のゲンナディー・ルイコフ*だった)。工事現場では唯一のきびしい作業規則が全員に課された——「被曝線量が許容値を超えてはならない」。

*ルイコフは、一九八七年一月十四日クレムリンで叙勲された「七人の英雄」の一人となる。グロムイコ最高会議幹部会議長は「ルイコフの努力により高い水準の作業組織が実現し、短期間で遺漏のない建設が完了した」と讃辞を述べた(3)。

原子炉から吐き出される放射能量はしだいに減ってきたとはいえ、それが出続けていることに変わりはない。誰もが定められた時間内に与えられた作業をすますことを命じられた。時間がくると容赦なく現場から撤退させられた。何しろ近くにはまだ燃料要素や黒鉛の破片が残っているのだ。ここでは放射線管理員が作業員の健康に対して重い責任を負っている。その一人であるベロヴォツキー工学博士候補は言った。

「作業は十分に安全にしなければなりません。私たちは細心の注意をもって作業を見守っています。一〇〇人以上の放射線管理員が交替で二十四時間中、勤務に就いています」(4)

石棺を建造するには大量のコンクリートと鉄材が必要である（最終的には五〇万立方メートルのコンクリート、六〇〇〇トンの鉄材が投入された）。そのため現場の近くに二週間でコンクリート工場を設置した。短期間で作業用の陸橋式の通路も造られた。事故前まで農業技術局支部があったところは、鉄鋼溶接の作業場になった。

こうした施設を建設整備する建設管理局のV・シェヤーノフ技師長は、レニングラード原発から派遣された。かれはここへやって来て、自分の息子が同じ場所で工事監督として働いていることを知った。親子や肉親が久しぶりでチェルノブイリの事故処理現場で出会った例は珍しくない。ことほどさようにここには全国から多くの人が集まってきたのだ。(5)

プラリニコフ記者は隣接している第四ブロックと第三ブロックの間を遮断する作業現場を取材した。〈石棺の下部の壁面を建造する作業と並行して、ほとんど無傷だった第三ブロックを第四ブロックから完全に遮断する巨大な壁を造る作業が進められていた。私はその壁を見た。手でその表面を叩いた。すると音はまるで吸いこまれるように消えていった。その障壁は割合小さなコンクリート・ブロックの集合物からできており、外側には鉛の板が張ってある。この壁が完成すると、第三ブロック内部の放射線状況は一変した。それまでは放射線測定員と消防士だけしか立ち入ることのできなかった場所での、除染作業が開始された。(6)〉

両ブロックの境界付近から天井を見上げると、事故の時に破れた屋根の穴から青空が見えた。プラウダ紙のアディニェッツ記者は書いている。

〈われわれの頭上高くでクレーンが動いていた。鉛板で防護した運転室で操縦しているのはアレクサンドル・フルカロだった。クレーンは組立てられた金属構造物を吊り上げて、第三ブロックの第六タービンの上部に運んでいく。地上ではコンクリート・ミキサー車がつぎつぎと入ってきて、漏斗《ろうと》に中身を空けていく。そこからコンクリートはポンプで必要なところへ送られる。

しかし、石棺の壁を建造する作業は、思うほどの速度で進んでいない。コンクリートの供給が間に合わない。コンクリート工場が予定どおりの生産能力を発揮できないからだ。最近開かれた党プリピャチ市委員会の会議で、いっさいの遅滞と受動性を断固として根絶しなければならないと指摘された。冬がくるまでにそれほど長い時間があるわけではない。作業現場では一分一秒が貴重なのだ。(7)〉

建設管理局のホプレンコ次長は現場の状況を次のように説明した。

「われわれはここに三つのコンクリート混合工場を二十日間で建設しました。石棺へのコンクリート補給がこれまでしばしば中断したことは事実です。しかし、いまは建設を中断させるようなことはありません。ポンプがコンクリートを防護壁の枠組みに送りこんでいます。最初の壁ができたのは七月です。現在の一日当たりの工事量は、これまでに完成した最大の水力ダムのそれを凌いでいます(8)」

事故前後の原子炉施設の状況の模式図

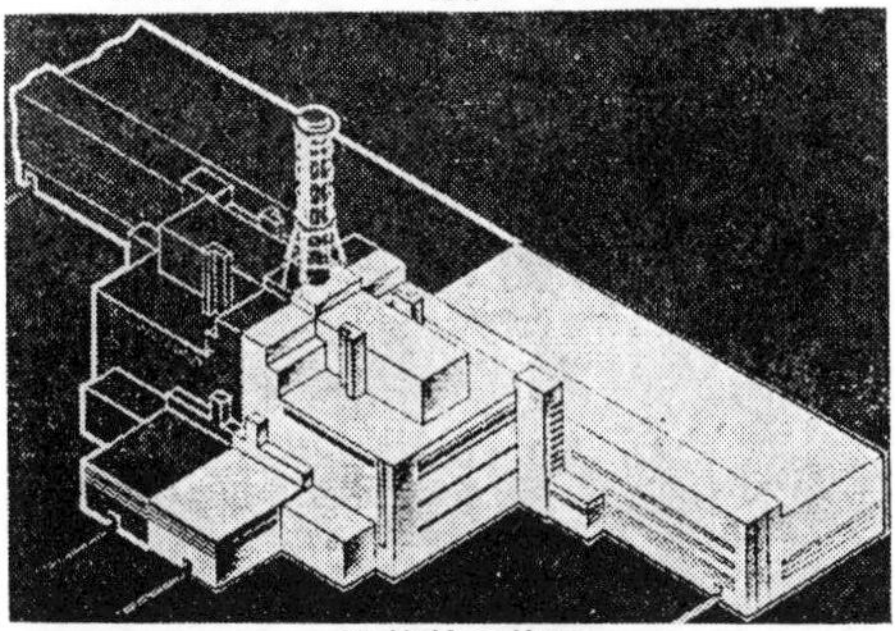

事故前の状況

事故後の状況

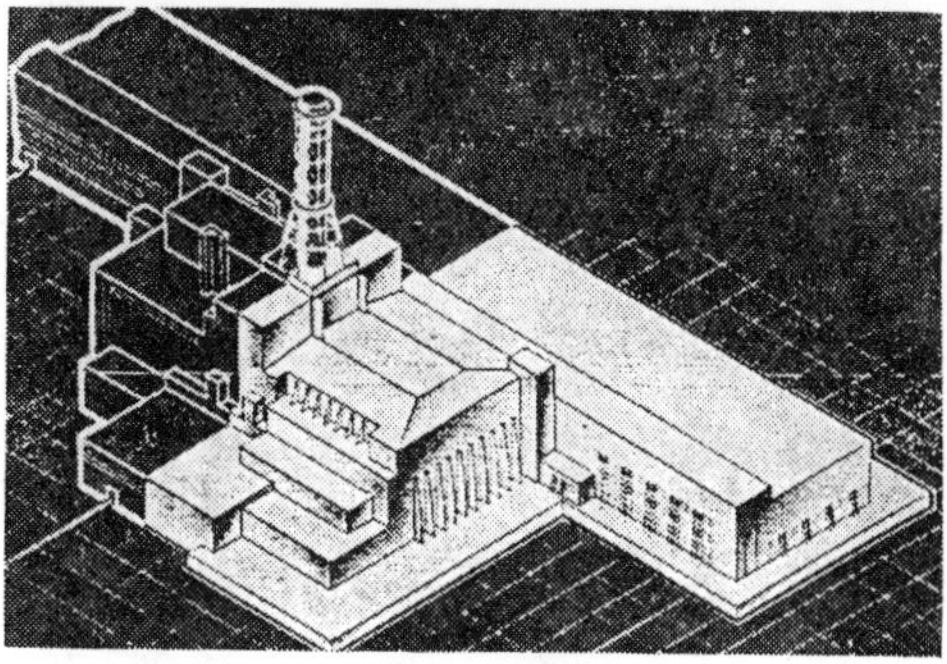

「密閉」後の状況　出典）ソ連報告

コンクリート生産量は一昼夜平均五〇〇〇立方メートル。砂利、砂、砕石はプリピャチ川下流のチェルノブイリ船着場から荷船で、セメントはドニエプル川に流入するチェチェレフ川河口付近の工場からやはり船を使って運搬された。

積荷の積み替え作業の手順も念入りに定められた。大型ダンプが積荷をバンカーに落とす。下ではミキサー車が待ち受けていて、材料を受け取るとタンクを回転させる。この積み替え作業は放射能汚染を道路、車輛などに拡大しないために必要だった。すでに放射能で汚染された車輛は、「きれいな」車輛との接触を禁じられた。またコンクリート工場への入構もできなかった。汚染車輛の通路は壁で仕切られた。積み替えの際にどうしても車輛からこぼれ落ちるコンクリートの屑は、たえずブルドーザーが除去した。発電所から車のタイヤに付着してくる放射能を封じ込めるためである(9)。

石棺

ビクトル・ザヴェディー、コンクリート・ポンプ運転員、石棺建設現場の作業隊長。かれはコンクリート注入作業を支援するため、六月四日にリトアニア共和国にあるイグナリナ原発からチェルノブイリへ派遣された。イグナリナでのかれの職務は、やはりコンクリート・ポンプ運転であった。

NFU紙のトカチェンコ記者はザヴェディーのことを次のように報じた。

〈イグナリナ原発の建設管理局のゲンリフ上級工事監督は、五月三十日にリトアニアからチェルノブイリ原発に動員された。かれは石棺工事の一部を任され、優れたコンクリート・ポンプ運転員を集めることになった。作業隊が結成された。

作業現場にどのようにして接近するか、車輛、機械類をどのように使うか、そのほか自分たちで解決すべき難問が山積していた。チーム・リーダーのザヴェディーは実に要領よく働いた。かれはチームの人びとを最もよく配置し、途切れることなくコンクリートを供給した。

ザヴェディーは三十分間しか滞在を許されない現場で、二時間も働いた。規則を無視して無謀なことをしたわけではない。知恵を働かせて放射線からうまく身を守り、素早くまちがいなく行動したのである。四号炉から機械室を遮断する工事を成功させたのは、かれのチームだった。

七月二十日以後、ザヴェディーのチームは深夜二時から朝までの勤務に就いた。コンクリート注入作業員の数が不足していたので、受持ち時間後も第四ブロックの同僚たちを援助した。作業が終わると体を洗い、少量の食物を口にしただけで、バスの中で倒れるように眠った。

ザヴェディーは九月四日まで三カ月間ここで働いた後、リトアニアのスネチクスにある家へ帰った。いまのところ健康に異常はないと自分では言っている。[10]〉

ザヴェディーが規則に背いてオーバータイムをした時、どのようにして放射線から身を守れたのか、この記事には具体的な記述がない。ともあれザヴェディーは石棺建設工事の功労者として、社会主義英雄称号を贈られる栄に浴した。*

*ザヴェディーはルイコフ建設管理局長と並んで、「七人の英雄」の一人となった。グロムイコ最高会議幹部会議長はかれの功績を讃えて、次のように述べている。「ザヴェディー作業隊長はコンクリート注入作業において、記録的な実績を達成した。またかれ自身、有能なチーム・リーダーであることを示した。事故現場

における最も責任ある任務の一つを、一刻も早くやりとげるために、かれは自ら模範を示すことで、同志たちを激励した」[11]。

石棺は外から見るとコンクリートと鉄の巨大な箱型の建物に見えるが、その内部構造はどうなっているのか？　建設管理局装置部のチャシキン技師長はこう説明している。

「石棺の中には換気システムが造られている。空気の吸入と排気用の二つのダクトが設置された。またた内部には直径一八〇センチの管が全長一五〇メートルにわたって接合され敷設された。これは『肺』の役割を果たすもので、原子炉の呼吸を浄化するフィルターになる。放射能の塵を石棺の外に出さないようにしている」[12]

その他、石棺の内部には温度や放射線レベルの変化についてのデータを、自動的に送信してくる装置も設置された。

最も困難な時期は過ぎ去った

石棺工事は十一月十五日にほぼ完了した。後は細部の化粧工事を残すのみとなった。作業員たちは現場を去る前に、石棺の壁に自分たちの名前を書き残した。

ソ連中型機械製作省のウサーノフ次官は、政府委員会の中で石棺工事の責任を負った。かれはルイコフ、ザヴェディーとともに、事故処理の「七人の英雄」の一人に選ばれた＊。

＊クレムリンでの叙勲式でグロムイコ議長はウサーノフ次官の功労を次のように評価した。「ウサーノフは第一日目から事故現場にいた。かれの指導ならびに直接の参加の下で、事故炉を密封する独自の計画が作成され、建設現場での三交替制作業が組織された。それによって定められた期間内に第四ブロックを密閉することができた(13)」。

石棺が完成した時、グーバレフ記者をはじめとする六人のプラウダ紙現地取材記者団は次のように報じた。

〈振り返ると石棺の壁を積み上げる作業は七月の半ばから始まった。完成すると石棺の高さは六一メートルに達するはずだった。放射線被曝を防ぐために、積荷を途中でリレーするなど、さまざまな工夫と苦労があった。九月末には計画された六〇メートルの高さまで、あと二〇メートルを残すところまで達した。

作業はすべての段階で精密に設計どおり実施しなければならなかった。しかも直接、人手を使うことは許されなかった。作業の進行状況はテレビカメラで監視された。検査や修正のためにそばまで人が近づくことはなかった。すべてはクレーン運転員の技能、および無線で作業の指示をあたえた観測員とのチームワークにかかっていた。

最後の最も困難な課題は第四発電ブロックの原子炉建屋に蓋をすることだった。五八メートルの高さまで重さ一六五トンの鋼鉄の枠を持ち上げねばならなかった。その枠の中に大口径の鋼管を並べて覆いにするのである。

こうした工事は世界に前例がなかった。いかに困難であるとはいえ、失敗することは許されなかった。最後の鋼管が置かれた時、原子炉室の屋根は確実に覆われ、ついですぐにコンクリートでその上を固める作業が始まった。

破壊されたチェルノブイリ原発第四ブロックは、厚い鉄筋コンクリートの墓の中に埋葬された。事故の影響除去の最も責任の重い段階は終了した。

われわれすべてのソ連人は、この異常に困難な数カ月にわたり、国が負った傷を癒やした人びとの献身、勇気、ヒロイズムの前に叩頭するだろう。

最も困難な時期は過ぎ去った。しかし、チェルノブイリの悲劇を忘れることはできない。チェルノブイリの教訓を深く考える時がきたのだ。〉(14)

石棺の完成から一年半になる。原発サイトの除染、石棺建造に従事した人たちの放射線被曝による健康障害が案じられている。しかし、これまでのところ、公式発表はそれについて何も言っていない。

〔注〕

(1) 前出、A・イレシ、A・プラリニコフ共著『チェルノブイリからの報告』(露文)
(2) プラウダ　86・8・6
(3) プラウダ　87・1・15
(4) 前出、プラウダ　86・8・6
(5) 同前
(6) 前出、『チェルノブイリからの報告』

(7) 前出、プラウダ 86・8・6
(8) 前出、『チェルノブイリからの報告』
(9) 同前
(10) NFU、87・No.3
(11) 前出、プラウダ 87・1・15
(12) 前出、『チェルノブイリからの報告』
(13) 前出、プラウダ 87・1・15
(14) プラウダ 86・11・15

第11章　スケープゴート

事故総括

チェルノブイリ原発事故は思いもかけなかったいけにえを要求した。原子炉の爆発にともなう火と放射線の海の中でたたかい落命した若い消防士たち、放射能により故郷を追われた何万人もの避難民。かれらはいわば事故の直接の被害者であり、犠牲者だった。

しかし、それとは別の意味のいけにえが用意されたのを見落とすことはできない。それはさまざまな理由により、事故の責任を負わされた人びとである。原子力発電という神の怒りを鎮めるためには、贖罪のために祭壇に供えられる羊たちが必要だった。

事故が起こってこの方、ソ連の公式論調は徹頭徹尾「人的要因」説で貫かれてきた。ソ連国内でも事故を起こしたRMBK炉の構造上の欠陥を問う発言もあるにはあったが、その声が議論の主流になることはなかった。ましてや原発政策自体のあり方、責任を問う声は、一九八八年一月までは（すなわち、後述するようにクラスノダール地方の原発計画の中止が公表されるまでは)、V・ラスプーチンなど作家の発言を別にして、ほとんど表面化することはなかった。

ところで事故後早い時期に発表された公式論調の決定版は、一九八六年七月十九日のソ連共産党中央委員会政治局特別会議の総括だった。この会議はチェルノブイリ原発事故の原因調査、事故処理、および原発の安全対策に関するソ連政府委員会の報告を審議し、総括を採択した。この総括こそは、五月十四日に放送されたゴルバチョフ書記長のテレビ演説と並んで、チェルノブイリ原発事故に対するソ連最高権力の見解を表明したものであり、以後いっさいのメディアや要人、専門家の発言は、その枠組みからはみ出したり、それを踏みこえることは許されなかった。

総括は次のように述べている。

〈この事故はチェルノブイリ原発の従業員らが、いくつもの乱暴な原子炉運転規則違反をおかしたために生じたものであることが確認された。第四ブロックでは夜間、原子炉を定期点検にかける際、タービン発電機の運転状態を調べる実験が行なわれた。その際、同発電所の幹部と専門家たちは、自らその実験の準備をしなかっただけでなく、義務とされていた関係機関の許可も得ていなかった。したがって実験の実施に当たって、必要とされている監督もなかったし、信頼できる安全対策もなされていなかった。

ソ連電力電化省と国家原子力発電安全運転監視委員会は、チェルノブイリ原発における無統制状態を許し、安全確保と原発運転規則違反防止の有効な対策を取らなかった。

無責任と職務怠慢、無規律状態がきわめて重大な結果をもたらした。事故の結果二八名が死亡し、

多数の者が健康上の被害をうけた。(1)〉

長文の総括には、前述したとおり、原子炉の安全上欠陥については一言も触れられていない。いわんや、過大な原発拡大計画を立案し、それを強行してきた政策への反省の色はない。原子力発電技術の脆弱性、危険性に触れることはタブーとする雰囲気を、この総括はただよわせる。その論調のきびしさは、逆にチェルノブイリ事故をきっかけに、原発自体への危惧や不信が広がることを、心底から恐れているかのような印象を与える。総括は続けて述べている。

〈政治局は、ソ連検事局がチェルノブイリ原発事故に責任のある者たちに対して刑事訴訟を提起し、捜査を行なっているとの報告を受けた。捜査の終了後、調査資料は法廷に移管される。

仕事の上での大きな誤りと欠陥が、重大な結果をともなう事故を生んだ。その責任を問われ、国家原子力発電安全運転監視委員会議長クーロフ同志、ソ連電力電化省次官シャシャーリン同志、中型機械製作省*第一次官メシコフ同志、設計調査研究所副所長エメリャーノフ同志が職務を解任された。同時にかれらは党員としての責任をきびしく問われることになる。チェルノブイリ原発前所長ブリュハーノフは党から追放された。

マイオーレッツ電力電化相は、チェルノブイリ原発の指導において重大な欠陥があり、その責任は職務解任に相当すると指摘された。しかし、同人はこの職務に就いてまだ日が浅いことを考慮し、政治局は当人を党員としてきびしく処罰するとともに、もしかれがこのことから必要な教訓を得ない場合には、よりきびしい処罰を受けることになると警告した。

ソ連共産党中央委員会付属統制委員会、ウクライナ共産党中央委員会、党モスクワ市委員会に対し

て、その他の関係者の責任問題について検討することが委任された。(2)〉

＊核燃料サイクルの計画・建設・管理をする省。

異端訊問

いけにえの追及は、モスクワで政治局会議が開かれる以前から、ウクライナ共産党の下部機関ですでに開始されていた。以下に引用するのは、同党キエフ州委員会がチェルノブイリ原発の幹部の責任問題を討議した会議の報告である。

〈党キエフ州委員会書記マロムーシは、原発の幹部が職務を解任されたことに関連して、次のように報告した。すなわち、事故がもたらした困難な条件の中で、前所長V・ブリュハーノフ、前技師長N・フォーミンは、しっかりとした適切な指導性と必要な規律を示すことができず、また管理能力が欠如していることを露呈した。かれらは発生した事態を正確に判断することができなかっただけでなく、事故の影響を除去する時期に、全部門による効果的な作業を組織することができなかった。

要員の組織・教育活動に欠点があったため、いまなお原発の要員の一部は「逃走中」である。その中には職場の監督や職長クラスの者が含まれている。原発に勤務していた共産党員たちは声明文を読み、原発の幹部たちの欠点を批判した。たとえば原発副所長のR・ソロビョフはきわめて困難な時に職務を離脱したことで、同じく副所長のI・ツァレンコとV・グンダルは職務にふさわしい責任を示さず、原発で働く人びとの困難な労働と生活の条件を少しも緩和しようとしなかったことで、批判を受けた。

事故発生後の困難な状況の中で、原発内の党委員会は党員を結集し、組織活動を再開することができた。しかし、党委員会がもっと多くの仕事ができただろうことは疑いない。同委員会の主たる欠点の中には、経済担当者の政策決定権を奪っていること、幹部政策にきびしさが欠けていることが含まれる。この件もまた党キエフ州委員会の会議で論議された。

原発内の党委員会書記S・パラーシンは、勇気をもって自己批判した。しかし、原発労組委員長V・ベレージンの発言は、非難をこうむった。原発労組委員会は規律を強め、安全な作業条件、日常生活を確保する上で、ほとんどが配慮をしなかった。共青同盟原発委員会書記A・ボチャロフも多くの批判を受けた。〉(3)

この報告の中では、二種類の責任を追及していることが明らかにされている。すなわち一つはチェルノブイリ原発のブリュハーノフ前所長、フォーミン前技師長の指導性と管理能力の欠如である。それが事故の遠因になったと言っているのだが、これも結果論のような気がしてならない。なぜなら、指導管理能力のない人物が、どうして原発の所長、技師長という要職に就くことができたのか、疑念が残るからである。

第二は事故処理の際における職務放棄の責任である。原発事故の真の意味、その危険性を知っていた者は、何よりまず自分と家族を安全な場所に移そうとしただろうし、あるいは混乱に陥って何ごとも手につかなかったことも想像できる。党キエフ州委員会に続いて、プリピャチ市委員会でも責任追及の会議が開かれた。

〈この会議で党プリピャチ市委員会のA・ガマニューク第一書記は、チェルノブイリ原発第一、第二発電炉を始動させるため、現有の職員の中から幹部要員の候補者を準備することを、もっと目的意識的に行なう必要があると語った。また職場間の関係のあり方、サービス部門の幹部配置、そして新設部局の問題などについて、考慮するよう要望した。

事故後の困難な時期に、臆病な態度を示した一部の幹部の無責任な事例に関連して、活動者会議は党初級組織がこうした事例のすべてによりきびしく対処することを求めた。そうした事例の一つとして、党プリピャチ市委員会は全ソ設計調査研究所プリピャチ支所長V・ファウストフを、党から除名したことを報告した。かれは困難な局面で許可なしに部下たちを見捨て、成りゆきまかせにしたのだった。

この会議では、党プリピャチ市委員会自体も批判の対象にされた。同委員会は高度に集中されたやり方で、多くの活動をなしつつある。しかし、その指導のスタイルの改革ははかどっていない。とくに原発従業員に対する組織、政治、教育活動は、必ずしも効果的に行なわれていない。また同委員会は事故の影響除去に関して同委員会が採択した決定の実行を、十分に監督していない。その結果、計画された多くの対策、とくに幹部対策が実行されないまま残っている。(4)〉

この活動者会議で明らかにされたことだが、事故後三〇〇〇人の労働者が原発を離れ、他に職を求めた。また一〇〇〇人余りが休暇を取っているため、少ない人数で仕事をしなければならず、負担が重くなっている。

上級下級の党組織を通じた徹底した異端訊問的な責任追及——そこでは昨日までの善が今日は一転して悪になり、昨日まで追及する立場にあった者が今日は追及される側に転じるといった情景が、しばしば見られた。次のウクライナ共産党中央委員会の討議報告においても、それが見られる。

〈チェルノブイリ原発前技師長フォーミンは党から除名された。かれは仕事の面でいちじるしい誤りと欠点を示し、発電所の安全操業を軽視し、また適切な準備なしに、関係機関の同意もなく四号炉での実験を行なわせ、その結果事故を起こして重大な影響をもたらしたのだった。

ソ連国家原子力発電安全運転監視委員会の西南地区管理部長代理ザヴァルニュク同志は、厳重譴責、考課簿に終身記録の処置を受けた。かれは原発の安全な操業に対する監督が十分にゆきとどかず、従業員や管理者の運転規則違反の事例に対しても、非原則的、自由主義的態度で接した。かれが現在の職務にこれ以上とどまることは適当でないと判断された。

党チェルノブイリ原発委員会書記パラーシン同志、同プリピャチ市委員会第一書記ガマニューク同志は、党幹部としてきびしく責任を問われた。パラーシン同志は職務を解任された。〉(5)

原子力行政部門では、関係省庁、企業、研究機関の実務を握っていたテクノクラートが処分された。責任の追及はそれより上の権力機構、つまりエネルギー政策の立案決定権を握っているレベルには及ばなかった。ソ連共産党統制委員会の次の決定はそれを示している。

〈ソ連共産党中央委員会付属統制委員会は中央委員会の委託を受け、チェルノブイリ原発事故の罪を負うべきソ連電力電化省、中型機械製作省、および国家原子力発電安全運転監視委員会の幹部の責任問題を検討した。

ソ連エネルギー省全ソ「連邦原子力」産業合同長・共産党員ヴェレテンニコフ同志、中型機械製作省局長・共産党員クリコフ同志は、原子力発電所の信頼できる操業を保障する仕事で無責任ぶりを発揮し、下部組織に対する指導を十分満足に実行しなかった。かれらはまた幹部工作においても重大な欠陥と誤りをおかした。ソ連共産党付属統制委員会はヴェレテンニコフ、クリコフ両同志を党から除名した。

チェルノブイリ原発の安全操業を保障するために十分な監督を実施せず、同原発の操業規律と規則への違反を防ぐために効果的な措置を取らなかったかどで、国家原子力発電安全運転監視委員会副議長・共産党員アレクセーエフ同志を厳重譴責処分に付し、考課表に記録する。同じ理由により国家原子力発電安全運転監視委員会第一副議長・共産党員シドレンコ同志を厳重譴責処分に付した。

チェルノブイリ原発におけるタービン発電機実験の際、計画作成者としての信頼できる監視を実施しなかったとの理由で、ソ連エネルギー省「水力計画」研究所所長ミハイロフ同志は、譴責と考課表へ記録処分を受けた。

チェルノブイリ原発操業の信頼性を高めるのに必要な措置を取らなかったかどで、ソ連電力電化省第一次官マクーヒン同志は厳重譴責処分を受けた。(6)〉

主たる政治的断罪の手続きは一応これで終わった。ただしプラウダ・ウクライヌイ紙(87・8・7)

によれば、チェルノブイリ事故関係の過ち、失策により党を追放された者二七名、譴責処分者六七名としているから、その後にも各段階での処分は続いたのだろう。

さて多くのいけにえたちの中で、今日なお公式の場で発言を許されている数少ないテクノクラートの一人は、V・シドレンコ氏（ソ連国家原子力発電安全運転監視委員会第一副議長、アカデミー準会員）である。同氏が党と職務からの追放を免れたのは、単なる幸運であっただけでなく、その経歴と能力が今後のソ連原子力政策の展開、とくにいわゆる安全対策面において、欠くことのできないものであるからだと考えられる。

レガソフ・アカデミー会員（一九八八年四月二十七日、自殺）はその回想記の中で、シドレンコ氏を評して、「ソ連で原発の安全問題に最も積極的に発言した人物」、かれの態度は真剣であり、「安全問題の牽引車のような存在」と述べている。(7)

その「原発安全問題のリーダー」といわれるシドレンコ氏にしてからが、事故一周年の時点において、雑誌記者の質問に次のように答えているありさまである。

問　VVER1000はRBMKよりどれだけ安全か？

シドレンコ　絶対という言葉を使えば、あなた方はもっと安心するだろう。だがまったく安全な技術などというものはない。絶対に安全な原子炉はない、というのは論理的にはここに由来する。技術に通じた人はただ近似値しか語らない。なぜなら、絶対ゼロは自然界でも、安全でも達成できないからだ。(8)

苦しい答弁だが、いけにえがいけにえとして生きのびるには、原発固有の安全上欠陥には言及を許されない。一九八八年一月にウクライナのテレビ放送が流したウクライナの原発問題をめぐる討論会でも、シドレンコ氏の発言は相当具体的にはなったが、しかし、基本的枠組みはそれまでと変わるところはなかった。

問　残念ながら原子力施設の建設には欠陥があることが明らかにされている。こうした状態をいかにして是正するつもりか？

シドレンコ　昨年度の国家原子力発電安全運転監視委員会の活動を反映したいくつかの事実がある。それらは計画立案、設備の製造、建設、原発の運転にいたるあらゆる段階にわたっている。一年間で操業の一時停止を命じられたケースは三六〇件以上、罰金を課された者五四九人、職務権限を奪われた幹部二一四人、そのうち二五人は原発内の職務権限を剝奪された者である。これらの数字は原発の建設と運転のすべての段階に対して、きびしい監督がされていることを物語っている。同時にそれは、この分野の仕事が平坦でないこと、われわれのなすべきことはまだ山積していることを示すものである。(9)

原発の危険性に対する根源的な問いかけは、ソ連でもまたテクノクラートの世界からは聞こえてこない。「人的要因」論の枠を突き破り、誰が公然と最初の問いを発するのか。それについては、最終章で触れることにする。

〔注〕
(1) プラウダ 86・7・20
(2) 同前
(3) プラウダ 86・6・15
(4) プラウダ 86・7・17
(5) プラウダ・ウクライヌイ 86・7・27
(6) プラウダ 86・8・14
(7) プラウダ 88・5・20
(8) 今日のソ連邦 87・4・15
(9) プラウダ・ウクライヌイ 88・1・27

第12章　傷ついた大地

食品汚染への不安

キエフ市中心部の有名なベッサラブスキー屋内市場。事故直後、市場の一部に放射能検査所が設けられ、市場に持ち込まれる生鮮野菜、果物などの検査手続きがきびしくなった。食品だけでなく、ここに出荷された花卉《かき》類までも放射能の検査を受けた。ティタルチュク市場長は語る。「青果類は十分に洗浄しています。市場では牛乳、カテージチーズ、サワークリームの販売を停止しました。タマネギ、パセリ、スイバ、ホウレンソウなどの販売も止めています(1)」。

この市場で売っている食品は検査済みで安全です、と言うが、客の中には買ったものをわざわざ放射能検査係のところへ持参して、測定を求める者も少なくない。市場の内部はいつもにまして清潔に掃除されている。市場の隣接区域も一日に三回洗浄している。売場も清潔に保たれている。キエフ市内の二二の市場はすべて、同じような状況にある(2)。

ソ連政府農工業委員会獣医部のトレチャコフ部長は家畜と肉類の検査について、次のように述べている。

「われわれは畜産市場と加工工場における放射能検査態勢を強化しています。放射線検査器具と除染装置が増強されました。家禽《かきん》類は三〇キロ・ゾーン内のものもほとんど異常はありません。それにはいくつかの理由が考えられます。一つは大部分が屋内で飼育されていたこと、そしていま一つは昨年度産の飼料で飼育していたことが効いていると思います。農工業委員会は事故地域の情報をたえず掌握し、監視しています。なお被災地区の家畜類は別の場所へ移されています(3)」

六月にはいるとキエフ市内でこんなうわさが広まった。「ドニエプル川に水浴に行かない方がいいよ」「川の水はすごく汚染されているんだって」「魚も放射能を含んでいるそうだよ」。

プラウダ紙のアディニェツ、グーバレフ両記者はこれらのうわさについて次のように書いている。

〈こうしたうわさが広がるのも理解できる。なぜならキエフ貯水湖の一部は三〇キロ・ゾーンの範囲内にあり、水質保全のため大規模な工事と定期的な水質検査が実施されている。そのことがかえって多くの人びとを心配させ、右のようなうわさを生んでいるのだ。われわれは魚類学者のトポロフスキー、魚類資源監視員のミロポルスキーとともに、キエフ貯水湖にボートを出し、数種類の魚のサンプルを採取し、解剖して放射能濃度を測定した。魚体の各部分を測ってみたが、放射線値が上昇した形跡はなかった。検査後、検体は調理され、われわれも相伴《しょうばん》にあずかった(4)。〉

こうした新聞記事が書かれるのは、逆に読者の不安がいかに強いかを感じさせる。食品汚染に対する市民の不安は、事故直後の初期段階だけでなく、その後半年、一年とおとろえることなく続いた。

事故から半年後のキエフ市チカロフ通り六五番地。ここにウクライナ保健省の保健教育会館がある。火、水、金曜日が公開日で、プラウダ・ウクライヌイ紙のユーレフ記者がここに取材に来た日には、たまたまジューコフ医師が当番で勤務していた。チェルノブイリ原発事故の後開設された住民の「情報相談室」の一つがここにあるのだ。ジューコフ医師によると、その日だけでも実にいろいろな問い合わせがあった。

たとえば——

「私はキエフに住んでいますが、妊娠しても大丈夫でしょうか?」

「子どもの扁桃腺を取る手術をしてもいいでしょうか?」

「塩漬キャベツを作りたいのですが、かまいませんか?」

「クルミや川魚を使って料理をこしらえたいのですが、どうでしょうか?」

保健教育会館のモヴチャニューク医師長はこう言った。

「一部の市民は事故直後に出された緊急警告を、半年後のいまもかたくなに守り続けています。いまでも疑い深い人たちは、外気に触れる時間を制限し、室内に空気を入れることを制限し、不合理な食事に固執しています。つまり野菜、果物、肉、魚、乳製品を食べようとしません(5)」

土壌汚染と実験室

それからさらに半年たち、原発事故から一年以上の歳月が過ぎても、水の汚染に対する不安と同じように、土壌と食品の汚染に関する住民の不安はいっこうにおさまりそうもない。この不安を緩和するため、ウクライナ国家原子力利用委員会土地利用実験室長N・アルヒポフ生物学博士候補が、放射能による土壌汚染について以下のような見解を発表した。

〈チェルノブイリ原発事故によって、自然の生命にとって多くの害が生じた。農業生産は打撃を受け、その深刻さに人びとは気がついた。だが「死の砂漠」とか「自然は死につつある」と断定するのは早計である。

ソ連の国土の広さからすれば、汚染地域を放棄しても経済的影響はないとの主張があるが、一市民としてもまた一科学者としても、その意見に同調することはできない。なぜなら原発事故の発生を許したことで、われわれは自然と子孫に対して負債を負うことになったからだ。だから事故のあと始末のために全力を尽くさねばならないだろう。避難した人たちは、生まれ育った土地に帰りたいと心から願っている。その気もちを無視することはできない。

チェルノブイリ原発の四号炉を密閉したことにより、大気汚染の進行はとまった。土壌中に浸透した放射能の自然崩壊が進行している。農地はすべて特殊な化学処理がほどこされた。そのため生物学的環境汚染は二〇〜三〇分の一に減少した。この数字を根拠にして改良作業を実施すれば、三〇キロ・ゾーンの大部分で農業生産の再開が可能になるはずだ。

放射能が非水溶性だという事実に基づいて農業技術対策の内容が決まる。放射能は土→植物→動物という生物連鎖の過程で濃縮するが、移動性は高くない。放射能の大部分が地表にとどまる限り、危険も大になる。風によって運ばれる可能性があるからだ。

放射能を無害化するためには、土壌中に鋤きこむことだけで十分だ。そうすれば土中に固定され、自然崩壊するからだ。鋤き返す前に固着剤を撒けば効率は高くなる。最初、一部の専門家たちはポレーシエでこの方法を採用することを疑問視していた。しかし、われわれはこの方法で実験し、緑色作物を収穫した。それらは対照区域の作物に比べて、平均して一〇〇倍も汚染が少なかった。

放射能の中には移動性の高いものがあるとの議論がある。心配されているのは、主にストロンチウムとヨウ素である。それらは量的には比較的少ないが、きわめて活発な元素であり、土から簡単に離れて有機体の内部に入ってくる。つまりそれらは土中に固定するだけでは十分でなく、化学的に固定しなければならない。石灰、ゼオライト、その他の物質で土壌を処理する必要がある。

計算と試験の結果は、これらの方法がある程度有効であることを示している。少なくとも初年度はこれらの方法を実施する必要がある。またここに述べた以外の方法との併用も望ましい。穀物生産が増加した結果、土中の放射能含有量の減少が観察されている[6]。〉

ここにアルヒポフ室長の見解を詳しく引用したのは、かれの驚くべき楽天性を知っていただくためでもある。これは科学的説明というより、住民の不安を解消するための政治的説明とさえ人の目には映りかねない。事故後一年間、ソ連で公式に発表されたこの種の文章は、多かれ少なかれ似たようなものであった。

たとえばここでアルヒポフはセシウム137には言及していない。その理由は何か？　故意に無視しているのだろうか。それに放射能を無害化するには、土壌の中にそれを鋤きこむだけで十分だなどと、本気で信じているのだろうか。最後に、穀物生産の増加により、土中の放射能量が減少したというのは、何を意味しているのか。それは穀物と茎、葉、根などに、放射能が吸収されたということではないのか？　それに根拠のある実測値を明らかにしないことも、ソ連式発表の特徴である。これも住民や読者の不安を大きくさせないための配慮だろうか。

しかし、こうしたデータ隠しは何もソ連だけのお家芸ではない。日本、米国、その他の国でも原子力施設の事故のデータが隠されたり、あいまいにされるケースは、枚挙にいとまがないほどである。同時に、ここでもまた私たちはあのメドヴェージェフの教訓を思い出さねばならない。つまりソ連では災害についての真実は、公表された資料の行間にひそんでいる、という教訓である。次に引用するのはそうした資料の一つ。家庭菜園や園芸の愛好家たちからの質問に対して、V・クルチ農学博士〈全ソ農業アカデミー南部支部幹部会副議長〉とV・プリステル生物学博士〈教授、ウクライナ獣医学研究所放射線生物学部次長〉が連名で回答したものである。両者は「農業技術のレベルが高ければ高いだけ、収穫物への放射能の蓄積は少なくなる」ことを前提に、話を進めている。裏読みすれば、「普通のやり方だと、作物に放射能が蓄積する」「農業技術のレベルが低ければ、それだけ農作物の放射能汚染はひどくなる」ことを認めているに等しい。ではその農業技術とは何か？

〈畑の耕作だけでなく、土壌の肥沃度を高めるあらゆる手段に対して、平常時より以上の注意を向ける必要がある。

第一に、酸性土壌を中和すること。そのために消石灰を撒布する。ドロマイト粉剤の撒布もよい結果をもたらしている。石灰質の投入は初めに深く耕す際に一回、その後軽く黎起する時に一回と、都合二回するとよい。多く撒けば撒くほどいいと考えるのは、まちがっている。それぞれの農地ごとに適量があり、専門家はそれを知っているので相談すること。ポレーシエや塩分の多い酸性土壌では一平方メートル当たり六〇〇〜一〇〇〇グラム以下、黒土地帯は同一〇〇〜二〇〇グラム以下が適量とされる。

第二に各土壌ごとに定められた窒素、リン、カリの三大栄養素間のバランスを守ることがきわめて重要である。土壌中の窒素分が多過ぎると、放射性物質の植物蓄積をうながす。窒素分に比して、リン、カリ分はいくらか余分に入れる必要がある。窒素分一に対してリン一・五、カリ一・五〜二・〇の比にすることが望ましい。

第三に灌漑、撒水は植物の作柄を高める。作物の成長度が大きくなると、炭水化物による稀釈効果により植物体内の毒物濃度は一・五〜一・八倍低下する。ただし灌漑が過剰になると植物にとって有害なだけでなく、植物の根の放射能浸透度がいちじるしく高くなる。〉

以上のように述べた後、ウクライナの国家農工業委員会が関係政府機関、学術部門と協力して、土壌の放射能汚染を防止する方策の開発と普及に鋭意取り組んでいることを付記している。(7)

ここで言われる農業技術の適否についてコメントするのは控える。読者それぞれの判断を待つことにしたい。だが、質問に回答するための苦心の跡はわかるが、結局これは土壌の放射能汚染→植物汚染に対する有効な対策は存在しないことを告白しているに等しい。当分は家庭菜園や園芸から遠ざかっている方が賢明だと、暗にすすめている文章だとも読むことはできないか。

この章の冒頭に登場したN・アルヒポフは最近新しい計画に着手した。危険区域内のプリピャチ市のすぐ近くに、放射線研究室を開設することを思いついたのである。

話はさかのぼるが、チェルノブイリ原発事故が起こる前、同じ場所に野菜栽培用の大温室を作ることが計画されていた。第一期工事が始まったところに原発事故が起こった。工事は中断された。ある日ヘリコプターでプリピャチ周辺の上空を飛んだアルヒポフは、目ざとく放棄された温室を見つけた。そしてそれを実験室として使用する許可を得たのだった。温室のガラスの屋根、壁、そして通路の除染作業が行なわれた。水耕用の砂礫はそのまま残された。

温室内ではバラ、キュウリ、トマト、キャベツ、エンドウ、タマネギ、イチゴ、スグリ、エゾイチゴなどが水耕栽培されている。バレイショも植付けられた。温室の外にまで実験場は広がり、約四〇品種が栽培されている。

これまでのところ収穫された作物はまだ限られている。汚染された土地でどんな作物が生育するのか、それらは消費に適するか否かが試験されている。

温室でできた最初の作物キュウリは、チェルノブイリ原発を視察に来て、この温室に気がついた物見高いジャーナリストたちのため試食に供された。トマトも熟している。

実験室の研究員たちは、作物の区画の間を注意深く歩いている。作物の枝や葉がもういっぱい広がっているからだ。アルヒポフ室長の説明によると、放射能の濃度は果菜類よりも葉菜類の方が高い。したがって汚染砂礫にできたトマトも、食用に供することができるとかれは言う。キュウリ、トマトと同一条件で栽培したタマネギと葉菜は、汚染値が基準より高かったために、地中に廃棄しなければならなかった。

放射能の蓄積濃度は同一作物でも品種によって異なっている。この温室ではそのちがいが細かく調べられている。そのデータは三〇キロ・ゾーン内の農業の参考に供される。

実験室の研究員たちは作物の土壌中放射能の吸収度、逆に言えば土壌の除染能力を調べている。そのデータに基づいて、汚染地域では生物除染が行なわれることになる。(8)

食品の安全検査

キエフ市の食品安全検査はどのような形で実施されているのか。キエフ市のV・シェスタコフ衛生検査部長の説明を聞いてみよう。

〈キエフ市の放射線検査部門は、チェルノブイリ事故以前は八人の人員しかいなかったが、事故後増員された。

食品は昼夜を問わずキエフの市場に入荷している。それに対する基本検査の責任を負っているのは、国家農工業委員会と商業省だ。衛生検査部の仕事は、それらの機関の検査方法が妥当か否かを点検、確認することだ。

事故後、衛生検査部は信頼できる検査システムを開発する必要があった。放射線研究室の開設、必要な検査器具の充実、食品のサンプリングの改善などである。現在キエフ市内に約一二〇〇の放射線チェック・ポイントが設けられ、各ポイントに特別に訓練された要員が配置されている。

検査の重点は次の三カ所に置かれている。①農作物の収穫現場、②キエフの食品集荷場、③小売店の店頭。

サンプリングは入荷する全食品に対して行なわれる。包括検査と抽出検査の二段階制で実施されている。牛乳、乳製品、肉、パン類はすべて検査されている。果物、野菜の検査はそれよりゆるやかである。

一九八七年の初めからこれまでに、放射線チェック・ポイント全体で、一三〇万件の検査をした。市場での検査は月一〇万件に達した。そのうち許容基準を超えたのは一八〇件だけだった。衛生検査部は月間五〇〇〇件位の検査をしているが、基準からの逸脱が発見されることがある。

八六年には牛乳と乳製品の販売が禁止された。この措置が取られた理由の一つは、分析能力と方法に難点があったからだ。いまでは規制は緩和され、バター、サワークリーム、カテージチーズなどの販売は自由化された。

しかし、牛乳は別である。検査のためには大量の牛乳が必要になる。たとえば一台の牛乳運搬車から取るサンプル量はたいしたことはないとしても、牛乳缶一本ごとの検査をする場合には、缶の半分が検査のためになくなってしまうからだ。そういう理由で、牛乳についてはいまなお規制が残されている。

果物、野菜、キノコなどについて言えば、根菜類の汚染値は無視できる範囲にある。ただ食前によく洗うことが必要である。(9)〉

右に引用したシェスタコフ部長の説明は、抑制された調子で、慎重にことばを選びながら語られているが、食品の放射能汚染に対して住民の恐怖に近い不安があったことが、行間からにじみ出ている。

目に見えない放射能汚染に脅えながら三度の食事を摂る人たちの心のいらだちは、想像を絶するものがある。

〔注〕
(1) ソビエツカヤ・ロシヤ 86・5・16
(2) 同前
(3) イズベスチヤ 86・5・25
(4) プラウダ 86・6・8
(5) プラウダ・ウクライヌイ 86・11・23
(6) NFU 87・No.19
(7) プラウダ・ウクライヌイ 87・4・3
(8) プラウダ・ウクライヌイ 87・8・22
(9) NFU 87・No.49

第13章　ドニエプルよ永遠に

ドニエプル川

一九五〇年代、日本で流行した歌声運動のなかで、静かな哀調のあるロシア歌謡が歌われていたことを思い出す。

ふるさとの花開く　川岸に立ちて
われわれは過ぎし日の　たたかいを偲ぶ
ドニエプルよ流れゆけ　ひろびろと遠く

大祖国戦争でウクライナを占領していたナチス・ドイツ軍に対して、ソ連軍が最後の反攻を展開し、祖国と人びとを解放したたたかいを偲んだ歌である。ドニエプルはウクライナの人たちの喜びの日々、辛い日々の記憶の中に、しっかりと根を下ろしている。

故郷の川ドニエプル、それをこよなく愛したのは、ほかでもなくウクライナ出身の大作家ゴーゴリ（一八〇九〜五二）だった。ドニエプルの壮大な美を、かれはこんな風に書いている。

〈……ドニエプルの中流には、鳥の影さえほとんど見られぬ。壮麗なる容姿！　世界のいかなる河といえども足許に寄せつけはしないのだ！……世界広しといえど、ドニエプルを覆い得るものは、一つとしてないのだ。青い、飽くまでも青いドニエプルは満々たる水を湛えて流れている。そして夜半にも、真昼さながらに、人間の肉眼の達し得る限り、どこまでもどこまでもただ白銀の河だ。……ドニエプルのすばらしさは神を含んで、世界のいかなる河と言えども美を競うなど思いも寄らぬことだ[1]。〉

このようにゴーゴリにとって、いやウクライナ人にとって、ドニエプルは芸術と信仰の対象にほかならない。しかし、ここではドニエプルに対してもう一つの目、つまり科学の目を向けてみなければならない。チェルノブイリ原発事故が神とさえあがめられたドニエプルの水系にどのような影響をもたらすのか。

ドニエプル川は全長二二〇〇キロ、利根川の長さの七倍を超える。ソ連ヨーロッパ部ではボルガ川につぐ第二の大河である。モスクワの西方スモレンスク州のバルダイ高地南面に源流を発し、ロシア、白ロシア、ウクライナ三国を流れて黒海にそそぐ。

上流は水源からキエフ市までの一一二〇キロ、中流は同市からザポロジエ市までの五五五キロ、下流はそこから大河口にいたる三二五キロである。

上流は主に湿潤な森林地帯、中流は森林・草原地帯、下流は広大な大草原地帯を貫流する。キエフ市北のキエフ貯水湖をはじめ、下流にかけていくつもの人造湖が鎖のように連なっている。ドニエプル川の豊富な水量の八〇パーセントは上流で得られる。水源は雪どけ水が五〇パーセント、地下水が二七パーセント、そして雨水が二三パーセントとなっている。

水量は季節によって変動する。春は雪どけ水で水量が増える。年間流水量の六〇〜七〇パーセント、ときには八〇パーセントがこの季節に流れ、岸辺の牧場、草原が冠水する風景が、しばしば美術作品の題材にされている。夏は渇水期。秋は雨が多い年に出水がある。十二月に結氷し、解氷は例年下流で三月上旬、中流で同中旬、上流では四月上旬である。

〈プリピャチ川〉

ドニエプル川上流の最大の支流である。後述する白ロシア・ポレーシエを貫流し、キエフ貯水湖に豊かな水量をそそいでいる。全長七七五キロ、信濃川の二倍以上の長さである。水源は主として雪どけ水。三月上旬に増水が始まり、四月中旬最高水位に達する。その後三カ月余りの間に水量は漸減する。増水期にはしばしば氾濫が起こる。夏秋は渇水期。十二月半ばに凍結し、三月半ばに解氷期を迎える。

〈白ロシア・ポレーシエ〉

白ロシア・ポレーシエと呼ばれる地帯は、白ロシアの南部（ブレスト、ゴメリ※、モギリョフ州※）、ウク

白ロシアのポレーシエ風景（版画ヴュ・サーデイン）

出所）プラウダ　86.10.21

ライナの北部（ヴォルィン、ロヴェン、ジトミール州の大部分およびキエフ、※チェルニゴフ、スムィ州の北部）、ロシアのブリャンスク州※にまたがり、総面積は二七万平方キロに達する。日本の国土面積から北海道を除いたぐらいの広さに当たる。右の州名の右横に※を付したのは、チェルノブイリ原発事故後、住民の一部が避難を余儀なくされたり、ホットスポットが生じた所を示す。

ポレーシエは大小の河川水路が網の目のように広がり、無数の沼沢湖水と森林群が点在している。

平均気温（摂氏）は一月でマイナス四〜八度、七月一七〜一九度。降水量は年間五五〇〜六五〇ミリ。地下水位は高い。

この地帯では排水、盛土などの土地改良事業で農地を拡大してきた。主要作物はライムギ、オオムギ、コムギ、アマ、アサ、ジャガイモ、野菜、牧草など。地下資源として石油、褐炭、泥炭、カリ塩類*などがある。

ポレーシエの面積の三分の一は森林で、そのうち六〇パーセントがマツ林。全体の四分の一は牧草地である。

ポレーシエは風光にめぐまれ、気候も温和なために保養地として親しまれ、休息のための施設も多く設けられてきた。また広大な自然保護区、禁猟区が沢山ある。

近年、ポレーシエの土地利用開発にともなってマイナスの影響が出はじめた。①地下水位の低下、②微気象・気温・生物相の変化、③河川水や井戸水の涸渇、④泥炭層が乾燥し、植物が生育しなくなったために生じる風、水による土壌浸蝕などである。ポレーシエの自然保護長期計画が作られている。(2)

*ポレーシエの環境破壊問題で最近とみに深刻さを増しているものとして、カリ塩類採掘にともなうものがある。三十年余り前、ポレーシエ北部（ソリゴルスク一帯）で巨大なカリ塩埋蔵地（推定四〇〇億トン）が発見された。埋蔵地は広さ一万五〇〇〇平方メートル、約三五万人が居住している。ここだけでソ連のカリ肥料の半分を生産している（白ロシア・カリ生産合同の工場はソリゴルスクにある）。現在、可採埋蔵量の三分の二がまだ残っているが、そこで陥没が生じ、巨大な黒い湖（有毒な泥の池）が生じている。加熱濃縮工場の半径三〜五キロ周辺では植物は枯死し、スラッジ投棄場の周辺もまったく荒廃した風景が見られる。農作物の収量は落ち、ナシ類も粉塵で味が変わり、食べられなくなった。この地帯には七万二〇〇〇ヘクタールの農地があり、一九八〇年には一九カ村（二万五〇〇〇人）が郷里を捨てて移住している。(3)

生態系への影響

この稿を執筆中に、タス通信はソ連の重要な決定を報じた。チェルノブイリ原発から一〇キロの周辺地域を特別閉鎖地域に決定したというのだ。

「この地域では今後、原発従業員の往来を除いて人間の活動が長期にわたり禁止されるほか、動植物相への放射線の影響をチェックするため、監視所と研究所が設置される」という。(4)

放射能が自然環境にいかなる影響をおよぼすのか、それは最も案じられている事柄の一つである。ソ連政府報告書は次の点を予想していた。

植物への影響について――

「……チェルノブイリ発電所周辺の三〇キロ圏内では、放射性降下物によって汚染された地区の個々の部分において、これよりも高い放射線レベルが観察された。これは、そうした場所場所における放射能に敏感な植物種の状態に、重大な変化をもたらすことになるかもしれない。* 三〇キロ圏の外側における放射線レベルは、動植物の群生を構成している種に対して、際立った影響を生じるとは考えがたい」(5)

この報告書は事故後数カ月の調査に基づく中間的なものであり、

「得られた結果は、予備的な性格のものでしかない。チェルノブイリ災害が有機体と生態系に対して及ぼす影響についての研究は、いまも継続中である」

と、慎重な見方を示している。(6)

＊米国ブルックヘブン国立研究所が森林地帯につくったガンマ線実験区で行なった観察の結果を、ジョレス・メドベージェフが引用している。

「落葉樹は、周期的な落葉によって外部放射能や土壌からの内部放射能の過剰な蓄積を回避できるので、針葉樹よりもはるかに安定していた（一〇〜二〇倍）。一日約二レントゲンの照射によって松の成長は急激に押えられ、一日六ないし七レントゲンの照射が五、六年続くと、松の森林は死滅する(7)」

メドベージェフはソ連のＦ・ティホミーロフの研究を引用している。

「森林周縁にそった樹冠における放射線核種の沈着量は、森林状態でない隣接地域の二〜五倍に達した。この〝周縁効果〟は森の端から一五〜二〇メートル内部にまで及んでいる(8)」

水中エコシステムへの影響について――

注目されるのは、ソ連政府報告書の付録資料六「水中エコシステムの放射線生態学的状態の評価と将来予測」の記述である。

「水中に集まる放射能についていえば、種々の核種が、水底の堆積物、水棲植物、魚類に再分布し、蓄積される。これにより、水棲諸生物と、食物連鎖を通じて水圏とつながっている人間との両方に付加的な被曝がもたらされる(8)」

このように自然の系における放射能の循環を前提にして、プリピャチ川における魚類への影響について次のように述べている。

「プリピャチ川での魚類の被曝線量率は、毎時約五〇ミリラドであり、造血系、免疫系、生殖系の諸器官に対して悪影響の出る可能性が高い。これらのうち、最も重大なのは、遺伝的なもの、すなわち生殖細胞への悪影響である。発電所冷却池では、多くの観測地点において、毎時五ラドにまで至る最高の被曝線量が認められており、水中生態系、とりわけ魚群には著しい悪影響が生じるであろう[10]」

チェルノブイリ原発の一〇キロ周囲が閉鎖されたとしても、プリピャチ川をはじめとする流水系を閉鎖することはできない。プリピャチ川はドニエプル川、そして黒海へとつながっている。一〇キロ圏内に設置された監視所、研究所で得られた知見が、今後、適時余すところなく公表されることが期待される。*

なおチェルノブイリ原発事故にともなう放射能の生態系への影響に重大な関心を示したのは、スウェーデンのR・C・ペーターソンらだった。かれらはチェルノブイリ事故後、全生態の指標を測定し、それを分析した結果、スウェーデンの水には何らかの異変を示す指標は現われなかったことを前提にしながらも、とくに次の点を指摘した。

(1) チェルノブイリ原発事故が起こったのは、孵化の時期に当たる春だったので、多くの水生個体群に新しい個体が補充されていた。スウェーデンの淡水に生息する普通の魚類は、早春に卵を生んで孵化するものがほとんどである。

(2) 成長中の稚魚は放射能に対して極端な感受性を持っていて、その影響は異常に大きく現われると言われる。一般に繁殖期は感受性の敏感な時期として知られ、放射性核種の生体濃縮は、新陳代謝活動が高く、成長力が最大で食餌の摂取量が多いこの時期と相関関係にある。

(3) 水生生物への長期の生物学的影響は、注意深く監視しなければならない。蓄積線量は明らかにバックグラウンドを十分に上回っており、より以上の生体濃縮は沈澱物の堆積による線量の増加と関連があるからだ[11]。

＊ジョレス・メドベージェフは『ウラルの核惨事』の中で次のように述べている。

……ある流水型湖から流出した放射能汚染水が小さな河川系を通って雄大な河川水系に入り、海に達したとする。その場合、「流出ルートに沿う数千マイルの区間にストロンチウムやセシウムの生物学的、化学的固定が起こったはずである。主要河川においてこの種の放射能汚染が起こったことを報告することは検閲上許されないことであった」(12)。

またメドベージェフは沈積土が固定する放射能の生物への影響を考慮する必要があること、流水型の湖水のセシウム濃度に季節変動のあることを、仮説として示している。

「一九七〇年春、雪解けが湖水の相対的放射能を急速に減らし、四月から八月にかけて放射能の多い地下水の流入とともに放射性レベルは増加した。一九六九年の秋は雨が少なく、一九七〇年の秋は雨が多くて川や湖に流れこんだ雨水が放射能レベルを減少させたと考えられる」(13)

右に引用した知見や仮説は、今後チェルノブイリ事故の生態系への影響を考える上で参考になる。

心配な春の氾濫

水汚染の不安は事故から一年の歳月が過ぎた後もなお続いた。事故炉から放出された寿命の長い放射性物質セシウム137が、チェルノブイリ原発を中心とする広い範囲の地表や植物にたまっていて、雪どけによる増水がそれらを運び、ドニエプル水系を汚染することが心配されたからだ。

ウクライナ共和国の土地改良・水利省と水文気象・自然環境局の責任者は、キエフ市より上流のドニエプル川、プリピャチ川、デスナ川の八七年春の氾濫を案じていた。それらの河川流域の積雪量は平年の二倍ないし二・五倍と多い。増水量はデスナ川が平年を一五〜二〇パーセント上回るが、他の二つの河川は平年並みと見られる。

ウクライナ共和国科学アカデミーは、放射能汚染区域が洪水により水面下に沈むことを考慮し、関係機関と連絡を取りながら、ドニエプル水系の水質調査を実施している。

同アカデミーのコンピュータ・センターは次の諸点を確認した。

(1) 八七年二月現在、ドニエプル水系の水質に危険がないことが保証された。

(2) 氾濫水は四月一日から六月一日または十日までの期間、ドニエプル川を通過するものと考えられる。

(3) 政府は河川水の放射能汚染に備えて、常時監視態勢を取っている。

キエフ州当局も春季出水対策本部を設置した。対策には軍隊も参加している。治水作業のため待機している特科部隊は、車輌、土木機械、砕石、土砂を用意している。プリピャチ川が流氷で閉塞されることに備えて、砕氷船、爆破隊も動員されている。

出水の状況については地上と空中からの監視結果が四六時中通報されることになっている。(14)

ドニエプル水系の大自然が放射能で汚され、その危険はまだ去っていない。そのことはこの水系に頼って生きてきた人びとの肉体と心を傷つけずにはおかない。ドニエプルを神と讃えたゴーゴリが在世していたら、何と言うだろうか。

この章の冒頭にドニエプルをうたった歌謡を引用した。同じ歌の最後の一節を引いて、終わることにしよう。

ドニエプルの激流に　ファシストは沈み
わが祖国安らかに　栄えゆくごとく
ドニエプルよ　流れゆけ　はろばろと永遠《とわ》に

〔注〕

(1) ゴーゴリ著、工藤精一郎訳『ディカーニカ近郷夜話』平凡社、一九六五
(2)『白ロシアの自然百科事典』(露文)、ミンスク、一九八六
(3) 文学新聞　88・3・2
(4) 毎日新聞夕刊　88・4・20
(5) 前出「ソ連政府報告書」(経セミ増刊、日本評論社)
(6) 同前
(7) メドベージェフ『ウラルの核惨事』技術と人間、一三九頁
(8) 同前、一五二頁
(9)「ソ連原発事故報告書・七つの付録」(広瀬訳、経セミ増刊、日本評論社)
(10) 同前
(11) R・C・ペーターソン他、高橋昇訳「スウェーデンにおける淡水魚類の汚染」(『技術と人間』87・4)一七〜一八頁。
(12) 前出、メドベージェフ『ウラルの核惨事』六二頁

(13) 同前、七〇頁
(14) プラウダ・ウクライヌイ　87・3・14

第14章　建設続行か中止か？

コヴァレフスカの告発

リュボフ・コヴァレフスカの名前は、チェルノブイリ原発事故後、世界中に知れわたった。ウクライナ作家同盟の機関紙『リテラトゥルナ・ウクライナ』に載ったかの女の寄稿が、全世界のマスメディアに流されたからである。かの女は明らかに、チェルノブイリ原発の手抜き工事の危険性に警告を発していたのだった。

リュボフ・コヴァレフスカというのは何者なのか？　さまざまな憶測がなされたが、正確なことはなかなかわからなかった。ユーリー・シチェルバクのドキュメントの出現によって、はじめてかの女の個人像が明らかになった。(1)かの女はチェルノブイリ原発のおひざ元、プリピャチ市で発行されていた唯一の新聞『トリブナ・エネルゲティカ』の記者であり、同時にシチェルバクによると、「才能豊かな詩人」でもある。

リュボフの記事の題は「部分的な問題ではない」。以下はかの女の報告の要旨である。〈チェルノブイリ原発はソ連のエネルギー系統の中できわめて重要な位置を占め、最も先進的で強力な原発の一つと考えられている。現在建設中の第五、第六発電ブロックが完成すれば、出力は六〇〇万キロワットに達し、世界で最強の原発になる。

しかし、第五、第六ブロックの建設は予定より遅れている。原発施設にとっては正確な建設技術が決定的に重要である。なのに、それがここでは完全に欠落している。最初のブロックで見られた欠陥は第二ブロックに受けつがれ、ついで第三ブロックへと受けつがれた。こういう風にして未解決の問題が山のように蓄積された。

第五ブロックの建設時間は三年から二年に短縮された。一九八五年に着工されたが、資材は最小限しか供給されなかった。おかげでそれでなくても余裕のなかった計画が、いっそうきびしいものになっている。企画者も、資材供給者も、そして建設者自身にも、そんな事態に対応する用意はなかった。当然のことだが、かれらの能力は無限ではないからだ。

しかし、上部機関は大義名分をふりかざして、建設組織の力量を強化するかわりに、資金の裏づけもなしに、むやみに非現実的な計画を押しつけてきた。その結果、工事の進捗状況はがたがたになり、計画の挫折が頻発するようになった(2)。〉

これはおどろくべき率直な報告である。読みながら原発がこんなずさんな工事で建てられているのかと思うと、背筋が寒くなる。仕事のずさんさ、無責任さはいたるところで生じている。リュボフの報告を続けて聞くことにしよう。

へたとえば、水力計画研究所が設計とコスト見積もりの文書化を遅らせたために、鉄筋コンクリートのプレハブ建材の発注がスムーズになされなかった。資材供給に支障があると工事は中断される。設計と原価計算の質の低さは、不幸にして一般的な現象になっているが、結果的には余分の労力支出や工事のやり直し、物心両面にわたる多大な努力を強いている。

規律のゆるみ、責任感の欠如を指摘しておかねばならない。要するに、建設過程におけるあらゆる欠点が浮上し、もはや一刻も猶予できないものとなっているのだ。

さらに次に示すような恐るべき事実もある。

一九八五年には四万五五〇〇立方メートルのプレハブ鉄筋コンクリート建材が発注された。そのうち三二〇〇立方メートル分は到着せず、どこかに消えてしまった。四万二〇〇〇立方メートル分は納入されたが、そのうち六〇〇〇立方メートル分は欠陥品だった。契約義務違反は日常化していた。

発注した建築用鋼材の納入が、二三五八トン少なかったことがあった。しかもボルガ冶金工場から納入された鋼材の大部分は欠陥品であり、その中には放射性廃棄物貯蔵庫を密閉するための資材三二六トンも含まれていた。機械室の梁にも欠陥があったし、カシルシ金属工場製の鋼材二〇〇トン余りもキズ物だった。

原発の建設においては、資材や設計のいかなる欠陥も見逃すことは許されない。すべての構造物の強度が定められた基準に合致していなければならないからだ。鉄筋コンクリートのすべての部分が、必要とされる強度と安全性を保証されなければならない。

そして建設工事に関係するすべての人びとに求められているのは良心である。他人がおかした過ちのしりぬぐいをすることほど、建設労働者にとって屈辱的なことはない。使いものにならない材料でも、一応何とか恰好がついていくのは、ひとえに建設工事者たちの自制、知恵、心身をすりへらしての努力のたまものなのである。(3)」

リュボフ・コヴァレフスカの記事を読んだ作家のボリス・オレイニクは次のように感想を述べている。

「もしこうした警告に適時に注意を向けていたならば、事故が起こるようなことはなかっただろうと信じて、この記事を過大評価するのはよそう。しかし、私は技術官僚や科学者たちが新聞に出る主張に無関心であり、人文科学系の人びと、とくにジャーナリストや作家たちの批判的意見や勧告を無視する態度を取ってきたことを、指摘しないわけにはいかない。あの事故の後、コヴァレフスカの記事がのった『リテラトゥルナ・ウクライナ』紙三月号を求めて、編集部に各方面から電話が殺到した時にさえ、原子力関係部門の人は誰ひとりその記事に関心を払おうとしなかった(4)」

コヴァレフスカ記者の寄稿の要約は一応ここまでにしておく。ソ連で原発建設工事の欠陥が公然と批判されたのは、実はこれが最初のことではなかった。チェルノブイリ以前の事例を見ておくことにしよう。

ずさんな原発建設工事

一九八五年に発表されたことだが、ロストフ原発の検査官は一年間の建設過程を調査した結果、一三六件の技術上の違反と計画からの逸脱があったことを明らかにした。しかし、建設工事の責任者はそれに対して、基準が高すぎるのだと主張してゆずらなかった。

建設工事の主体である「原子力建設」企業のA・ウーソフ技師長は、さすがに基準緩和要求を認めはしなかったが、といってずさんな工事の責任者に対して、適切な処置を取ろうともしなかった。「原子力建設」のA・トロフィメンコ所長は現場の職長を譴責処分に付しただけだった（検査官の意見では、その職長の責任たるや減給三〇パーセントに相当する）。

熱核・動力設計研究所のN・ゴルシコフ主任検査官は、次のような欠陥工事の例を挙げている。ロストフ原発第一発電ブロックの輸送用通路は、設計図より天井が三五ミリほど低く造られていた。これは原子炉の鋼鉄容器を所定の場所に搬入するには、運搬車の高さをその分だけ縮小する必要があることを意味している。

細部にわたる検査官の指摘にもかかわらず、施工側にはそれらの批判を真剣に受けとめようとする姿勢が欠けていた。ゴルシコフ主任検査官は、検査官には自分たちの批判が無視された場合に行使できる処罰権が与えられていないこと、また施工責任者はやり直し工事による工期の遅れが、ボーナスの額にひびくことを恐れている、という事実に言及している。「これは憂慮すべきことである。施工管理者たちが工事の質を依然として軽視しつづけるならば、また工事の水準を高めようとしないならば、将来誤りを避けることは難しくなるだろう」と、ゴルシコフは言う。(4)

それから一年後の一九八六年四月、つまりチェルノブイリ原発事故とほぼ同時期だが、ロストフ原発の欠陥工事の問題が再浮上してきた。この一年間、事態に見るべき変化はなかったが、今回は「いけにえ」が用意された。すなわち「原子力建設」企業のトロフィメンコ所長とウーソフ技師長を含む数人の幹部が、降格処分に付された。

しかし、こうした処分が行なわれても、問題はほとんど改善されていない。

国家原子力発電安全運転監視委員会のＢ・ゴルデーエフ主任検査官らは、次のような驚くべき事実を明らかにしている。

ロストフ原発の原子炉密閉容器は期限内に密閉されることになっていたし、そのことは全ソ原子力建設者大会でも誇らかに報告されたものだった。しかし、実際はどうかと言えば、設計と工事基準からの危険な逸脱が発見されたため、検査官が工事の停止を勧告したにもかかわらず、工事は開始された。

その後、工事は完了したが、検査官が竣工証明書へのサインを拒否したため、かわって施工側の技師長が書類に署名した。規定によれば、検査官が工事基準違反の理由で署名を拒否した場合、技師長が再承認を要求して手続きを取ることになっているが、その場合は工事を基準に合うように完成し、違反者を処分することが条件とされている。しかし、この件では再承認の手続きもなされなかったし、違反者の処罰もなかった。規定を無視し、技師長の特権によって、うさん臭い書類に署名をしたのだった。

新任の所長と技師長も従来のやり方を踏襲しただけだった。一件のずさんな工事を見逃したことにより、次から次へと違反工事が積み重ねられていった。こうして原発の心臓部ともいうべき原子炉の圧力容器自体にも、基準違反が発見された。さすがにここでは一六人が処罰されている。

こうした事例は、いまでは珍しい話ではなくなっている。工事やり直しの手間や追加支出を省くため、いろいろな抜け道も工夫されている。うるさい検査官をまるめこむ手口まで考案されている。設備、材料から工法にいたる原発建設のQCシステムは、理論的には確立している。検査官も数に不足はないし、むしろ多過ぎるくらいだ。それなのに、検査制度が有効に機能していないのはなぜだろうか？ その理由はソ連工業の根底にある問題の中に見いだされる。

たとえば、設備のチェックをする省庁は、同時に設備の十分な供給に責任を負う部門でもあることがあげられる。

建設研究所は人的機構だけはりっぱに持っているものの、工事現場で接合工事や密閉工事を実際に点検する技術的手段を備えていない。

設計に責任を持つロストフ原発の管理部と設計部は、あまり細かく口をはさみすぎて、逆に仕事のボロが明るみに出ることを恐れている。

発注者もまた工事にきびしい注文をつけることで、安全問題から設備や部品の質にいたるまで、あらゆることに責任を負わねばならなくなる。設計者、発注者、施工者の間にはこうした「デリケートな関係」が存在する。事柄が面倒になる前に、すべての痕跡はコンクリートの奥深く隠されてしまうのである。

発注者、施工者、設計者はすべて同じ一つの省の管轄下にある仲間内である。その省たるや、「こうした機構になっているおかげで、建設工事の質をいちじるしく改善することができたし、管理制度も能率化できたのだ」と主張している。

だが建設現場の実態は、検査制度の能率化が大幅な質の改善をもたらしたと言うには、ほど遠いありさまである。(6)

中止された第三期工事

コヴァレフスカ記者や『社会主義工業』紙の批判は、チェルノブイリ、ロストフ両原発の驚くべきずさんな工事の実態を明らかにしていた。チェルノブイリ原発第四ブロックの事故後、放射能汚染が続く危険なサイトで、それでもなお第五、第六ブロックの建設は続行されるのだろうか?

第五ブロックは工期短縮が決定され、一九八六年秋には運転開始の予定だった。第五ブロックへの投資は予定額の三分の一をすでに消化している。しかし、第四ブロックの事故後、当然ながら工事は中止された。

一九八七年三月、キエフで第五、第六ブロックの工事をめぐり、公開討論集会が開かれた。エネルギー政策、技術、経済問題の専門家六〇人ほどが参集した。こういう問題で公開の討論集会が開かれたことは、これまで一度もなかった。やはりこれはチェルノブイリ以後の新しい現象と言うべきものだろう。原子力政策をもはや密室の中でだけ論議し、決定することはできなくなった。

さて注目の討論集会は、「原子力発電計画」合同企業ハリコフ、モスクワ両支所の技師長たちの報告で始まった。二人は第三期工事(第五、第六ブロックの建設)の概要を説明した。その内容は第二期工事(第三、第四ブロック建設)とほとんど変わっていない。ただ第四ブロックの事故の経験を参考にして、若干の補強がなされている。
具体的には補助ディーゼル発電機二台の設置、消火と換気のシステム、排気システムの微粒子フィルターの性能向上、配管の金属材料の品質改善、炉心防護補助システムの設置、事故局限化システムの改造、屋根の防水用アスファルトを他の不燃材料と取り替えることなどである。

この他にも多くの項目があるが、ここでそのすべてを引用することはできない。しかし、右に引いたものを見るだけで、何が問題かを理解するには十分だろう。すなわち第三期工事計画では事故発生の可能性をあらかじめ想定し、安全確保に力点を置いている。

これらの改善策を立案した人たちの苦心は多としなければならないが、それにしても疑問は残る。たとえば、放射能除染が完了していない場所で、どんな方法で工事をするのだろうか？　集会ではその種の疑問が率直に表明された。たとえば――

問　第四ブロックの事故後、新しい条件の下での第三期工事に要する費用の経済評価はなされたか？

答　「原子力発電計画」研究所はそうした評価は行なっていない。

問　では事故後の条件下で、どういう風に生活し、働くのか、建設基地はどう作るのか、設備資材の搬入、貨物の保管はどのようにするつもりか？

答　研究所はそれらの問題にまだ取り組んでいない。

こうしたやりとりが終わった後、次のような人たちが意見を開陳した。

ウクライナ科学アカデミー会員A・アルイモフ、同N・アモーソフ、同A・グロジンスキー、チェルノブイリ原発副技師長A・スムイシリャーエフ、ウクライナ科学アカデミー原子力研究所、水中生物学研究所、地球化学・物理・鉱物学研究所の研究者たち、原子力計画研究所キエフ支部の代表者、ウクライナ共和国地理・土地改良・水利経済省、その他の省庁の幹部たち。

かれらはそれぞれの専門分野について発言した。しかし、帰するところ大方の意見は、チェルノブイリ原発第三期拡大工事計画は、もはや現実に適したものではなくなった、というものだった。それは事故にともなって生じた状況を考慮していない。したがってその実行を勧告することはできない、との意見が大勢を占めたのだった。

あまりに専門的な細かい議論にまで深入りすることはできないが、代表的な意見を取り上げておこう。

「事故以前と事故後の物的、技術的能力、財政能力、労働力の状態を比較検討することを抜きにした工事計画の提案は無意味である。原発サイトの汚染状況、土地、建物、設備等の除染作業の進行状態の長期的な見通しを立てることなく、二つの発電ブロックを建設する工事の予算案を決定することなど、できるはずがない」

次のような意見も出された。

「現に原発サイトとその周辺部には、とりわけ森林には、猛毒性の寿命の長い放射能が残っている。そういう状況の中で工事を行なうと、放射能を含んだ粉塵が大気で運ばれ、汚染空間をさらに拡大する結果になる。現状がそうである以上、事故の影響が完全に除去されるまで、新しい発電ブロックの建設工事を続けてはならない」

　さらに次のような心理学的な観点からの発言もあった。

「既存の第三期工事建設者集団は事実上崩壊している。今日では稼動中の第一～第三ブロックのために、高い技能を持った運転要員を集めるにも困難がある。強い放射能が存在する下で、労働者の集団を一定の期間だけ交替制で働かせるという案もあるが、それはまちがいなく建設の質と原発運転の信頼性に、マイナスの影響をもたらすだろう。なぜなら臨時作業は一般に一人びとりの責任感を低下させ、しかも緊張状態での作業は人びとの疲労感を高めるからである」

　N・アモーソフ・アカデミー会員は、熱情をこめて次のような見解を展開した。

「第三期工事をやるかやらないか、という問題をもち出すことそれ自体、驚くべき非常識である。多数の人びとがあの事故で心に傷を負い、いまなお将来に不安を抱いているというのに、その人たちにこれ以上の疑惑や不安を与える道徳的権利が、あるのだろうか？

　こうした恐怖心を持つのは、根拠のないことではない。放射線レベルがほんの少し上がっただけでも恐ろしいのだ。たとえそれが〝安全レベル〟にあったとしても……。サイトで建設工事に当たる人たちにとって、放射線の危険はまったく現実的なものである。

『危険はある、だが第三期工事は君たちを求めている』と呼びかけて、新しいヒーローを作る必要があるのだろうか？　否、チェルノブイリにおける新しい原発の建設は疑問だらけのものである」

　経済的な側面も無視することはできない。すでに投下した資本を無駄にしたくないからといって、工事を続けていけば、今後さらにどれ位の費用がかかるだろうか？　恐らく雪だるま式にふくれ上がっていくことだろう。作業員への危険手当て、安全確保のための多額の出費が予想される。たとえば汚染土壌を大量に除去し、それを搬出しなければならない。建設中の建物の枠組みは、安全操業を維持するのに十分だろうか？

こうしたことを踏まえて、A・ゴルジンスキー・アカデミー会員は言う。

「科学の世界では、経験が確信を与えるという考え方が、広く行きわたっている。しかし、実際には、経験は疑問を生み出していると言うほうが正しい。確信に満ち溢れているのは、経験の足りない者たちだけだ。私を含む多くの人間は、明らかに原発の信頼性の単位を取りちがえていた。疑問はppm（一〇〇万分の一）どころか、ppb（一〇億分の一）の単位の小さなものだった。だがチェルノブイリは、ppbの単位のものが、単位以上の大きなものになり得ること、技術と技術者の信頼性に対する完璧な確信が、巨大な不幸に転化することをまざまざと示したのではなかったか。チェルノブイリ原発の第三期建設工事は、かつてわれわれが抱いていた確信なるものが、経験によって培われる疑問以前のものにすぎないことを示した。この公開討論に参加したわれわれが、原発拡大計画に反対するのは、そのことを学んだからにほかならない」

さていろいろな意見や主張を取り上げてきたが、この公開討論集会に出席したウクライナ有数の科学技術界の代表たちは、「原発増設計画の実施を勧告しない」との決議を、圧倒的多数の同意で採択した。反対はわずか二票だった。(7)

地元ウクライナの反響を慎重に見守っていたモスクワは、第三期工事を断念することを決定した。この断念は、国家原子力利用委員会のA・ペトロシャンツ議長がタス通信の質問に答える形式で公表された。

グラスノスチ（情報公開）の枠の拡大が唱えられている状況の下、原発拡大の是非が公開の場で議論されたこと自体、大きな意義を持つものである。

〔注〕

（1）ユーリー・シチェルバク、拙訳『チェルノブイリからの証言』技術と人間

（2）リテラトゥルナ・ウクライナ 86・3・27

（3）同前

（4）文学新聞 86・9・24

（5）社会主義工業（新聞、露語） 85・4・11

（6）同前 86・4・8

（7）文学新聞 87・5・27

第15章　過大な原子力計画

事故後の原子力計画

チェルノブイリ原発事故のわずか一ヵ月前、一九八六年三月に開かれた第二七回ソ連共産党大会は、フルシチョフ時代に決めた党の綱領（建党以来三番目）を改訂し、いわば新第三綱領とでも呼ぶべきものを採択した。

その第二部「社会主義の完成と共産主義への漸進的な移行におけるソ連共産党の任務」の中で、次の点が強調されている。

〈科学技術の加速化こそ生産効率上昇の主たるテコである。〉

〈先進技術の広範な導入による生産設備の急速な更新にこそ第一義的重要性がある。〉

具体的には生産の電化、化学化、ロボット化、コンピュータ化、バイオテクノロジーの大規模導入を指向している。ついでエネルギー部門の基本政策は次のように述べられている。

〈国の燃料エネルギー生産コムプレクスの効率的発展は、最も重要な課題である。さまざまな種類の燃料およびエネルギーに対する国の増大する需要を常に満足させるためには、燃料およびエネルギーの需給構造を改善し、原子力産業の発展を加速し、再生可能エネルギー源を大規模に利用し、国民経済のあらゆる部門で燃料とエネルギーを節約するよう、きびしくかつ目的意識的に活動することが重要である。〉

この文書が述べているエネルギー政策の組合わせと優先順位は実に興味深い。すなわち、①需給構造の改善、②原子力発電、③再生利用エネルギー、④省エネルギー、である。これら四つの要素の組合わせはどこからきたのか？　党内における意見の調整の結果がそうなったと見ることができるのではないか。もしそうだとすれば、そのこと自体、党内の意見の多様性を示すものとして注目される。しかし、そのことの論証は他日にゆずり、ここでは先を急ぐことにしよう。いずれにしても、新第三綱領を採択し、科学技術の発展と効率の改善を旗じるしに出発しようとした時、チェルノブイリ原発事故は起こった。ゴルバチョフ政権にとっては出鼻をくじかれる形となった。

不幸はそれだけではなかった。一九八六年はソ連にとって第一二次五カ年計画（一九八六〜九〇年）の初年度に当たる。同年六月十八日、ソ連最高会議でルイシコフ首相が同計画案を発表した。表1は第一一次と第一二次の両五カ年計画の実績と目標を示す。前者（第一一次）の実績では工業生産の年間伸び率が四パーセントである。また前者においては農業生産の伸び率が異常に低いことが目立つ。国民所得、工業生産ともに目標を達成できなかった。

ところがゴルバチョフ政権下の第一二次計画では、目標が第一一次計画の実績よりいずれも高くなっている。国民所得は五年間で二二パーセント、工業生産は二五パーセントと前期より引き上げられ、とくに農業生産は前期の五・五パーセントという実績から、一挙に一四・四パーセントに目標を飛躍させている。全体的にかなり野心的な経済計画といわねばならない。

ルイシコフ首相は前述の最高会議における第一二次五カ年計画提案説明の中で、原子力発電について次のように述べた。

「原子力発電のより急速な増大が必要なことは、内外の経験からも確認できる。しかし同時に原発操業の高い信頼性、安定性の確保が必要である。チェルノブイリ原発の事故は、この要求の無条件順守の絶対的重要性を示した(1)」

右のことばはロシア語の演説から直訳したものだが、原発運転の信頼性、安定性を確保せよという要求を無条件に順守することを強調している。つまり原発運転に二重三重のきびしい条件が課されている。要求、順守、絶対的重要性という強いことばを積み重ねて、信頼性と安定性の向上を訴えている。原発では規模と生産量を増大させればさせるほど、その信頼性、安定性が低下するが、この相互矛盾をことばの上でむりやり調和させようとする意図がうかがえるが、実際にそれはどの程度可能であろうか？　チェルノブイリ後、この疑問はさらにふくれ上がる。

次に第一二次五カ年計画におけるエネルギー生産目標に移ることにしよう。

表1　第11次(81～85)5カ年計画の実績と第12次(86～90)5カ年計画の目標　(%)

	11次	12次
国民所得	16.5*	22.1
工業生産	20　**	25
農業生産	5.5	14.4
国民経済投資	15.4	23.6
実質所得／人	11	14

*目標は18%，**目標は26%

表2を見ると、電力の中で原子力の占める比重は一九八五年で一〇・八パーセント、九〇年目標で二〇・九パーセントとほぼ倍に設定されている。しかも原発の電力生産量は五年間で二・三七倍増やす予定である。原子力発電にかなり大きな期待と負担がかけられている。原発が優先順位の上位に置かれているため、建設や運転の現場でプレッシャーが強まることは当然だろう。先述の原発ずさん工事もここに原因があるのではないか。

なお原発の発電容量で見ると、一九八五年の二八三五万キロワットに対して、九〇年の目標は六九三〇万キロワットへ、二・四四倍の伸びを見込んでいる。

ところで、一九八七年一月十八日に発表された第一二次五カ年計画の初年度の実績はどうであったか？　エネルギー燃料部門の原子力発電関係の実績は、対前年（八五年）比で次のようになっている。

	（%）
生　産　高	九七
労働生産性	九〇
年間生産計画	九三
発電量の年間目標達成率	九九・六

このように原子力発電と電力生産全体が目標を達成できなかった理由として、政府は「チェルノブイリ原発事故にともなう諸困難、および一部河川の渇水によるもの」と述べている。(2)

それにしてもチェルノブイリ原発で生産された電力は、どこで使われているのか？　それについて

表2　第11，第12次5カ年計画エネルギー関連実績と目標

	1985年	1990年	増大量	
			11次	12次
電力（10億kWh）	1,545	1,860	251	315
原子力	167	390	94	223
水力	214	245	30	31
火力	1,164	1,225	127	61
石油（含液化ガス，100万t）	595	635	△8	40
天然ガス（10億m³）	643	850	208	207
石炭（100万t）	726	795	10	69

語る資料は極めて限られているが、ここに示した図9（二一三頁）は、ウクライナの電力流通網を示す珍しい地図である。チェルノブイリ原発からは七五〇キロボルトの直流超高圧送電線が二本、動脈のように伸びているのがわかる。西南の方向へ伸びた一本はフメリニツカヤ原発と結び、さらにテルノポリ変電所を経て、国境の外ハンガリーのアルベルティルシャにつながっている。

もう一本の南へ伸びる超高圧送電線は、ビンニツカヤ変電所を中継点として、西はテルノポリ変電所、東はドンバス工業地帯と結んでいる。また三三〇〜五〇〇キロボルト高圧送電線がウクライナの電力系統と結合している。

この地図は、チェルノブイリから東の方向へ七五〇キロボルトの超高圧送電線を建設中であることを示している。この送電線は北ウクライナ変電所を経て、クルスク原発とつながることになっている。なおチェルノブイリ＝フメリニツカヤ原発からの計画送電線（七五〇キロボルト）が、西の国境を超えてポーランドに伸びていることが注目される。この地図によって、ウクライナの原子力発電所が大電力長距離輸送網により、ウクライナ国内だけでなくソ連の他の共和国、東欧諸国にまで、電力を供給する役割を担っていることがわ

かる。

ソ連ヨーロッパ地域のエコロジー的限界

ソ連の原発一覧表と所在地図を巻末（三六二頁）にかかげるが、それらが示すように、同国の原発の大部分はソ連の西部（ヨーロッパ部）に集中している。これは人口、産業の配置からして西部の電力需要が他の地域をしのいでいることによる。しかし、こうした西高型原発配置について、一九七九年にソ連の専門家の間で批判が提起されたことがあった。この論議の要点を以下に記すことにする。

議論の舞台になったのは共産党中央委員会政治理論誌『コムニスト』（79・9、第14号）。批判を提起したのはN・ドルレジァリ（アカデミー会員、ベロヤルスク原発建設の功労者）、Y・カリャーキン（経済学博士）の二人。全文一〇頁約五〇〇〇語の長文の論稿である。

全文の三分の二は社会主義経済体制における核エネルギー開発の必要性、ソ連の原子力開発史、およびその成果と展望の記述に当てられている。肝心なのは、原発建設計画とソ連ヨーロッパ地域のエコロジー的限界について述べた以下の部分である。

〈現在（一九七九年当時）ソ連で稼動中の原子炉は二二基、出力九〇九万五〇〇〇キロワットで、建設中のものは一六基である。ソ連の原発は事実上ボルガ川とボルガ・バルト海運河を結ぶ線から西側のソ連ヨーロッパ部に集中している。この地域にはソ連全人口の約六〇パーセントが集中し、人口密度は比較的高い。工農業生産は発展し、生産性の高い農地がある。この地域では観光、保養地が発達し、

図 9　ウクライナ発送電系統図

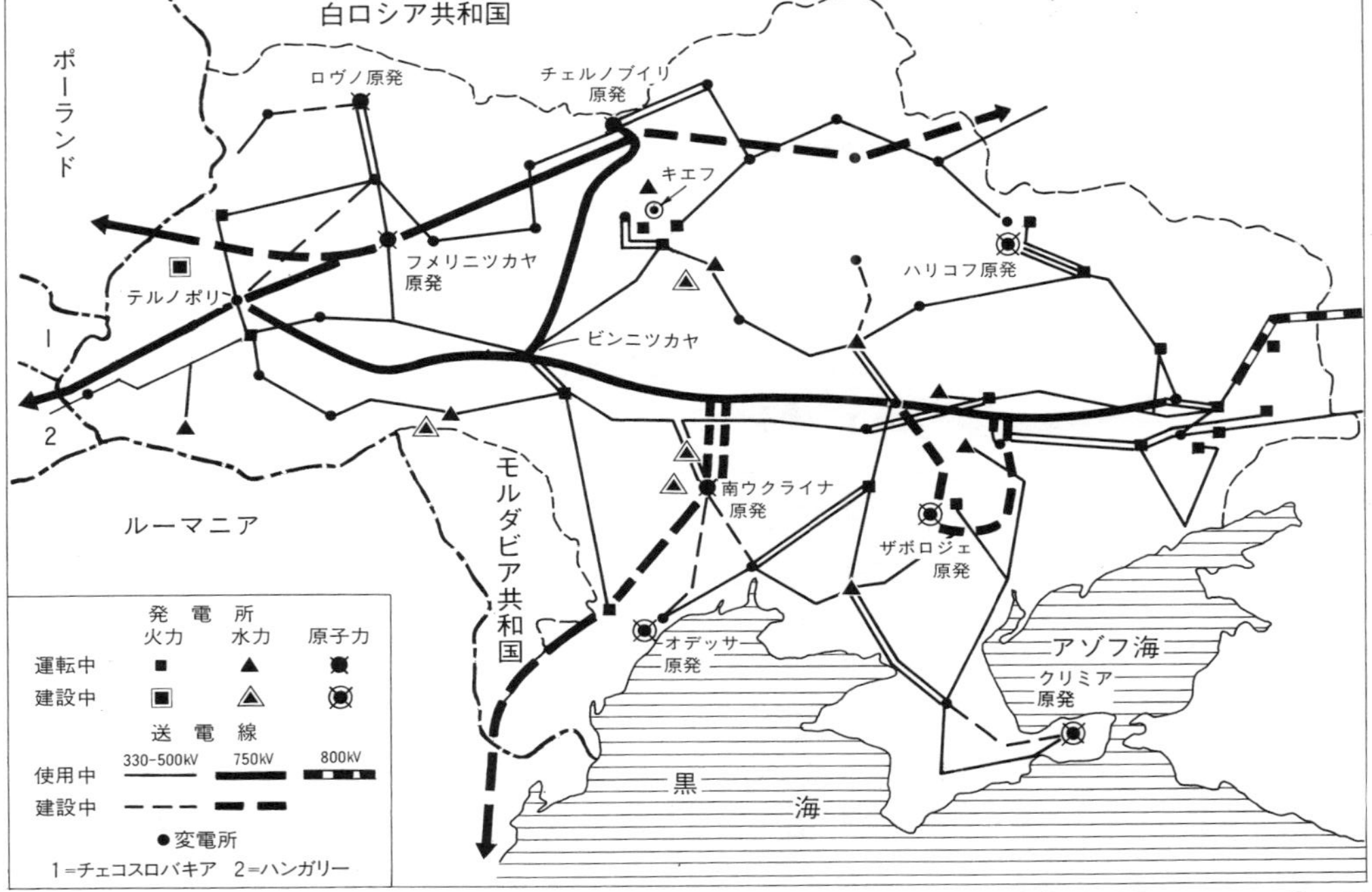

出所）『ウクライナ・ソビエト社会主義共和国』（1987，キエフ，174頁）を元に作成。『技術と人間』88. 6 より修正重引

歴史・文化財や自然景観も豊富である。居住環境としても最適であることはいうまでもない。

しかし、エネルギー需要の増大に応じてこの地域に原発の数を増やし続けるならば、やがて「エコロジー的容量」は限界に達する。つまり発電所の廃熱、土地収用、不可逆的な水の喪失、放射性廃棄物の蓄積、補助的安全設備などが、環境保全を阻害する要因となる。

具体的には原発の冷却水用の貯水池、従業員住宅用地、周辺の衛生防護地域として、農地を含む広大な土地を転用しなければならない。たとえば、出力四〇〇万キロワットの原発の冷却水貯水池のために、約二〇〜二五平方キロメートルの水域の水量が必要になる。一般に貯水池としては河川の氾濫で冠水する肥沃地が利用されるが、豊かで広大な農業適地が水底に沈められることになる。現在の計画にしたがって原発が立地されるとすれば、二一世紀初頭までに五〇〜六〇地点が原発サイトとして開発される。そのため数百万人分の穀物を確保できるだけの土地が接収されることになる。

水資源問題も深刻である。火力、原子力発電所の水需要総量は年間一〇〇立方キロメートル以上に達している。その上、発電所からの廃熱が拡散するため、ヨーロッパ部で蒸発によって失われる水の量は、年間二億立方キロメートル以上になる。二〇世紀末までに原発立地が計画どおりに実現するとすれば、水の喪失は控え目に見積もっても二倍に達するだろう。

こうした理由から、原発の新規立地点の選定と水資源の確保は、非常にきびしい問題になっている。しかも、皮肉なことに、エネルギー需要の最大の伸びが見られるのは、まさしく同地域なのである。〉

結論として両者は、核燃料サイクル諸施設と原発を含むエネルギー・コンビナートを、人口密度が低く、土地の利用価値が小さく、水資源に恵まれ、しかも近くに電力需要地を控えているところに立

地することが望ましい、と述べている。(3)

事故再発の危険性

最後に、ソ連の原発計画とそれを支える関連工業の技術力に対する評価を見ることにしよう。その一つはチェルノブイリ事故以前に米議会テクノロジー評価局(OTA)が行なったものであり、いま一つはチェルノブイリ事故後のジュディス・ソーントン(米国人、ソ連エネルギー問題専門家)のものである。

〈OTAによる評価〉

ソ連は一九八五年までに二四〇〇〜二五〇〇万キロワットの原発設備容量を実現し、一九九〇年までにさらに四二〇〇万キロワットの設備容量を上乗せする計画である。この計画には以下に示すような問題がある。

(1)建設に関連する問題。過去の経験からすれば設備の完成は目標期限より遅れることになろう。施工関係の高度に熟練した労働力は不足する。設備・材料の不足、資材の調達難、VVER一〇〇〇型(出力一〇〇万キロワット軽水炉)の設置の経験不足も、完工が遅れる原因となる。

(2)タービン・発電機製造能力の不足。とくに低速度タービンの製造経験がソ連は不足している。低速度タービン用の四極発電機についても同じような状況がある。ソ連はVVER一〇〇〇型と低速度タービンを組み合わせようとしているが(ノボボロネジ原発五号機の例)、その場合タービンと発電機の製造と供給が間に合わない。
(3)設備・資材の国内生産の不足を補うため、ソ連は国外にその供給を仰がねばならない。経済相互協力会議諸国（中でも主に東欧諸国）がソ連の原発計画を支えるための長期開発計画を採択し、必要な設備を供給する態勢を整えている。この面でソ連は西側諸国とも貿易を進めつつある。
(4)結論として、一九九〇年目標の実現は五〇〇〇万キロワット程度で、計画を下回る可能性がある。原子力産業側の需要が大きいため、それでなくても負担過剰なソ連経済はいっそう無理を強いられる。とくに建設、原子力発電機器製造部門においてそれがいちじるしくなろう。それを切り抜ける方法は東欧、西側諸国との貿易に頼ることである。国内生産の不足に、西側からの設備、技術の供給の遅れや削減が重なれば、原発建設の計画達成の速度は低下する。(4)

〈ジュディス・ソーントンの評価〉
(1)ソ連では原発計画の急膨張と技術力のギャップが目立っていた。かつてはソ連電力電化省が熟練労働力の大集団を誇った時期もあった。一九八〇〜八三年、高等教育を受けたエネルギー部門の技術者は五三万六〇〇〇人から六〇万人に増加した。八〇年だけでも約一八万人がエネルギー技術専門課程を卒業している。同年の電気および関連機械工業学校卒業者数は約三七万人に達した。
(2)ソ連原子力部門の技術・運転要員のデータは不明である。一九八一年に原発建設のために養成されたエンジニア数は三倍増加、八五年にはさらに八五パーセント増加したとされるが、基礎数字は不明である。

(3)チェルノブイリ原発事故原因に関連して、ソ連は「人的要因」説を主張している。要員の訓練と再教育の重要性が取り上げられているが、しかし、ソ連の原子炉自体に問題があるのであって、人的要因はあくまでも問題解決の一部にすぎない。とくに事故を起こしたRBMK（黒鉛減速軽水冷却チャネル型炉）の設計には問題があり、熟練した要員にとっても運転は難しい。

(4)ソ連の原発は西側のそれに比して自動化の割合が少なく、運転とメンテナンスに直接人手を要することが多い。それは放射線被曝のリスクを高め、ストレスを強める原因となる。

(5)チェルノブイリ事故以前から、ソ連のあまりにも大き過ぎる原発開発計画には影がさしていた。第一二次五カ年計画のエネルギー部門の目標が楽天的過ぎるということは、西側専門家たちの間ではほぼ一致した見方だった。とくに一九九〇年の原発設備容量の目標は六九〇〇万キロワットとされ、それは八五年レベルの二・四倍である。

(6)過去の実績はどうだったか？　一九八一〜八五年の原発設備容量は一二六〇万キロワットから二八三五万キロワットへ約一六〇〇万キロワット増加した。同期の計画数字はそれより大きく、RBMKが一〇基、VVER一〇〇〇型が九基新設されることになっていたが、実現したのは前者八基、後者六基だった。

(7)チェルノブイリ事故により、第一二次五カ年計画のエネルギー計画全般の見直しが必要となるだろう。電力生産がネックになり、経済成長と工業生産性向上を加速させようとするゴルバチョフ政権の努力を制約する可能性がある。その打開策として、原発の安全性より生産性を優先させることが考えられる。現にチェルノブイリ原発では運転停止していた一、二号炉の試験運転を開始した。他のR

ＢＭＫも全面的改善勧告を無視して、フル運転を続けることも予想される。それがうまくいくかどうかは保証の限りではない(5)。

以上見てきたデータや評価から、チェルノブイリ原発事故について、次の結論を導き出すことが可能である。

(i)原発事故の直接原因は、微視的に見れば人的要因にあったことは否定できないとしても、巨視的に見れば、それをもたらしたのは明らかに過大な原発開発計画にある。

(ii)ウクライナの電力流通系統地図が示すように、チェルノブイリ原発は立地点であるウクライナの電力需要を満たすためだけでなく、ウクライナ外、とくに東欧諸国への電力供給の役目を負っている。ソ連・東欧関係の中で、石油、電力は経済財の役割以外に、政治財としての意味を持つものと考えられる。したがって原発の立地・運転には、経済的必要よりも、国家意思が作用する度合いが高いこともあり得る。

(iii)ジュディス・ソーントンの評価のうち、(7)の指摘はことに重要である。すなわち今後原発の安全性より生産性を優先させる志向が働くことを、ソ連内でも危惧し、警告する声が現われている。現にチェルノブイリ原発事故二周年を迎えた一九八八年四月、プラウダ紙は現地の模様を伝える記事の中で、次のように述べている。

〈党キエフ州委員会はチェルノブイリ原発の運転状況を定期的に分析しているが、同委員会の説明では、チェルノブイリ原発指導部には修理作業と、とくに複雑な設備のメンテナンスの質を犠牲にして、いかなる代価を払ってでも発電所を運転する問題を最優先的に解決しようとする志向が見られる。たとえば昨年は、義務づけられた検査と技術的な研究を抜きにして、修理が実施されたことが何度もあった。党委員会の会議では、修理作業に対して技術指導部、技師長らの監督がなされず、重大な欠陥のある設備が建設に使われていたことが指摘された。(6)〉

〔注〕

(1) プラウダ 86・6・18
(2) プラウダ 87・1・18
(3) 拙稿「ソ連の原発開発と自然破壊」(『技術と人間』80年2月号掲載、同86年6月号に再録)
(4) Technology and Soviet Energy Availability, OTA, *Westview Press*, 1982.
(5) Chernobyl and Soviet Energy, Judith Thornton, *Problems of Communism*, Nov.-Dec. 1986
(6) プラウダ 88・4・28

第16章　避難民たちの冬

厳寒の中で

白ロシア共和国ゴメリ州南部。この地域だけでも何千という家族が住みなれた家を捨てた。新しい土地では、避難民のために各地から建築資材が届けられ、建築隊が派遣された。一九八六年十月までに三九七〇戸、さらに同年末までに七〇〇〇戸の住宅が必要だった。以前なら優に三年はかかった工事が、ここではわずかに六カ月で片づけられた。そのために一億七四〇〇万ルーブルの資金が支出された。

しかし、避難民たちが新しい家に入って安堵を味わったのも束の間、すぐに新居の欠陥が目立ちはじめた。その欠陥を明るみに出したのは誰だったろうか？

それは住宅建設工事をチェックした検査機関でも、また発注者でもなかった。それをしたのはきびしい冬の寒さと春の訪れが遅れたことだった。

あちらこちらで、さかんに苦情が出された。『ソビエツカヤ・ベロルシヤ』紙のルイトキン記者によると、苦情の中身はいずこも同じで、要するに家の中が寒くて、湿っぽいということだった。農家にとっては納屋が小さ過ぎて役に立たない。地下貯蔵室の作り方にも欠陥があって、貯えていた野菜、バレイショが凍ってしまった。

白ロシアのゴメリ州カリンコヴィチ地区シーチ村。ここには一〇〇戸の住宅が建てられた。外見はなかなか見ばえがする。白壁の家が並び、清潔だ。中に入ってみると、できたばかりの時はそれほど悪くなかったはずだが、いまでは多くの家で、風呂場の浴槽がひっくり返り、台所の流しはこわれ、床板は破れている。いったい何があったのか?

ルイトキン記者の報告は続く。

事故から半年たって最初の冬がやってきた。その時になって入居者たちは暖房がうまく働かないことに気がついた。いちばん困ったのは厳寒《マローズ》のために水道管が凍結したことだ。調べてみると、パイプには寒気に備えた保温手段がほどこされていない。つまりむき出しのまま床下に配管され、浴槽の下にコンクリートで固定されていた。これではたまったものではない。入居者たちは何とか自分の手でパイプを補修し、使えるようにしようとこころみたが、素人の手に負えることではなかった。

それだけでなく、ボイラーのできがよくないため、一、二時間おきに燃料を足さねばならず、家族の誰かがボイラーの焚き口に釘づけにされるありさまだった。そのボイラーたるや、煙は出る、ススは吐き出すというしろものだった。おまけにどんな燃料でも使えるというものではない。

ゴメリ州執行委員会公共サービス部のセミョーノフ上級技師が言った。

「あの型のボイラーは固型燃料に適していない」

それではどうしてそんなものを取りつけたのか？

「国家建設委員会が決定したことです。もうすぐガスが引かれる。だからこのボイラーでいいと言うのです」

いつになったらガスはくることやら。

ここでの主な燃料は練炭だ。練炭は重たい。家族の中に屈強な人間がいるならいい。が、齢を重ねた人たちが日にバケツで八〜一〇回も練炭を運ぶというのは、楽な仕事ではない。それはまだ何とかなるとしても、辛いのは厳寒の夜だ。ついうとうとと眠ってしまって、火が消えることもある。

ナロヴリャ地区からシーチ村に避難してきたボイコさんは言う。

「年寄りはペチカの上で寝るのが何よりです。でも暖房の調子が悪くなったら、一冬中寒さにふるえて暮らさねばなりません」

避難民たちが新しい土地の新居で快適に暮らすのは、容易なことではなかった。屋内を暖めるために、一冬で一二トンもの石炭と練炭を貯えておかねばならなかった(これは普通の農家の四年分に当たる)。

ゴメリ州執行委員会のグシャコフ燃料部長は言う。

「これはまったくスキャンダルです。家の中に入ると、スチームは手でさわれないほど熱いのに、壁に氷柱《つらら》が下がっているなんてことがあります。これは建築の欠陥に原因があり、そのために大量の燃料を無駄に燃やさなければならないのです」

ついでに言えば、一九八七年第一・四半期にゴメリ州で暖房用に売られた石炭は二万五〇〇〇トンで、前年実績の二倍に達した。

「もし建築計画にしたがって暖房がきちんとできていれば、燃料消費はもっと少なくてすんだでしょう」

そう言うのは、ゴメリ州農業局のラリオーノフ建設課長である。

新居に入ってみると、土台の接合部や屋根板のすき間がふさがれていないことがある。家に住んでみると、壁と天井の間にあちこちすき間が現われる。絶縁材を敷かずに、屋根にじかにスレートを並べたのだ。だから冬がくると、天井と屋根の間が雪で埋まってしまうことになる。水道管も排水管も凍結防止策をほどこしていない。

とくに困るのは、小さな集落には、住生活に対するサービス部門がないことだ。家屋はつくりっぱなしではだめである。住みはじめていろいろな欠陥に気づく。それらをこまめに手入れしなければ、家は使い勝手がよくならない。素人、それも高齢者の手では無理な場合もある。それなのに村には大工さんがいない……。

ルイトキン記者はさらに取材を続ける。

こんなに欠陥が多い住宅ができたのは、いったい誰の責任だろうか。

シーチ村のケースを考えてみよう。ここでは州農業局が発注し、建設担当部門が受注して竣工した。引き渡しの条件は、集団・国営農場の勘定から決済することだった。農場側の幹部は住宅建設工事にはズブの素人である。技術的な好悪をすべてわきまえた上で、巨額の支出を決めたわけではない。困ったものだが、いまとなってはどうにも仕方がない。

苦痛と忍耐

避難民たちのために急造された家——新聞はこれを美談として大げさに書きたてた。「未来の農業都市」とか「白い石の宮殿」とか。

ゴメリ州ブダ・コシェレフ地区のウザ村にも避難民のための集落が建設された。設計を担当したのは「ゴメリ民間企画」、施工はゴメリ市第二七建築合同企業とミンスク混成学生建設隊だった。

それらの住宅のうち三戸に一戸が冬の寒さに悩まされた。住宅の規模はかなり大きい。ここでは屋内のすべての場所が暖められている。物置きも出入口も、そして天井と屋根のすき間を通して街路まで
でも?!

まるで商店のように広い住宅がなぜ必要だったのか？　もう少し小さくて、暖かくて、快適な住居を建てるべきではなかったか。たった二人だけの高齢者家族のために、どうしてこんなに大きな家が要ったのだろうか。

「ゴメリ民間企画」研究所のティシケヴィチ主任技師はこう言っている。

「私たちは白ロシア共和国の国家建設委員会が認めた設計だけを、施工側に提供しました。それに対して施工者側からは少しでも早く建てられる住宅の規格が強く提案されたのです。私たちはその規格の不十分さを知ってはいましたが、どうすることもできません。要するに、地元の事情に縛られたということです」

こうして多くの住宅が建てられた。その眺めはまるで待避線に集まった列車のようだ。チェチェル地区では一〇〇戸の住宅が、空家のままで冬を越した。人びとは新居よりも古い丸太小屋の方に住んでいたのだ。そんな例はこの地区だけのことではない。

レチツク地区執行委員会のニェヴォーリン公共サービス部長に聞いてみた。避難民は一冬はがまんしたとしても、このままでいいわけはない。これからどうするつもりか？　同部長は答える。

「われわれは施工者にまだプレミアム（割増金）を払っていません。ゴメリ州農業局が欠陥住宅の修理改善資金を援助してくれることを期待しています。それで施工者に仕事を頼むつもりです」

公共サービス部の他の幹部たちも、こうした期待だけで、めぐりくる冬の厳寒をしのげるかのように、自らをなぐさめていた。だが夏がやってきて、そうした望みがやはり空《から》だのみだったことに気づかざるを得なかった。

新しい仕事が施工者たちの手をふさいでいるのだ。つまり八七年六月一日までに新規に四八一五戸の住宅を建築しなければならないからだ。建築工事はいまが盛りだ。国家建設委員会の方でも、多少の欠陥には目をつぶって「しぶしぶながら」住宅使用を認めるケースが多い。そういう風にして使用を認められたのが約一〇〇〇戸ほどである。(1)

避難先での欠陥住宅問題は、ウクライナからも報告されている。NFU紙のカザン記者は、三〇キロ・ゾーンのチェルノブイリ地区オパチチ村に行き、避難先から「自分の意思」で帰村した村人たちと会った。この人たちはなぜ「危険な」故郷に戻ってきたのか？　村人たちはその理由を次のように語った。

「避難先で私たちは新築された家に入りました。最初のうちは万事好調でした。けれども冬がきて寒くなると、住宅の欠陥が目立ち始めました。壁にひびが入る家もありました。湿気と寒さが招かれざる客として忍びこんできたのです。

何百年もの間使いなれてきた型のストーブだと、太い薪一本で朝まで家の中は暖かでした。でも新しい広い家はボイラーで暖房するので、燃料をうんと食います。しかも家屋の数が足りなかったので、単身者は一軒に同居させられました。そうするとおきまりの対立や衝突が生じます。

春が来て雪どけの後、放射能が流されたので村に帰れるといううわさが広がりました。高齢者たちは故郷が恋しくてがまんできなくなり、自分の意思で帰ってきたのです。私たちはもう二度とオパチチ村を離れるつもりはありません。年寄りには家を離れて暮らすのは放射線より悪いことです(2)」

事故発生から今日まで二年間に、避難民のために全体で二万一〇〇〇戸以上の住宅と約八〇〇の社会・生活・文化施設が建設された(3)。そのうち白ロシア共和国だけを取ると、九七七〇戸の一戸建て住宅が建てられている(4)。こうして全体の数字だけを見ている限り、避難民が実際にそれらの家々でどんな思いを抱きながら、どんな生活を送っているのかを知ることはできない。

避難民の住宅事情にこだわったのは、そこにかれらの新しい土地での生活のありようが凝縮されているように思えたからである。しかし、苦痛と忍耐を強いられたのは避難民だけではなかった。三〇キロ・ゾーンの内側に残った人たちの心の中にも、鬱屈した思いが溜まりつつある。それを見落とすことはできない。

〔注〕

（1）ソビエツカヤ・ベロルシヤ　87・6・15

（2）NFU　88・№18

（3）日刊APNプレスニュース　88・4・22

（4）プラウダ　88・4・22

第17章　三〇キロ・ゾーンの内側で

畑に出る時は……

三〇キロ・ゾーンの内部にも人が暮らしている。いったんは避難したが汚染が高くないことがわかった場所には、妊婦や乳幼児を除いて、村民が帰ってきたのである。政府はこうした場所を「特別配慮地帯」に指定し、除染、保健、福祉の面で特別の配慮を示すことを決めた。しかし、現実にものごとはそんなにうまく運んでいない。事故からすでに一年と三カ月が過ぎた時点で、この地域にどんな問題が起こっているのか、白ロシア国営ベルタ通信社のレーヴィン記者が以下のように報告している。

〈三〇キロ・ゾーンの内部では森林に通じる道路の脇に、「とまれ、危険地帯」の標識が立っている。道の両側の畑には水が溢れていた。プリピャチ川を汚染しないようにするため、土地改良用の排水ポンプの電源を切ってあるのだ。水の中では小鳥たちがわがもの顔で泳いでいる。

三〇キロ・ゾーンに入るゴメリ州ブラーギン地区では、四二集落の住民が避難したが、そのうち一二集落に住民が帰ってきた。この帰村は放射線の状態をくまなく詳細に調べ、住民の健康にとって危険がないことを確かめた上で決められた。だからといって何の問題も存在しないというわけではない。〉

グデニ村からチェルノブイリ原発までは直線距離でわずか一八キロ。ここでは集団農場がすでに活動していた。

村執行委員会のセトコ議長の話――

「七五〇人の避難民のうち五〇一人が帰ってきました。すべて最初からやり直さねばなりません。困っているのは、プリピャチ川、ドニエプル川の汚染防止対策が取られた結果、地下水の水位がうんと上がったことです。井戸を使うことができなくなったので、大至急水道を敷かねばなりません。

そのための資金が支出されました。けれども金だけで水道ができるわけではありません。全長一二〇キロ分の水道管が必要です。それをたった一台の車で運んだのです。それ以上車をくれないので、どうしようもありません。

幼稚園、浴場、洗濯場、商店、薬局、助産婦詰所を新しく建てています。クラブ、商店、食堂の大改修も始めました。まわりには森林があるというのに、そこの木を使ってはいけないと言われています。建築資材は三〇〇キロもの遠方から運んでいるありさまです。機械も足りません。気密室付きのトラクター三台、トラック三台が必要です」

トラクター運転手のマツァプーラ、機械係のシュリガ、搾乳係のパルホメンコなどは、休む時間も惜しんで働いている。夏の間に学校の建築を完了して、秋には子どもたちを通わせたい。

村人が帰ってきてから、三人のグデニっ子が誕生した。村の近くに立入り禁止地帯がある。その入口には見なれない放射線防護服を着た警官が立ち、自動車交通監視官も目を光らせている。

テールマン集団農場のラドチェンコ運転手の話——

「農場ではいま穀物の貯蔵に追われています。事故前にくらべて仕事のやり方がいろいろな点で変わりました。畑に出る時はいつも線量計を手から離さないようにしています。乾草の束を一つずつ検査するのです。仕事中は放射能防護マスクを着けます。牧場には埃がいっぱいあるからです。ただ、二五度の気温の中であのマスクを着けてみて下さい。二十分以上がまんできる人がいるでしょうか」

テールマン農場でも、土はいまなお強い放射線を出し続けている。テールマン農場の事務所の庭には、バラがきれいに咲いている。放射線測定員がその根元の土にカウンターを近づけると、針が急角度に傾いた。「ここではバラはこんなに強くにおうんですよ」と事務所の人が言った。

機械運転員ゲルメリの話——

「私たちはミンスクのトラクター工場に、気密運転室付きのトラクターの製造を急ぐように要請しました。このテールマン農場ではすでに何台かの試作車の実験が行なわれました。しかし、それらを引き上げた後、待ちぼうけを食わされています。

ですから農場に出る時には、放射線防護のあらゆる準備をしなければなりません。必ず防護マスクを着け、衣服は何回も替えるように言われていますが、なかなかそのとおりにできないこともありますよ。暑くてたまらないので、運転室の囲いを取りはずして乗っている者もいますよ。困ったものですが。だから私たちは気密室付きのトラクターを一日千秋の思いで待っているのですが……」(1)

特別配慮地帯の現実

ゴメリ州南端のブラーギン地区は、チェルノブイリ原発事故を境に、人口が三万九〇〇〇人から二万四〇〇〇人に減った。他の地区へ移住、転出した人の数がその差になったのだ。ブラーギン地区にとって悪いことに、転出者の中には多数の専門職が含まれている。教師、医療要員、商業機関要員が不足している。

トレチャコフ医師(ブラーギン地区医長)の話——

「いちばん頭が痛いのは医療要員がいないことです。地区内の医療要員はわずか六〇パーセントしか確保できていません。小児科、内科、伝染病科、皮膚科の専門医はいないのです。たとえいまのように十二時間勤務制を続けるとしても、やはり穴を埋めることはできません。四〇人の医師が必要なのです。中級医療員の数も足りません。今年この地区に配属される一三人の薬局員のうち、着任したのは七人だけです。

四人の内科医、一人の小児科医がこの地区に派遣されることになっていましたが、これまでのところまだ一人も来ていません。ある皮膚科医は支援のためにブラーギンへの出張を命じられました。しかし、かれは申し訳程度にここへ来ただけで、すぐに姿を消してしまいました。かれはいまゴメリ市の皮膚科診療所にいるそうです」

医師の赴任拒否である。同じような例が増えている。医大を卒業したばかりの成りたての医師も、この地区に来たがらない。

グロドゥノ医大を卒業した産婦人科専門の女医は、ブラーギン地区での勤務を希望していた。それなのに、どういうわけかかの女は別の地区へ配置されてしまった。主任医師は警察を通じてかの女の行方を探し、かの女の赴任を求めた。しかし、警察からの返事は、両親がブラーギンへの赴任を強く止めたので、ここへは来ないということだった。

一九八六年にグロドゥノ医大の卒業生のうち、五人の外科医がブラーギンに割り当てられたが、着任したのは一人だけだった。仕方がないので、州保健部は輪番方式で医者を送ってくる。正直なところ、送られてくるのは決して良い専門医とは言えない。それに輪番方式はあるべき医療行為になじみがたい。

昔のロシアに地方巡回医がいたという話が残っている。かれらは天然痘、ペスト、その他の恐ろしい病気を根絶するため、骨身を惜しまずに献身した。人間としての良心がかれらを動かしたのだった。だがいまでは放射線という目に見えない壁が、医師たちの前に立ちはだかっている。医師たちは言うだろう、自分たちにも赴任地を選ぶ権利はあるのだと。三〇キロ・ゾーンへの赴任を拒否する自分たちを責める権利を、誰が持っているのかと。

問題は医師だけではない。ブラーギン地区では教師の数も不足している。

スカチョフ教育部長の話――

「私はゴメリ大学に新卒の教員をブラーギン地区に配置してもらうよう、頼みに行きました。新卒者としては考えられる最高の条件を用意しました。私たちの地区では六五人もの教員が不足していることを言い、お願いし、説得し、最後には悲痛な気もちで訴えました。どうかブラーギンの子どもたちを見捨てないで下さいと。

でも相手の方は口を開きません。目も死んだままでした。卒業生にもじかに会って訴えました。しかし、ブラーギンに行くと言った卒業生は一人もいなかった。共産主義青年同盟の幹部さえ、私たちの訴えに無関心な態度でした」

その後、白ロシア国立大学、ミンスク教育大学の卒業生がブラーギンへの赴任に同意した。だが六五の空席のうち、埋められたのは二八にすぎない。

ロエフ教育専門学校の卒業生でブラーギンに配属された者は、全員到着した。モズイリ教育大学は一般技術科の教師八名の派遣を要求されたが、実際に着任したのは一名だけだった(2)。

ここでもまたどれほど聖職意識に刺激を加えようとしても、放射能に対する恐怖心には勝てなかったことが、事実で示されている。事故から二年の歳月が過ぎたブラーギン地区では、状況はいまもほとんど変わっていない。パンチク医師（ブラーギン地区中央病院医長代行）は語る。

「この地区の医師の定員は五〇人ですが、現在は二一人しかいません。これでは住民の診察もできなければ、患者の治療もできません。過去二年間に三四人の医師が去っていきました。その半分はこっそりと逃げ出した人たちです。深刻な問題ですよ(3)」

ブラーギン地区の人たちは、事故の直後にソ連各地から寄せられた同情と支援に心から感謝している。しかし、他人の痛みに対する関心は時間とともに冷めていくものだ。政府機関の熱意についても同じことが言える。

「特別配慮地帯の住民は特別の配慮を受けてるなんて感じてませんよ。うそだと思うなら、ここに来て住んでみなさい」

こう吐き出すように言ったのは、党ブラーギン地区委員会のブィネヴィチ宣伝部長である。

確かにかれの言うとおりだ。地区中心地の食堂で長い行列ができている。中で働いているのは年金生活者たちだった。もう一軒の食堂はドアを閉じて、誰も働いていない。

ブラーギンの食堂のメニューはいつもいつも缶づめ料理ばかりで、みんなはもううんざりしている。白ロシア協同組合連合はここに豚肉や野菜や果物、それに牛乳を送ってよこすかわりに、やれ視察だ調査だといって委員ばかり送ってよこす、と評判が悪い。

ブラーギン地区は水が豊かなポレーシエにあるにもかかわらず、チェルノブイリ事故以前から、良質の飲料水の確保が難しい土地だった。日常は鉱泉水でまかなっていたが、この二カ月ほどその運送がとだえてしまった。鉱泉が涸れてしまったという話だ。

女性たちの仕事量が事故以前にくらべてうんと増えている。つまり乳幼児につきそって避難した母親たち、逃げ出した人たちの仕事が回ってきたからだ。集団農場で働き、家事をこなし、その上休日の奉仕労働に参加することもある。とくに女医、看護婦、保健婦たちの負担は大きい。

放射能汚染を少しでも減らすために、この地区では農場のすぐそばに野外浴場、洗濯場、シャワーを設置する必要がある。だがそれは言われるだけで、なかなか実行に移されていない。それを作るのに必要な資材を入手できないからだ。政府の住宅省に問い合わせると「自力で解決して下さい」という返事だった。

もう一つだけ問題をあげると、学校用の燃料不足がある。まわりは森林だらけだというのに、薪にして燃やすことは禁じられている。薪のかわりに、ドンバス炭田から石炭が送られているが、半分は鉱滓がまじっていて、質は悪い。こうした燃料でも量が足りなくて、必要量を八〇パーセントしか満たしていない。燃料が必要になる秋口までに、何とかしなければならないと関係機関は焦っている。

レーヴィン記者は取材の感想を語る。

〈ブラーギンの特別配慮地帯を取材したが、あの事故から一年余り、いまでは「他人の痛みはないも同然」ということをつくづく感じます。こうした状態に平然としていられるのは、冷たい官僚主義者たちだけでしょう。かれらに関心があるのは、生きている人間の運命ではなくて、書類上の報告と数字だけなのです。

必要な人手を補うために、教師、医師、商業部門にボランティアの参加を求めよう、という意見も出されています。短期間ならそれもいいかもしれません。現在この地区では極北地勤務なみの給与が支払われています。それに釣られた一時的寄生者でなく、熱意をもって来てくれる人が望まれています。[4]〉

二年後もなお

「特別配慮地帯」の専門家不足の問題はその後解決されないまま、事故から二年後の今日もなお続いている。『ソビエツカヤ・ベロルシヤ』紙のボリセンコ記者は、ゴメリ州ホイニキから現状を次のように伝えている。

〈現在この地区では医師の数が定数を大きく下回っている。不足数は内科医一一人、小児科医六人、外科医三人、心臓病専門医三人、消化器科医三人、麻酔医二人、その他九人、計三七人である。今年度、ホイニキ地区は保健省に対して医師三九人の派遣を申請した。それに対して保健省は二二人の配分を約束した。しかし、これまで実際に赴任してきたのは八人に過ぎない。残りの一四人が果たして実際に来るかどうか、地区のタラセヴィチ医長は危惧している。人数が足りないのは医師だけではない。薬剤師は定員も割っている。

今年の二月、ホイニキ地区から保健省に人員派遣を強く要請する手紙が出された。間もなく「要請状をゴメリ州保健局に転送しました」という返事が保健省から届いた。「ゴメリ州保健局長がホイニキ地区の要請を満たす措置を取り、その結果を保健省に報告すること」という書類の写しが添付されていた。

州保健局長が保健省にどんな報告をしたのかつまびらかでないが、保健省から再度地区に送られてきた返事の中身は、かんばしいものではなかった。

「一九八八年の新任医師および薬剤師のうち、三三七人がゴメリ州に配置され、州保健局はうち一三人をホイニキ地区に派遣する予定です。

ただし次のことをお伝えしておきます。若い専門家たちの一部に任地変更を申し出る傾向がありますが、その主な理由として、快適な住居がなかなか支給されないことが挙げられています。伝えられるところ、貴地区では目下六人の医師と一五人の専門技能者が自宅を所有していないそうです」

この返事を読んで、地区と市の責任者は肩をすくめた。いまこの地区には十分ではないが、空家があるにはある。それに地区機関は移住した人たちの家を買い上げた。赴任してくる専門家に住宅を提供する用意はできている。住宅云々とは三〇キロ・ゾーン内部への赴任を回避し、任地変更を申請するための口実に過ぎないのではないか……。〉

最後にボリセンコ記者は書いている。

〈時間とともにチェルノブイリ原発事故の被災地区の状況に対する感覚は麻痺している。これは驚くべきことではないのかも知れない。というのは、状況は正常化の一途をたどってきたからだ。もちろん、喜ばしいことでもある。しかし、何の不安もなく生活できるように、思いやりを示してくれることを願っている人たちがいることもまた事実である。(5)〉

レーヴィン、ボリセンコ両記者の白ロシア南部からの報告の紹介は、ここで止めることにする。これらの報告を読むと、原子力発電所事故の傷あとが、人びとの生活の中に深く長く残り続けていることをまざまざと思い知らされる。三〇キロ・ゾーン内の故郷に帰ってきた人たちの、放射能の脅威に対する無知を笑うことはやさしい。けれどもかれらにはやむにやまれぬ望郷の念があったのだろう。それはまた人間にとって一番自然な感情でもある。

他方、高い専門教育を受け、長い未来を待ち、結婚し、次の世代を産んでいく若い人たちが、理性的に、また本能的に、放射能の危険から自分を守ろうとするのを、誰が責められるだろうか。チェルノブイリの事故がなければ、この若者たちは美しいポレーシエへの赴任を拒否したりはしなかっただろう。原発事故は人間と人間のつながりを引き裂き、人間の思いを踏みにじった。ここに目に見えない放射能のもう一つの暴力があり、もう一つの恐怖がある。

〔注〕

(1) ソビエツカヤ・ベロルシヤ 87・7・29
(2) ソビエツカヤ・ベロルシヤ 87・7・30
(3) プラウダ 88・4・22
(4) ソビエツカヤ・ベロルシヤ 87・7・31
(5) ソビエツカヤ・ベロルシヤ 88・5・6

第18章　ホイニキの住民集会

消えない不安

災害の記憶や傷あとは時間の経過とともに癒やされるものだが、チェルノブイリ原発事故の場合はそうはいかない。時間とともに不安は薄らぐどころか、かえってそれはつのっていく。事故からすでに一年を経た一九八七年四月、ゴメリ州各地で住民集会が開かれた。これらの集会には延べ一万人を超える参加者があった。白ロシア国営ベルタ通信のクルィジャノフスキー記者はホイニキ市での集会の模様を伝えている。

〈チェルノブイリ原発事故からほぼ一年が過ぎた。暴走した原子炉は石棺の下に確実に封じ込められた。数千ヘクタールの畑、何十もの集落で放射能汚染が除かれた。生活は日常の流れに復帰した。

けれども依然として一つのことが心を揺さぶる。すなわち、事故の被害地に住む人たちの健康に心配はないのか、ということだ。この国のすぐれた医師や放射線学者などから成るソ連保健省の作業チームは、この問題に説得力のある回答を与えなければならない。同チームは白ロシア共和国保健省、白ロシア共産党ゴメリ州委員会の要請に応えて、放射線を被曝したゴメリ州民の健康状態を詳細に調査した。医師団はその調査結果を住民に報告した。これらの報告会には一万人を超える人びとが参集した。〉

この記事の中で注意すべき点は、白ロシア共和国の住民の不安をおさめるために、事故から一年たった時点で、ソ連保健省チームが乗り出したことだ。それも白ロシア共和国政府と共産党現地機関の要求で、やむなく引き出された形においてである。このことは、白ロシア共和国政府レベルの権威では、住民の不安を解消する説得力を持ち得ないことを物語っているのかもしれない。ベルタ通信記者の報告は続く――。

〈ホイニキ地区文化の家は人で溢れていた。この町の住民だけでなく、遠くや近くの村々、他の諸地区からも人が来ていた。ここで話される問題にみんなの関心が集まっていたのだ。それだけでなく、さまざまな噂がこの地区中をひとり歩きしていた。現地の実態を調査した専門家たちが、果たしてどんなことを言うのだろうか。

舞台の上に調査委員会のメンバーが並んだ。白ロシア保健省コンドルーセフ次官、白ロシア科学アカデミー生物理学研究所副所長ゴルデーエフ教授、全ソ母子保健研究センター所長クラコフ教授、ソ連医学アカデミー栄養研究所副所長トゥテリャン教授、白ロシア輸血研究所臨床血液学部長ラキチャンスカヤ教授、内分泌学者マトヴェエンコ教授といった顔ぶれである。〉

政府保健チームの安全宣言

ゴルデーエフ教授――

「話し合いを始める前に少しだけ回り道をすることを許して下さい。実は皆さんのホイニキ地区で仕事をしてみて、住民の方たちがわれわれ医師に対して不信感を持っておられることを感じました。われわれに投げかけられた質問の中に、それをはっきりと見ることができます。住民の感情は理解できるし、医師として弁解することもできます。本当のことを言えば、今回の事故がいかなる影響をもたらすのか、われわれにも十分明らかでなかったのです。人びとを不安にさせているような問題に対する医師からの舌足らずの返答が、うわさや憶測を生む原因となりました。

事故直後、その処理に参加した者たちは、大別して二つの分野に分かれました。第一の分野の任務は、事故の影響が原発の内部から外へ拡大するのをできるだけ防止すること、そして第二は現地住民の健康に完全な安全を保証する条件を準備することでした。ソ連科学はその課題に取り組みました。事故の直後から、一般住民の間で放射線症の事例は一件も記録されていません。そして現在われわれとしましては、今後放射線症が現われることはないものと確信しています。

事故後一年間、放射線が許容水準を超えた場所はどこにもありません。私自身、放射線医学の専門家として、毎年のように放射線を浴びてきました。この基準は外部被曝と内部被曝の二つの線量から成っています。放射線の外部作用は弱くて長続きせず、事故後最初の二カ月で終わりました。その時に受けた線量は、人が一度レントゲン透視を受ける時に浴びる量とほぼ同じでした。

放射線の内部作用について言えば、たとえば製品の放射能汚染許容水準が、ソ連保健省衛生疫学管理局によって確定されています。これによって人の健康は完全に保障されているのです。しかも、各地で配給されている毎日の食料の大部分は、外部から移入された絶対に汚染されていないものです。

ここで言っておきたいのですが、キューリー夫人が活躍していた時代以来、通常の何倍多くの放射線を浴びれば、人体や子孫の体に何らかの変化が現われるのか、正確なことが科学的にも明らかになっていなかったのです。

しかも、チェルノブイリ原発事故後一年間、ゴメリ州内の状況と医学的調査の結果を考慮すれば、すでに現時点でホイニキ地区はもとより、危険区域に隣接する諸地区においても、事故後二年目に予想される被曝線量のレベルは、いちじるしく低くなると言うことができます」

クラコフ教授――

「専門家たちは一九八四年から八七年までに生まれた新生児とその母親の数千枚にのぼるカルテを調べました。また事実上すべての妊婦についての検査も行ないました。チェルノブイリの事故の前もまたその後においても、何ら特別の変化は見られませんでした。

われわれが検査したほとんどすべての母親と妊婦が、医師に次のことを質問しました。『ゴメリ州で児童の死亡率が高まったというのは本当でしょうか?』いいえ、そんなことはウソです。白ロシア全域においても、またわれわれが調査した諸地区においても、子どもの死亡率と発病率はソ連全体の平均を大幅に下回っています」

トゥテリャン教授——

「専門家たちが調査した諸地区においては、ビタミン類の不足が目立ちました。住民のほぼ半数のビタミン・レベルが通常の五〇パーセント以下です。もちろん、春季におけるビタミンの不足は、モスクワでもミンスクでも、その他の都市や農村でも、いたるところの住民に見られることで、そのための必要な対策は簡単です。一番いいのは果物と野菜の摂取量を増やすことです。強力ビタミン剤の服用も効果があるでしょう。ウンデビーダまたはヘクサビーダを一日に一錠、それが基準です。子どもの場合は一日おきに一錠で十分です。

われわれの調査が示したところでは、多くの住民が肉、乳製品の摂取を控えてきました。それらの人びとは蛋白質の摂取量が減ったため、体力の低下が生じています。私は医師として確信をもって申し上げますが、放射線管理制度によって、汚染されていない食品だけが販売を許されているのです。ですから肉や乳製品の摂取を制限する必要などありません」

マトヴェエンコ教授——

「内分泌学の専門家たちは、甲状腺その他の内分泌腺の検査をしました。一万人以上が検査を受けました。放射線の影響を受けた人は一人も発見されませんでした。われわれはホイニキ地区と非汚染区域にあるペトリコフ地区とを比較してみたのです。両地区とも甲状腺肥大の件数は同一でした。

この病気、つまり風土病としてのるいれきは、白ロシアにおいてはすでに二十年前に指摘されています。それは白ロシアの土壌に沃度分が不足していることと関連があります。したがいまして、甲状腺分泌が高い人に対して、われわれは治療を指示しました。一般的な状況下であれば、こうした患者たちに関心を払ったりしないでしょう。

かれらに対する勧告としては、週に二回、魚とカラスムギのかゆを食べること、また沃度分の豊富な〝灰色の〟塩を摂ることが望ましい。主婦たちの大部分は白い塩を好むものですが。

子どもたちの健康状態も調べたのですが、幼稚園や学校で給食を食べている者には、甲状腺肥大の件数が少ないことがわかりました」

ラキチャンスカヤ教授――

「血液学の専門家たちは、事故区域に隣接する諸地区と、対照のペトリコフ地区で、一万四〇〇〇人を調べました。しかし、双方の間に大きなちがいは現われていません。放射線病の可能性は完全に除かれています。

われわれが出会わざるを得なかった白血病のケースは、主として職業柄、毒物と接することが多い仕事、それに関節、肝臓、肺などの病気を治療するための医薬品の過剰服用によるものでした。それらはすべて、事故以前から病院のカルテに記録されていたものです。それ以外に、これまでの放射線の上昇によると思われる血液中の変化はありませんでした」

コンドルーセフ次官――

「これほどの代表的な医学者のチームが白ロシアで活動したのは初めてのことです。これまで話された方たちのほかに、次の方々も調査に参加されました。ザイチェンコ・ソ連国家衛生副総監、ソ連保健省生物理学研究所実験室長クニシニコフ教授、ソ連医学アカデミー小児科学研究所次長コシェリ教授、その他多数のソ連のすぐれた学者たちです。

住民の健康状態についてきわめて詳細な医学的調査を実施しましたが、その結果いかなる異常も生じていないことを、今日われわれは満足しながら強調したいと思います。ゴメリ州住民の全体的な公衆保健指導計画にしたがって、必要な配慮が払われたことを報告しておきます」

この後、聴衆とゴルデーエフ教授との間で一問一答が行なわれた。

問　米国のロバート・ゲイル博士はテレビを通じて、二〇〇〇年までに少量の放射能により何千人もが死ぬだろうと語っていました。かれが言ったことは本当なのでしょうか？　そのほかに、事故によるどのような医学的、生物学的影響を予期しなければならないのでしょうか？

ゴルデーエフ　私はゲイル氏を知っています。この医学者の口からあのようなことばを聞いた時に驚いたものです。少量の放射線被曝が人体に貧血、腫瘍、その他いかなる異常をもたらすのか、世界のどの国の学者もまだ実験データを持っていません。ホイニキおよび三〇キロ・ゾーンに隣接する諸地区の住民にとって、いかなる影響もないでしょう。

問　ホイニキとミンスクでは、放射線のバックグラウンドにどれくらいのちがいがあるのでしょうか？

ゴルデーエフ　ちがいはありません。

問　積雪期間中はもちろんバックグラウンドが高くなることはないと思います。でも融雪後はいかがでしょうか？

ゴルデーエフ　雪が放射線を遮蔽するのは一〇〜一五パーセント程度だと思います。春の増水以後、個々の地点ではバックグラウンドが変化することがありますが、しかし、それでもその変動幅は許容水準の範囲内でしょう。

問 私たち自身と子どもたちの健康について完全な保証があるのでしょうか？

ゴルデーエフ はい、あります。私はそれについてすでに申しました。ただし、そのためには医師のあらゆる勧告をきびしく守ることが必要です。(1)

まじめくさった道化役

住民集会の記録はこれで終わる。一読して明らかなように、この記録は一方の当事者である政府側にとって都合のいいように編集されている。言いかえれば、ソ連保健省が主張したいことを伝えるように構成され、その分だけ住民側の質問や疑念、反論は整理（カット）されている。しかし、それにもかかわらずチェルノブイリ後のソ連の公表資料の中では、これは驚くほど率直に事実を伝えたものであると言わざるを得ない。

なぜなら、第一にこれは、住民の不安がいかに強いかを隠していない。そのことはすでに述べた。第二に、最高の医学者と言われる人たちが、原発事故という状況の下でいかなる役割を負わされるかを、この記事はまざまざと示している。たとえばゴルデーエフ教授の発言を見るとよい。かれは放射能汚染の冷厳な真実を伝えることで住民に自己防衛の気もちを持たせ、あわせて政府、医療機関の責任を強調するよりは、むしろことばのトリックで住民の不安と警戒心を武装解除し、結果として根拠のない楽観的気分をふりまいている。かれの発言が科学的な装いをこらした政策的発言であることは、原子力について最低の知識を持っている人には明らかだろう。

そのほかトゥテリャン教授のビタミン不足説、マトヴェエンコ教授のるいれき＝風土病説（放射性ヨウ素の甲状腺への影響を、るいれきにすりかえる）も、よくある手口である。トゥテリャン教授は果物と野菜の摂取を増やすことを勧告しているが、当時白ロシア南部で、放射能汚染されていない多量の新鮮な果物や野菜をどこで手に入れたらよかったのか。

ここに名前が出た有数の医学者たちが本心から状況に楽天的であるとすれば、それはかれらの無知と無責任さを示すだけのものだし、真実を隠して故意にそうふるまっているのだとしたら、それは医師、専門家として犯罪的な行為であるとしか言いようがない。そういうことを読者に考えさせるだけでも、この記事は重要である。

ここに強烈な国家意思の下で、あやつり人形のように指示された役割を演じる知識人の悲劇を見る。しかし、これは単にソ連だけのことにとどまらないだろう。もし日本で同じ事態が生じたと仮定するならば、多くの専門家は同じように、まじめくさった道化役を演じるにちがいない。そのことはすでに過去の公害事件において経験ずみである。人間の道具化、機械化がいまや東西の政治体制のちがいを超えて、巨大技術文明の下での共通項になっていることをまざまざと見る思いがする。

〔注〕

（1）ソビエツカヤ・ベロルシヤ　87・4・14

第19章　埋葬されたカメラ

シェフチェンコ監督の死

一九八七年五月二十九日、モスクワ発共同電は映画監督シェフチェンコの死を報じた。

同電によれば、かれは放射線障害によって二カ月前に死亡していたことを、週刊紙『ニェジェーリャ』の最新号が明らかにした。シェフチェンコとともに撮影に当たった二人のカメラマンも入院中だという。

「この映画フィルムは放射線で汚染され、画面が白くぼやけるほどすさまじいもので、評判になっていた。モスクワでは公開されたことがなく、このほどグルジア共和国のトビリシで開かれた映画祭で大きなショックを与えた」と共同通信特派員は書いている(1)。

シェフチェンコ監督とウクライナ記録映画製作所の撮影チームは、一九八六年五月から八月までの間チェルノブイリに連絡事務所を置き、そこに住みついて取材に当たった。シェフチェンコ監督、カメラマンのクリプチェンコとタランチェンコ、その他であった。かれらが撮影した記録映画『チェルノブイリ・困難な日々の記録』は、どれほど大きな危険を冒してこのフィルムが誕生したかを、なまなましく示している。

寒々とした家々、打ち捨てられた家財道具、人っ子ひとりいない村々。人や物を満載した車、チェルノブイリの方へ向かう車の長い列。事故炉の真下に冷却用土台を設けるため、三〇度の暑さの中でトンネルを掘るドネツ炭坑から来た男たち。

目に見えない放射能を浴びた草や木。木には果物がたわわに実っているのに、誰ひとりそれを摘もうとしない。自動車の墓場――ひどく汚染されたため、もう二度と使えなくなった車、車、車。

この映画のフィルムの中には、最初、製作所側が欠陥部分だといって使用を拒否した部分が含まれていた。後でわかったのだが、それは放射能がフィルムの上に落ちて、感光した部分だった。言うなればそれは、フィルムがとらえた放射線の〝顔〟であった。

チームが写した二万メートルのフィルムから、上映用に編集されたのは一五〇〇メートルだけだった。取材には莫大な費用がかかった。監督とカメラマンたちは、記録映画のために重要な場面を撮ろうと、事故炉のすぐそばまで接近した。フィルムのサウンドには、原子炉上空の至近距離で、ヘリコプターを静止させようとして、ひるむパイロットをまるで怒るように激励するシェフチェンコの声が残っている。

しかし、共同電も伝えていたように、この記録映画の公開上映は容易ではなかった。八六年秋には映画の上映準備は完了していた。にもかかわらず、プレミア・ショウがやっと実現したのは、何カ月もたってからのことだった。これについて、記録映画監督ジェンマ・フィルソワは、「この映画の上映を妨害している目に見えない何者かの存在」を、怒りをこめて非難している。(2)

この映画の上映が遅れているのは、ソ連の内部にチェルノブイリを忘却の彼方に追いやろうとする力が作用していることを意味するものである。

真実を知らせるために

ナレーションの原稿を書いたマリシェフスキーは、シェフチェンコの同僚であり、親しい友人でもあった。かれはありし日の友のことを以下のように回想している。

〈シェフチェンコは難しいことばでしゃべりたがる評論家や映画通を相手にする時は、よくこう言ったものだ。

「ごめん、ごめん、おれは百姓なんでね、そんなむつかしいことは知らないんだよ。かんべんしてくれよ」

それはかれの逃げ口上で、本当はかれは農業大学と映画大学の二つの学位を持っていた。

映画畑に移る前、かれはアルタイ山地の処女地開発の国営農場で主任農業技師として働いていた。

その経験はかれの気性、ふるまい方に影響を残している。編集室に何日もとじこもり、寝食を忘れて仕事に熱中しているかれをとがめる人がいると、いつでもこう答えたものだ。

「ねえおじさん、おれはいなか者なんだ。そんなにきゃしゃにできてはいないよ」

八六年九月の初め、土曜の夕方だった。夕刻から夜半にかけて、かれはチェルノブイリのフィルムを見るのに熱中していた。画面にどんなサウンドをつけたらいいのかを考えていたのだ。

事故現場の非常に危険な場所で人びとが働いている。その画面に放射線測定器のカチカチと鳴る音をかぶせる。他のシーンではその測定音を音楽とミックスする。それがかれのアイデアだった。

「サウンドトラックの主題は何ですか？〝放射能の声〟というのはどうですか」

私は提案した。するとシェフチェンコは椅子からとび上がって叫んだ。

「それだ！　放射能の声だ。そいつを忘れるな」

シェフチェンコは何度もフィルムを巻き直しながら、作品をチェックする。音量を最大にしたまま早送りするので、虫の鳴声のようにチュウチュウという音になる。これ以上速くするとやばいぞという危険信号なのだ。

かれはまた熱を出している。隣室で自分のフィルムをカットしている奥さんのために、窓から体温計を投げた。

「ねえ、おれは秘密を写しちゃったんだ。おじさん、こいつを見て、考えてくれんかね。ここで何か欲しいんだが、これを入れるわけにはいかんのだ……」

かなり長いフィルムが、技術管理部から使用禁止処分を受け、クズ箱行きになった。ヘリコプターから四号炉を写した場面だ。露出オーバーで白い斑点が見える。放射能の跡である。フィルム、カメラ、ヘリ、そして当然のことだが、カメラマンだって汚染されたはずだ。

私たちはその場面を繰り返し見た。どうすればいいか、わからない。午前三時、シェフチェンコは編集室に残った。熱が三八度以下の時は自分の体を酷使する。私は家に帰った。

翌朝、私は編集室にかけつけた。結論はあのフィルムを生かすこと。斑点で白くぼけた場面を見せ、音量を重ねる。

「これは欠陥フィルムではありません。これこそが目に見える放射能の映像なのです。ごらん下さい」

この場面の直前に、測定器のカチカチと鳴る音を入れる。それでいける。映像、ことば、音。三拍子そろって情感は最高潮に達する。

「目に見えないのに死をもたらす敵——放射能。厚い鉄板のうしろに置いた測定器の針をはね上げ、人の体の中でも汚染は続く。においも色も音もない。その実像がこれです」

この映画の上映中、ガイガー・カウンターの不気味な、機関銃の発射音に似た音とともに、放射線の跡を見て、観衆は大きな衝撃を受けたのだった(3)。〉

シェフチェンコの死の報が届いた日、生前かれと親交のあった作家ポズドニャコヴァは筆を取り、追悼の文を草した。

〈悲しい知らせが届いた。シェフチェンコ監督が死んだ。創造力の盛りの時にかれは世を去った。思えばシェフチェンコとその仲間たちは、チェルノブイリ原発事故に続く緊張に満ちた日々、他のあらゆる仕事を放棄し、同時代人たちに真実を語り伝えるという、ただそのことだけのために全力を集中した。かれらは年代記の作者であり、歴史の証人であり、たたかう人たちだった。

それらの日々の緊張が、シェフチェンコの健康を害した。かれは病床に倒れ、高熱に苦しんだにもかかわらず、フィルムの編集を続けた。チェルノブイリについて真実を知らせることが、いかに大切であるかを知っていたからだ。かれは死んだ。しかし、かれは人生で最も重要な行為を完成させたのだった。(4)〉

シェフチェンコ監督のチームが撮影に使ったカメラは、放射能汚染がひどくて除染不能とわかったため、土を深く掘って、その中に埋葬された。

〔注〕

（1）毎日新聞夕刊　87・5・30

（2）プラウダ・ウクライヌイ　87・4・3

（3）NFU　87・No.36

（4）前出、プラウダ・ウクライヌイ　87・4・3

〔参考図書〕

『チェルノブイリ・クライシス――史上最悪の原発事故PHOTO全記録』解説・広瀬隆、本文・奥原希行、撮影・V・シェフチェンコ、発行・竹書房

第20章　刑事裁判

判　決

一九八七年七月七日、チェルノブイリ市の「文化の家」でソ連最高裁判所特別法廷が開かれた。チェルノブイリ原子力発電所事故の刑事責任を審理する裁判である。

傍聴席には事故で亡くなった犠牲者の遺族、原発の労働者ら一六〇人の傍聴者がつめかけた。法廷に入る前に、白い上衣を着た放射線管理員が一人ひとりの衣服や靴に測定器をあてて検査した。かれらが発表したところでは、チェルノブイリ市内の環境放射線のレベルは〇・一ミリレントゲンで、事故前の通常値より四倍高いが、しかし、国際安全基準の枠内にあるという(1)。

裁判長席にはソ連最高裁判所のR・ブリゼ判事が着席した。

国家訴追人の席にいるのは、ソ連邦検事総長上級補佐官Y・シャドリン検事。

被告席には六人の被告が着席していた。

チェルノブイリ原発所長（事故当時）V・ブリュハーノフ。
同技師長N・フォーミン
同副技師長A・ジャトロフ
同当直主任V・ロゴーシキン
同原子炉職場長A・コヴァレンコ
国家原子力発電安全運転監視委員会検査官Y・ラウシキン
六人の被告のうち前所長、技師長、副技師長の三人はほぼ一年前から身柄を勾留されていたが、後の三人は裁判開始までゼリョーヌイムィス（緑の岬）に住み、原発で働いていた。
法廷内では人民陪席判事、弁護人、証人、傍聴人、取材報道関係者が所定の席に着いた。正面壇上にブリゼ裁判長と二人の判事、向かって左側が被告席、右側に検事と検察側証人が座る。五一歳のブリュハーノフ前所長はグレーのジャケットに青いオープンシャツ姿で、被告席にうつむいて座っていた。裁判長の人定尋問が始まると、かれは立ち上がり低い声で答えた。「私はチェルノブイリ原発で働いていました。所長でした」。かれはまた自分が十月革命勲章、労働赤旗勲章など、栄誉ある高い勲章の受勲者であることもつけ加えた(2)。
人定尋問に続いて、シャドリン検事が約二時間にわたり起訴状を朗読した。検事は一九八六年四月二十六日、チェルノブイリ原発第四ブロックで発生した事故の経過と被害状況を詳しく説明した。そして六人の被告はウクライナ共和国刑法二二〇条（死傷者や重大な結果をもたらした爆発物取り扱い施設における安全技術の規則違反）、同一六五条（職権濫用）、同一六七条（職務怠慢）の各条項に違反したことを明らかにした。起訴内容のきびしさからして、被告たちにかなり重い実刑が課されることが予想された。

この起訴理由に対して、ブリュハーノフ、フォーミン、ジャトロフ三被告は、事故に関する職務上の責任は認めたが、刑事上の責任を問われる理由はないと否定した。ラウシキンも無罪を主張した。(3)

開廷と閉廷の両日の法廷の模様は報道されたが、その間三週間にわたる一六回の審理の内容はほとんど外部に届いてこない（モスクワに駐在する外国人記者一〇人が取材を許可されたのは、この日と最終日の二日だけだった）。とりわけ興味のある被告人たちの陳述、反論は知りたくても知るすべがない。なぜこの裁判の内容を全公開しなかったのか。深い疑問が残る。部外者が知り得るのは判決だけであり、そこにいたる審理の過程は、これまでのところ部外秘とされている。

七月二十九日、ブリゼ裁判長は感情を抑えた単調な声で、一時間半にわたり判決趣旨を読み上げた。出廷者のすべてが判決文の朗読に耳を傾けた。

判決の要旨――

〈審理は三週間以上にわたって行なわれた。数十人の証人および被害者が証言し、証拠品、政府委員会の報告書、専門家の見解などが検討された。これらすべてのことは、事故の原因が何であったかをあらためて確信させ、事故の実情を再現し、被告らの罪を反論の余地なく証明するものであった。

ブリュハーノフ前所長は事故の主たる責任者の一人と認められた。かれは複雑な技術的構造を持つ発電所の指導者の立場にありながら、原発を確実かつ安全に運転し、勤務員に規則を遵守させることを怠った。この原発では以前から無統制、低生産性および作業規律の弛緩が生じていた。

技術上の指示に違反する事例もあったが、一連の違反行為は隠されることが多く、したがって反則を生んだ原因は除去されなかった。おたがいの間のきびしい規律の欠如、いいかげんさが、原発の指導部と専門家の一部に、反則を見逃したり、ものわかりがよすぎたり、注意をおろそかにするといった気風を育ててしまった。すべてこれらのことが、事故の起こる状態を生み発展させるのを早め、極限状況における職員の拙劣で優柔不断な行為をもたらしたのである。

ブリュハーノフは事故に直面してなすすべを知らず、しかも臆病風を吹かせ、事故の規模を局限する措置をとらず、要員や住民を放射能から守る対策を実行せず、放射線レベルのデータを故意に低めて報告し、結果として危険地帯からの適時の避難を妨げた。

法廷ではフォーミンとジャトロフによるいちじるしい職務義務軽視の事実が明らかにされた。運転要員の訓練に責任を負っているにもかかわらず、両人は必要な形でその訓練を組織せず、発電所要員に技術上の規律を守らせることができなかった。それだけでなく、かれら自身が職務規定違反の常習者であり、また監督機関の指示をしばしば無視した。

ブリュハーノフ、フォーミン、ジャトロフ、コヴァレンコは、第四発電ブロックの計画的修理を実施するに当たって、四号炉で実験を行なうことを決定したが、その実験を所定の手続きに合致させず、予定された実験のあらゆる特徴を分析せず、安全確保に関する必要な補強措置を採用しなかった。

事故現場において、勤務中の当直要員は状況に対応する用意ができていなかったことが明らかにされた。ロゴーシキンは実験を指導し、原子炉装置の活動を管理する任務を、自分勝手に放棄した。かれは事故の知らせを受けても、非常通報システムを作動させなかった。

ラウシキンの職務態度は、犯罪的なまでに投げやりだった。かれは原発の安全規則を実現する面で、原則的でねばり強い態度を取らなかった。

判決。

ブリュハーノフ、フォーミン、ジャトロフに対して、刑法がかれらの罪に課する最高の罰を適用し、十年間の自由剝奪、ロゴーシキンに同五年、コヴァレンコに同三年、ラウシキンに同二年を課す。

事故を起こした原子炉の構造を改善するための措置が適時に取られなかった事実に関する資料は、引き続き補足調査を実施するため刑事問題から分離し、個別関連生産部門に送付される。ソ連原子力発電省、国家原子力発電安全運転監視委員会に対しても特別の決定がなされた。(4)

この判決要旨*を伝えたタス通信は、最後に次のようなコメントを付記している。

〈終了した裁判は、チェルノブイリ原発事故の影響除去作業の全過程と同様に、複雑な現代技術の確実で安全な運用は、幹部たちの高い水準の規律、組織性、能力、責任感の下でのみ可能なことをあらためて示した。(5)〉

被告席のブリュハーノフ前所長はうなだれて判決の言い渡しを聞いた。フォーミン前技師長はときどき眼鏡をはずし、ハンカチで額の汗をぬぐった。テレビ・カメラ用のライトの中で汗が光った。判決主文が読まれた時、傍聴席にいた被告の家族のすすり泣きが静かな法廷に流れた。

*判決全文を入手できないため、断片的な報道を拾い集めるしかないが、『モスコフスキエ・ノーヴォスチ』紙は、次のように判決の一部を掲載している。

〈法律・技術専門家らの結論によれば、チェルノブイリ原発における技術上の規律の水準は、要求されるところに合致していなかった。同原発では技術規則の系統的な違反が頻発し、要員の落度によって発電所の運転が止まることも多くあった。違反の原因が発表されないこともあれば、真の原因が故意に隠されたこともあった。一九八〇～八六年の間に七一件の要調査規則違反があったが、うち二七件はまったく調査がなされなかった。設備のトラブルによる運転停止の多くの事実が、運転記録に記入されてさえいなかった。〉

〈いくつかの地点で放射線レベルが許容値を超えていることを知りながら、ブリュハーノフは個人的利害を考慮し、意図的にその事実を隠した。かれは自己の職務権限を悪用し、上部機関への報告の中で（漏出）放射線レベルを故意に低くした。事故の性格に関して正しい情報を提供しなかったため、原発の従業員と周辺地域の住民に被害を及ぼした。(6)〉

ロイター通信（87・7・29）によれば、ソ連政府スポークスマンはこの裁判に続き、原発の設計、建設における技術的欠陥の責任、プリピャチ市民の避難の遅れ、医学的対策および事故後の安全対策上の誤りなどの責任を問う、三つの審理が計画されることを明らかにした。(7)

裁判の反響

この裁判は傍聴者の間でどんな反響を呼んだだろうか。その記事もきわめて限られているが、幸いに『ニューズ・フロム・ウクライナ（NFU）』紙にそれがのっている。取材記者の感想もまじったその記事を紹介する。

〈奇妙なことに、疑問の余地のない評決の正しさにもかかわらず、記者は（記者だけではないが）この裁判に違和感をおぼえた。

　問題は被告たちがいずれも度しがたい犯罪人ではなく、かつてはそれぞれが専門家や管理者として信望を集めていた人たちだったことだ。かれらが職務上の功績に対して栄誉を与えられたのも、理由のないことではなかった。

　たとえば、ブリュハーノフ。かれは十月革命勲章と労働赤旗勲章を授与されている。フォーミンは諸民族友好勲章を、ジャトロフは労働赤旗勲章と名誉記章の受勲者である。

　ブリゼ裁判長がきびしい判決を言い渡した時、記者は一瞬思わず被告たちの表情に目を走らせた。かれらの表情に大きな変化は認められなかった。その平静さの理由は多分に心理的なものにあると信じる。第一にかれらは裁判の過程を通じて、その結果を予期していたことである。第二には、たとえ自分たちの罪の深さを十分に理解していないとしても、少なくとも判決を当然の成行きとして受け入れたのだと言えよう。

　これらの人物が、高い技能によって重要な仕事をまかされた専門家のレベルから、悲劇をともなった重大な罪を犯すところまで転落した原因はどこにあるのだろうか。その原因が倫理の分野にあること、倫理性の低さにあることはまちがいない。より正確に言うならば、ついこの間まで続いてきた「停滞期」に存在していた生産および人間関係に典型的に見られた倫理性の低さである。

　ブリュハーノフは事故発生後十日目の朝、放射線レベルのデータを過小評価して連絡した。これはものごとの実態を隠し、体裁をつくろい、事実をねじ曲げる、根深い悪習の継続にほかならない。

　しかもかれは、法廷で明らかにされたように、今回の事故よりはるか以前から、重大な運転規則違反をたびたび握りつぶしてきた。そうしたやり方が何ごとも起こさずに続いてきたが、しかし、臭いものにふた式の習慣は、原発の管理者たちにもまた要員にも、しだいにものごとは何とかおさまるところにおさまるものだという仕事の仕方を植えつける結果になった。

審理の過程で明らかになったことだが、今回の事故の何年か前、国家原子力発電安全運転監視委員会は、チェルノブイリ原発における運転規則違反に気づき、それを文書に記録したことがあった。ところが欠陥を除去するのではなく、すべては正常といった報告が用意され、誤りは是正されたと公表された。

職員たちはこうした事実を知らないわけではなかった。したがって運転員たちが勤務時間中にトランプやドミノをしていたのも、不思議なことではなかった。これらの規律の弛緩を示す事例は、裁判の場で証言されたことだが、それらが職務上有害であることは言うまでもない。

そういうことの積み重ねの上に、今回の事故のきっかけになった実験の計画が軽率に立てられるにいたった。以前にもこの原発では、今回と同じような実験が行なわれたことがある。幸いに破局的な事態にはならなかったが、その実験でも好ましくない結果が生じていた。そういう事実を無視して、管理者は四号炉で実験を行なうことを決めたのである。(8)

記者は閉廷後の様子を描写している。

〈われわれは堅く口を閉ざしたまま法廷を離れた。被告たちが臨時法廷が開設されていたチェルノブイリ市公会堂の玄関に護送されてきた時、かれらの妻たちが声を立てずに泣いていた。

記者は傍聴に来ていた大勢の作業服姿の原発従業員の間に入っていった。かれらはふさぎこんだ顔つきで、話をしたがらなかった。記者はあえて一人の男に話しかけた。年齢は四五歳。頭髪が薄くなりかけている。かれは氏名を明かすのを拒んだ。

「この裁判の結果をどう思いますか？」

「事故に直接責任を負う者が罰せられるのは当然でしょう。刑法に照らしても、被告は処罰に相当します。しかし、この世にもし良心の法というものがあるならば、すでに起こった事故に対しても、またいつどこでも起こり得る事故に関しても、われわれすべてに一定の責任があるのではないでしょうか。私は事故の前にチェルノブイリで働いたことはありません。けれどもなぜかその思いが私の心を苦しめるのです。他の人たちも多分同じような気もちを持っているんじゃないでしょうか。私が名前を言わないのも、これは私一人の思いではないからです(9)」〉

裁かれるべきは何か

チェルノブイリ裁判の記録資料は、残念ながら脱稿前についに見ることができなかった。したがって裁判の全容を知るのは、他日に期さねばならない。判決要旨が示しているように、判決の基調にきわめて厳格な精神主義、倫理性への要求が貫かれている。第二にこの裁判はペレストロイカという当面の最重要政治課題のために利用されたふしがある。利用というのが言い過ぎであれば、奉仕させられたと言いかえてもいい。ブレジネフ政権以来の長い「停滞期」に発生したもろもろの悪弊の罪を、この事故の現場責任者たちが代表して負わされた観がある。第三に、事故を起こした原子炉の欠陥、運転能力とかけ離れた過大な原子力計画、その結果生じるストレスなどについては、刑事問題から分離されたきらいがある。被告側からの情状の陳述、釈明はその点を明らかにする上で、たとえ断片的なものであるにせよ、実に重要な意味を持っている。しかし、それは公表されていない。

ソビエト法の専門家は、これまで社会主義法の特徴として、①党・国家癒着型の独特の法的過程、②政治・思想における多元主義、競争原理の本質上の排除、③法と政治、法と道徳の「融合」、を指摘してきた。[10] また国家訴追人としての検察側の裁判に対する影響力、もしくは指導力がきわめて大であることも、ソ連裁判の特徴として定評のあるところだった。チェルノブイリ刑事裁判についてこれまで見てきたわずかな資料においても、これらの特徴を見いだすのは困難ではない。

別章で述べたブリュハーノフ前所長らに対する党除名などの政治的処分が決められた時から、すでに刑事裁判の有罪と重刑は予想されていた。六人の被告の法的責任は否定できないが、法的責任を負うのはこの六人だけに限られていいのか、疑問がある。自由剝奪十年という最も重い刑罰を適用されたのは、原子力利用政策を決定した最高責任者たちではなかった。かれらに罪はないのだろうか？

この裁判が六人の現場責任者を断罪して終わったことは、刑事裁判のもつ性格上、やむを得なかったのかもしれない。それにしてもチェルノブイリ原発事故ほどの大事件を、現場の実務レベルの責任を問うだけで片づけられるのかとの疑問は依然として解消されない。そのような見解はむしろソ連の国外から提起された。その声はソ連国内にもとどき、それに対して『モスコフスキエ・ノーヴォスチ』紙のブラリニコフ記者は次のように反応した。

〈刑事裁判の進行中、西ドイツのある人たちは、「チェルノブイリ事故を起こすようなだらしのない人間を生んだ政治体制そのものが裁かれるべきだ」との要求を、突然持ち出してきた。つまり罪は社会主義体制の中にあるというわけだ。だがそうした非難めいた言辞は偽りに満ちている。審理の過程はそのことを余すところなく示した。原子力とは体制を超越するものである（西側諸国における原発の何十という事故例が、そのことを示している）。重要なのは、社会主義体制——具体的にはソビエト社会主義共和国連邦——が「チェルノブイリ事故に見られたような、すべてのだらしなさ」を、社会主義社会に対する最も重大な犯罪として裁いたことである。その犯罪は社会主義社会の道徳性、および法規と両立できないものである。(11)〉

それにしてもプラリニコフ記者はこのように言い捨てるだけでは身も蓋もないと感じたのであろう、解説記事の末尾で、法廷が六人の被告だけでなく、原発の監督行政機関の責任者、放射線被曝から人びとを保護する上で落度のあった医療機関、放射線安全管理機関、市当局の幹部らに対しても、特別の決定を下したことを付記しているが、その決定の内容については明記していない。

ともあれこの刑事裁判の章を、それと直接関係のない一文を引用することで閉じたい。この文章の題名は「真実の光に照らして」、筆者はチェルノブイリ事故取材で知られるソ連のジャーナリスト、V・ヤヴォリフスキーである。

〈あの事故の以前と以後に、プリピャチとチェルノブイリで起こった多くの事実を分析することによって、事故が起こる蓋然性（たとえ純理論的なものにせよ）はあったと言うことができる。事故は多くの誠実な人びとが指摘してきたあの小さな裂目で発生した。それは口で言うことと実際に行なうことの裂目、建前と本音——この二つの倫理の間に生じたものである。この裂目は多数の責任ある人びとの良心の中に生じた。かれらは科学技術の進歩の最先端に立っていることを誇示し、民衆の中に基本的な知恵があることを忘却した。かれらは出世の階段を高く上がれば上がるほど、それだけ高いところから転落することになる。

今日、学者たち（たとえばキエフ出身のグロジンスキー兄弟）は、チェルノブイリ原発の建設はきわめて粗雑な誤りだったと指摘し、その理由として、ウクライナの大事な水源である三つの大河（ドニエプル、デスナ、プリピャチ）に近いこと、地下水の流れに近く、しかも砂地であること、風向きはたえずキエフに向かっていること、を挙げている。パトンその他の学者たちも、当時そのことを政府に警告したが、聞く耳を持たなかった。この原発立地の決定に参画した人たちは、もうこの世にいないか、または引退して孫の世話をしている境遇にあるが、もしかれらに良心というものがあるならば、事故の責任を負うべきであろう(12)。〉

〔注〕

（1）ジャパン・タイムズ（AP通信）87・7・8

（2）同前

（3）毎日新聞、朝日新聞 87・7・8、ニューヨーク・タイムズ 87・7・30

（4）ソビエツカヤ・ベロルシヤ 87・8・1

（5）同前

（6）モスコフスキエ・ノーヴォスチ 87・8・9

（7）前出、ニーヨーク・タイムズ 87・7・30

(8) NFU 87・No.32
(9) 同前
(10) 藤田勇「社会主義法」(『国民法律百科大辞典』四、ぎょうせい)
(11) 前出、モスコフスキエ・ノーヴォスチ 87・8・9
(12) ノーヴォエ・ヴレーミャ 87・No.38

終章　二年後の春

「不思議な森」の噂

チェルノブイリにあの事故から二度目の春がめぐってきた。前章で刑事裁判の経過を報道したプラリニコフ記者（モスコフスキエ・ノーヴォスチ）は、しみじみと思いをこめて二年目の春の情景を伝えている。

〈二年前この付近にはマツ林がひろがっていた。四十数年前の戦争の時、ナチス・ドイツ占領軍がそのマツ林でパルチザンを処刑した。いまそのマツ林は姿を消した。二年前のあのできごとでマツの葉は赤色に変わった。人びとはそれを「ニンジン色の森」と呼んだ。放射能にまみれたマツは根こそぎ倒され、土中深く埋められた。

マツ林のあとは草原に変わった。草原のはるか彼方に建物が見える。プリピャチ市の大小さまざまな建物が。二年前までそこには沢山の人たちが住んでいた。四万五〇〇〇人もの住民がいたが、いまはいない。みんな避難してしまったのだ。夜になると明るい灯がともっていた窓にいまは暗くなっても灯がつかない。みんなどこに行ってしまったのだろうか。荒れた野原の上を風が吹き通っていく(1)。〉

プリピャチから南東一八キロのところにチェルノブイリの町がある。町の聖イリヤ教会は扉が堅く締まっている。四月十日、復活祭の夜、プラリニコフ記者はここに戻ってきた。その夜はあいにく雨だったが、教会の外にはキャンドルを手にした老女が、一人二人とどこからともなく姿を現わした。かの女らは教会の入口の段にひざまずいて静かに祈りをささげた。

〈二年前の春、この静かな田園都市は往きかう車の音で騒然としていた。トラック、大型乗用車、そして放射能の塵埃を洗い流す放水車や撒水車がウクライナの各地から集まってきた。空には一日中ヘリコプターが舞っていた。それがいまでは死んだように静まりかえっている。いまこのチェルノブイリの町の中には、原発の事故処理に当たる限られた人たちだけが居住を許されている。夜のとばりが下りると町から人影が消える。静かだ。この淋しい町の住民が、昔の生活を偲んでうたう歌——ヴォロージャ・チェルノフのギターの弾き語りの一節——「君といっしょにプリピャチの街を散歩したね、あれはつい昨日のことだった(2)」。〉

プラリニコフ記者はチェルノブイリでこんな話を耳にした。三〇キロ・ゾーンから避難した人たちが、故郷の村恋しさに戻り始めている。それも高齢者が多いそうだ。その人たちは「この歳になって、いまさら異郷に住むなんてごめんだ」と言っているという。かれはその村を訪ねることにした。

〈……村には二七人が暮らしていた。その中には最初から避難を拒否して村に残った人もまじっていた。この人たちはニワトリを飼い、野菜を作り、昨年の秋にはバレイショを収穫した。七二歳のアニシアおばあさんは「わたしゃあ自分の家で死にたいんだよ」と言った。「ここにいればバレイショはとれるし、キノコもある。川では魚もとれるし、イチゴ、ナシ、リンゴもあるよ。森にはオオジカ、イノシシも戻ってきた。ここにいたってちゃんとやっていけるんだよ」。

三〇キロ・ゾーンの内部には「不思議な森」があるとの噂が流れている。森のオークの葉が巨人の手のように大きくなった。草の背丈が大人の背くらい高くなった。生物学者はそのことを否定している。だがその森は汚染があまりにひどいので、科学者が中へ入ることはまだ許されていない。村人たちは一メートルも背が伸びたおばけキノコの噂をしている。去年の秋、森でそれを見た人がいるというのだ。(3)〉

不気味な噂だが、誰もそれを確かめた者はいない。そういえば一九八八年四月十九日のタス通信は、チェルノブイリから一〇キロ範囲の地域が特別閉鎖地域に指定されたことを報じた。今後その地域では原発関係者の往来を除いて人間の活動が長期にわたり禁止され、動植物への放射線の影響をチェックするため、監視所と研究所が設置されることになった。それにつけても、やはり前章に登場した作家のヤヴォリフスキーの次のような文章を思い出す。

〈プリピャチ市ではイエネズミの行動が大胆になってきた。あの連中は商店でも倉庫でもわがもの顔にふるまい、街路を走り回っている。放射線はネズミには作用しないと言う人がいるのだが、本当だろうか?

市の肉貯蔵庫で肉が腐敗している。それをどう処分するかが問題になった。

締め忘れた玄関の戸が風に音を立てている。それはまるで目に見えないこの町の精霊が、自分の領分を歩き回っているように思える。この精霊に対しても、放射線は効かないのだろうか？　多分、いちばん恐ろしいことが起こっても、地球の精霊だけは生きのびるのかも知れない。精霊とイエネズミ、そしてほかに何が残るのだろうか？〉(4)

「精霊とイエネズミ」のほかに、荒廃した人間の心が後を引いた。すでに述べたように、立入り禁止の三〇キロ・ゾーン内では、無人と化した町や村の住宅、商店、倉庫などで、食品、タバコ、酒類、衣類、家具類がねらわれたが、中には旧家や教会に押し入って、イコン（ギリシャ聖教の聖像）を盗み出す者がいた。盗んだイコンをキエフあたりで外国人観光客に高く売りつけるのである。二年後のいまもイコン泥棒は跡を絶っていない。プラリニコフ記者は書いている。

〈チェルノブイリのある家、そこはこれまでもう何回も泥棒に入られたことのある家だが、その入口にこんなことを書いた紙が張ってあった。

「心やさしい見知らぬ方へ――

高価な品物を狙わないで下さい。私の家にはそういうものは置いてありません。必要なものがあれば、何でもお使い下さい。ただし家の中を荒らさないように願います」

この張り紙のすぐ脇に、こんなことばが記されていた。

「苦しみの時を尊厳を失わずに耐え忍べ。やがてすべては過ぎ去るものなり」

盗人たちが検問所でつかまることがある。しかし、かれらはたいがい無罪放免になる。なぜ盗人は罰せられないのか？　それはこんな理由による。つまり避難民は私有財産に対してすでに国家から補償を受けた。したがって、盗まれた品物はもはや特定の個人の所有物ではない。盗人は警官からとがめを受けるだけで、盗品を返すと放免される。品物は最終的には埋蔵処分される。盗みのかどで起訴された者はいない。三〇キロ・ゾーン内ではあたかも犯罪など発生していないかのようである。(5)〉

なぜ明らかな犯罪者が処罰なしで放免されるのだろうか。私の推理は次のとおりである。つまり盗難があまりに多いため、いちいち逮捕し、取り調べ、起訴し、裁判し、処罰するのに手間がかかって仕方がない。そこで明らかな犯罪行為を犯罪でないことにする。そのことがますます盗みを奨励する結果になる……。補償された個人財産は国家の財産の一部になっているはずである。国家財産の横領や私物化は、社会主義社会では最も憎むべき罪として、厳罰の対象とされるのではなかったか? チェルノブイリ事故はこの社会の目に見えなかった弱点を顕在化させているようだ。しかし、日本で原発事故が発生した時、同じようなことが繰り返されない保証はない。それを想像する時、私たちの心は寒くなる。

ペレプラヴナヤの平和

チェルノブイリから二年、それはあっという間の短い時間だったが、ソ連社会における事故の影響を追い続けてきた者にとって、この二年間は必ずしも心を寒くするような暗い話の連続ばかりではなかった。

チェルノブイリの波紋の追跡調査を企画した時、私の頭に最初に浮かんだのは次の二点であり、それは今日まで私の仕事の方法を決めてきた。

その一つは、原発問題を考える時、現場の声を重視するということ。権威ある政治指導者、学術専門家、マスメディアの発言や論調を無視することはできないが、事故の現場で身に放射線を浴びた人たちの生の声には、決定的に重要な真実が含まれている。また放射能に追われ、家郷を捨て、避難した人たち、この人たちの訴えに耳を傾け、その置かれた状況に目を凝らさねばならない。そこにこそ何の飾りもない、原発事故に対する人間の赤裸々な思いがこめられているはずだと思ったのである。

第二は、チェルノブイリ以後の状況を観察する上で、社会や世論の動向を固定的にとらえるのではなく、流動的、可変的なものとしてとらえること。中央集権的なソ連社会体制では、クレムリンの権力の意思が変化しない限り社会に変化は起こらないとの見方があるが、私はクレムリンの内部も含めてソ連社会全体を流動状況にあるものとして見ていくことにした。チェルノブイリはその流動性をどの程度高め、どの方向に変化させるのか、それをできるだけ丹念に、執拗に追求することにした。

チェルノブイリの衝撃がもたらした最初の大きな変化は、思いがけなく早くやってきた。それは一九八八年一月、ロシア共和国の南部クラスノダール地方で、住民の反対の声が地方権力を動かし、原発建設計画をついに中止に追い込んだことである。またそれを契機に新聞、テレビなどのマスメディアを通じて、ソ連で初めて公然たる広範な原発論争が開始され、そのことがまた原発立地計画地点における住民の反対の声を強めるという連鎖反応を起こしていることである。

プラウダ紙のアクショーノフ通信員（クラスノダール地方）は、「ペレプラヴナヤの平和」（ペレプラヴナヤは原発建設予定地）と題する記事の中でソ連政府の次のような発表を紹介している。

〈政府燃料エネルギー・コンプレクス本部は、クラスノダール地方の原発計画と建設問題を検討した。立地計画を立てた時に予定地域の地震の可能性と、他のあらゆる問題を深く科学的に研究しなかったことを考慮し、本部はこの地域に原発を建てないことに決めた。[6]〉

クラスノダール地方は先述のとおりロシア共和国の南部に位置し、西はアゾフ海、黒海に面し、南にコーカサス山脈を背負っている。この地はまたクバンの古名でも知られてきた。アクショーノフ通信員は原発の計画から建設中止までの経緯を書いているが、要約すれば次のようになる。

〈クラスノダール地方における原発立地はあわただしく計画され、そのことについて多くの地元民が不安を抱いた。立地点は北カフカス山脈のふもとにあたり、地震帯である。地震対策が講じられたとしても、自然の猛威は測り難いものである。

関係政府機関は地震発生時の原発事故について不安を訴える住民の声に耳を貸そうとしなかった。細かな調査を求める専門家の意見もほとんど無視された。地元での激しい反対の声をよそに、政府機関は一方的に計画を進めた。建設中止の請願があったにもかかわらず、建設計画はどんどん既成事実化され、総額一四〇〇万ルーブル（約三〇億円）もの資金がつぎこまれた。

この地方もご多分に洩れず、長年の間政府の圧力の下で、農業地帯から工業地帯への転換が強行された。その結果、地域のエネルギー問題が切迫した。工業化により貴重な黒土地帯が削り取られ、農村のすぐれた働き手が拡大する工業部門に吸収されていった。毎朝、工場に通勤する労働者の大群を、農場の幹部たちは無念の思いで見つめたものだった。農村は過疎化し、後継者がいなくなった。クラスノダールの原発反対の背景には、あまりにも急速な工業化に対する農民の不満があり、原発立地への不安は、クバンの工業化をこれ以上進めてほしくない、クバンは国民の穀倉地帯として残してほしいと願う気もちと堅く結びついていた。[7]〉

このような住民の反対の声がクラスノダール地方の原発建設を中止させたことは、画期的なできごとだった。これをきっかけに、これまで表沙汰にされなかった原発に対する不安、不信、反対の声が堰を切ったように噴出し始めた。チェルノブイリの社会的後遺症ともいうべき、反原発の連鎖反応が始まったのである。クルチャートフ原子力研究所のポノマリョフ＝ステプノイ副所長によれば、一九八八年になってミンスクとオデッサの両原子力電熱供給センターの建設計画が中止された。公式の理由は立地点が大都市に近すぎるということである。[8]

日曜日は火曜日に始まる

しかし、こうした状況の変化が、何の抵抗も受けずに順調に広がるわけはない。原子力発電の拡大推進に利害関係を持つテクノクラート、原子力政策の混乱と破綻——破綻というのがいささか言い過ぎであるとすれば、ほころびと言い直してもいい——を恐れる党・政府機関からの巻き返しもまた猛烈である。たとえばV・ウムノフの記事「連鎖反応」（コムソモリスカヤ・プラウダ紙掲載）は、クラスノダール地方の決定を正面切って以下のように攻撃している。

〈クラスノダールの人びとは、北カフカスの電力が二〇〇〇年までに八〇〇万キロワット以上不足することを知っているのだろうか？　多分、知らないだろう。新聞『ソビエツカヤ・クバニ』の情報はあまりにも一面的すぎる。それは「われわれは原発なんか欲しくない」という地方幹部の発言をのせているだけだ。原発建設にはすでに二五〇〇万ルーブルもの大金が投じられているというのに、誰がいったいその責任を取るというのか？〉(9)

クラスノダール地方の選択に対する反撃は、ウムノフ流のことばによるものだけでなく、きびしい「実物教育」または「報復」的処置が課せられているふしもある。イズベスチヤ紙のデルガチョーフ記者が現地から伝えている記事「日曜日は火曜日に始まる」にそれをうかがうことができる。

クラスノダール地方のエイスク市では市当局の決定により火、水曜日が休日になり、またトゥアプセ市では日、月曜日が休日になったことから騒ぎが始まった。ウイークデーを休日にふり替える傾向はこれら二都市だけでなく、その後クラスノダール地方の二一の都市と地区にまで広がってきた。この措置は同地方執行委員会の決定によるものだ。ある都市では、日、月曜が、別の都市では火、水曜が、そして第三の都市では木、金曜が振り替え休日になっている。その最大の理由は電力の不足である。この地方では夏場は一〇〇万キロワット、冬場はその二倍の電力が不足している。そこで電力需要がピークを記録する週日を休日にし、土、日曜にできるだけ出勤することにしたのである。

このふり替えシステムは工場だけでなく、交通機関、食堂、病院、託児所、幼稚園などにも適用される。こうした措置はクラスノダール地方に隣接するスタヴロポリ、ロストフにも広がる傾向を見せてきた。

これについてソ連エネルギー省のモロゾフ中央送電管理局長は、次のように述べた。

「クラスノダール地方は必要とする電力の四〇パーセントしか自給していない。残りの電力は近隣から供給されている。逼迫した状況を緩和し解消するため、エネルギー省は一九八四年に同地方における原発建設を計画したが、昨年（八七年）その建設は中止された。第二に、現在の全国統一給電系統では、ピーク時にクラスノダール地方の需要を満たすことはできない。現在、ウクライナからの五〇〇キロヴォルト高圧送電線の延長が行なわれつつある[10]」

最近、クラスノダール地方の電力需給バランスはやや緩和し、日曜出勤は撤回できる見通しになったが、しかし、日常生活のしきたりをしばしば変更することがいいかどうか、また八八年冬場には再度休日ふり替えが必要になるのではないかについては、まだ最終的な判断に至っていないとモロゾフ局長は言う。

興味深いことに、ソ連電力利用監督局のヴァルナフスキー局長は、クラスノダールの電力事情について、モロゾフ氏とは異なる見解を示している。

「この地方の電力事情を悪化させている最大の要因は、電力の利用効率が低いことにある。一九八六、八七両年の農工業生産の伸びに対する電力の伸び率はいちじるしく高かった。またこの地方では工業部門の技術的欠陥などに起因する電力の非生産的損失も大きい。住宅の集中暖房システムも普及していない。もしこの地方で電力の利用効率が改善されるならば、休日変更といったドラスチックな措置を取る必要はなくなるだろう[11]」

ヴァルナフスキー局長が指摘する電力利用効率の低さ、言いかえればエネルギー浪費構造が、単にクラスノダール地方にとどまらないことは、つとにソ連経済研究者の指摘するところである（たとえば雑誌『世界』一九八八年六月号、森本忠夫「ソ連経済の現在」では、ソ連鉄鋼業における巨大なエネルギー浪費が例証されている）。またソ連国内においてもエネルギー利用効率化が重要課題であるとの認識が深まり、一九八七年六月にはソ連科学アカデミーのエネルギー生産物理工学部会と同経済部会が、省エネルギーをめぐり合同会議を開いた。この会議の閉幕のことばを述べたアガンベギャン氏（科学アカデミー経済学部長、ゴルバチョフ書記長のブレーンの一人）は、西側工業諸国との比較で、ソ連のエネルギー利用効率の改善がいちじるしく立ち遅れていることを、明確に指摘している[12]。このように見るならば、クラスノダール地方の問題は、同地方独自の問題であるとともに、ソ連全体のエネルギー事情を凝縮して表現していると言うこともできる。

しかし、クラスノダール地方の「異常事態」に対して、ソ連の官僚機構はことのほかきびしい態度で臨んでいる。ソ連検察当局は同地方の休日ふり替えを違法行為と断定した。ソ連検事局のヴァリコフ総監督局次長は、「休日は通常、土、日曜日であり、休日変更はソ連閣僚会議（政府）の権限で特別の決定により個別になし得る事項である。現行法によれば、地方、州執行委員会に休日変更の権限はない。ロシア共和国検事局にクラスノダール地方などの休日変更決定に対して、法に照らして処置をすることを委任した」と述べている[13]。また全ソ労働組合中央評議会も休日変更について、「法で定められた労働と休息の制度に対する違反」という見解をとっている。

クラスノダール地方の事例をここでやや詳しく取り上げたのはほかでもない。原発立地問題が今後複雑な過程をたどりながら進展するものと予想されるからである。地方独自の判断による一時的な休日ふり替え措置に対して、中央の司法機関が法的規制を加えるのは、一見、原発問題と何の関係もなさそうだが、これをクバンの人びとの自主的な選択に対する「制裁」と解釈するのは無理だろうか？

ロシア共和国検事局がこの地方などに対して、具体的にいかなる措置を取ったのかはいまのところつまびらかでない。しかし、司法当局が介入のポーズを取ること自体、ある程度の圧力になることは疑いない。それが誇り高いクバンの民にどれだけの効き目があるかは別の問題であるとしても。

公然化した原発論争

さらに注目すべきは、クラスノダール地方の決定と前後して、マスメディアで公然とした原発論争が開始されたことである。その先陣を切った『モスコフスキエ・ノーヴォスチ』(英文版はモスコウ・ニューズ)は一月十日号に、二人の経済学者の意見を掲載した。原発批判の立場に立つレシェトニコフ(世界経済と国際関係研究所、経済学博士候補)と原発の必要を強調するヴォルフベルグ(国家計画委員会、国家科学技術委員会、科学アカデミー動力技術委員会執行書記、経済学博士候補)である。

資本主義諸国のエネルギー政策を研究しているレシェトニコフは、「それら諸国の経済成長は、昔日のような形での急速なエネルギー消費の増大をもはや伴ってはいない。エネルギーはより効果的に利用されるようになっている」と指摘する。「費用のかかる原発の建設は、経済的に見ても賢明なことではない。(原発を建てるよりも)旧式の発電設備を近代化あるいは更新すること、柔軟性のある設備の使用を増やすこと、電力の質を改善することである。電力流通網の損失を減らし、負荷スケジュールを平均化することも必要である」。要するにレシェトニコフは、電力利用技術の合理化による効率の上昇を唱えているのである。

それに対してヴォルフベルグは「ソ連は現在、電力供給の一〇パーセントを原子力でまかなっており、今後十五〜二十年間のエネルギー問題の解決には、原発の大幅な開発が必要だ」と言う。その理由として、かれは以下の点を挙げている。

「ソ連は地下資源の保有量で世界第一位にある。しかし、ソ連のヨーロッパ部では燃料資源が徐々に枯渇に向かっている。開発が遅れているシベリアに労働力を移動させるのは、あまりにコストがかかりすぎる。ウラルを含むヨーロッパ部では、国産、輸入を問わず石炭・石油火力発電より、原発の方が安くつく。電力は東部で発電して西部に送電できるが、送電中の大きなロスを見込まねばならないし、高圧送電線の建設はやっと始まったばかりだ。しかもカンスク・アチンスク火力（クラスノヤルスク地方の石炭火力発電所）の低品質炭の燃焼は、重大な環境汚染をもたらしている。経済的に正当化できる解決は原発を建設することである[14]」

これを皮切りにして新聞、テレビの原発論争が続き、政策に影響を及ぼすところまで発展するかに見えた。事実、『モスコフスキエ・ノーヴォスチ』その他のマスメディアで二、三月と続けざまに原発をめぐる討論が掲載された[15]。しかし、こうした開かれた自由な議論によって民衆の原発に対する不信や懐疑を増幅させることへの懸念が、早くも党の中枢に生じた。八八年一月、党中央委員会はマスメディアの幹部を招き、会合を開いた。この会合にはドルギフ書記（政治局員候補）をはじめ、チェルノブイリ事故処理にかかわりが深かったシチェルビナ副首相、ルコーニン原子力相、イリイン医学アカデミー会員（保健省生物理学研究所所長）、ポノマリョフ＝ステプノイ原子力研究所副所長らが出席した。また党中央委員会のヤストレボフ重工業エネルギー部長、スレスコ宣伝部次長も同席した。この顔ぶれから見て、党上層部が原発問題をめぐり世論対策をいかに重視しているかがうかがえる。

この会合ではドルギフ書記ら主な発言者からチェルノブイリ後二年弱の間の事故処理の経過が報告され、メディアの代表者との間で質疑が交わされた後、党中央の方針として次のことが強調された。「原子力発電はソ連においてもまた全世界においても、ますます増大しつつあるエネルギー需要を満たすための主たる源泉の一つである」(16)

この一節は短いが、しかし、それが含む意味は大きい。すなわち、まさに開始されつつあった公然たる原発論争を、先制攻撃的に制約するきびしい意図がそこにはこめられている。いかなる論争も、原発の必要性を前提とし、その枠内で行なうべきこと、原発への根源的な批判または否定を表明する議論は許されないこと、政治権力の不動の意思がそこにあることを明示する一文である。

したがって今後の原発論争では、批判および反対の意見は屈折した形で、時には擬装して表現されることが予想される。しかし、権力の重い意思にもかかわらず、論争の流れを食い止め、批判や反対の声を完全にふさいでしまうことはもはや不可能であろう。チェルノブイリの衝撃力は固く禁じられていた原発批判のタブーを打ち破るほどのマグニチュードを持ったし、いまもそうであることは疑いない。公然たる論争の自由さえなかった条件の下でさえ、クバンの人びとは報復を恐れず原発拒否を決定した。まして今日では、制約つきながら論争は公然化し、発言の自由度は拡大した。譲歩を迫られたのはむしろ原発推進の立場にある当局の側だった。その意味で今後たとえ紆余曲折はあるにしても、世論の動向はポイント・オブ・ノー・リターン、つまりもはや引き返すことのできない地点を超えてしまったと言って過言ではないだろう。

レガソフの自殺

ところでチェルノブイリ原発事故の二周年は、奇しくも生前この事故の処理に深いかかわりを持った、一人の科学者の自死という象徴的なできごとと重なることになった。

ヴァレリー・アレクセーヴィチ・レガソフ・アカデミー会員が四月二十七日、死去（自殺）したのである。かれの名は、外国の報道人から「ミスター・チェルノブイリ」の異名を献じられるほどに、チェルノブイリと深く結びついており、ロ八丁手八丁のスポークスマンとしてソ連政府委員会の一枚看板的な存在だった。四月三十日のプラウダ紙は第三面にかれの肖像写真とともに、ゴルバチョフ書記長を筆頭に五九人の党・政府・学界の指導者が連署した次のような追悼記事をのせた。

〈ソ連科学は重大な損失をこうむった。一九八八年四月二十七日、ソ連のすぐれた学者、物理化学者、ソ連共産党員、レーニン賞およびソ連国家賞受賞者、科学アカデミー幹部会員、クルチャートフ原子力研究所第一副所長ヴァレリー・アレクセーヴィチ・レガソフ・アカデミー会員が五二歳で死去した。

V・A・レガソフは一九三六年九月一日、トゥーラ（モスクワの南約二〇〇キロ）で公務員の家に生まれた。六一年モスクワのメンデレーエフ化学工科大学を卒業、シベリアの化学コンビナートで仕事を始めた。六四年修士課程終了後、クルチャートフ原子力研究所の職務に就き、下級研究員から第一副所長までの道を歩み、同研究所党委員会の書記に選ばれた。研究所では学者としての才能と科学研究の組織者としての天分が、十分に発揮された。

八一年にかれは科学アカデミー正会員に選ばれ、八五年には同幹部会員になった。

レガソフの名はソ連において無機化学の最新の部門である希ガス化学における最も大きな業績と結びついている。かれとその同僚たちが開発した新しい化合物（複数）は、一連の重要な新技術の実用化を可能にした。水素エネルギー、原子炉のエネルギー工学的利用に関するかれの仕事は、重要な意義を獲得した。

レガソフは科学研究の効率を高め、その方法を改善し、科学研究を工業面に急速に普及し、科学の創造的潜在性を高め、研究者を養成することに多くの関心をそそいだ。かれはモスクワ国立工科大学の教授となり、国立モスクワ大学の講座を担当し、ソ連最高学術コース無機化学専門家会議の座長をつとめた。

レガソフは科学研究および教育活動を、科学組織活動と結合させた。かれはソ連政府レーニン賞および国家賞委員会幹部会員であり、経済相互援助会議加盟諸国の二〇〇〇年までの原子力発電に関する総合計画学術指導部次長、『原子力・水素エネルギーと工学』誌編集長の重責をになった。

レガソフは政府委員会の一員としてチェルノブイリ原発事故の原因調査に積極的に加わり、事故の影響除去のための初期対策の展開と実現にめざましい貢献をした。

国家に対する大きな功績に報いるため、レガソフはレーニン勲章、十月革命勲章、労働赤旗勲章を授与された。

レガソフはゆだねられた仕事に対する大きな責任感、原則性、指導性、非凡な組織能力、広い学殖の点できわ立っていた。かれは社会主義祖国に奉仕するため全知全能を尽くした。かれについての輝かしい回想は、ソ連国民の胸中に永遠に生き続けるだろう。〉

この一文は死者への最高の讃辞であり、一人の科学者として何不足のない赫赫《かっかく》たる経歴を示すものである。その人がなぜ自死を選んだのか。この追悼記事はそのことを何一つ説明していない。それから二十日後、プラウダ紙はほぼ一ページ半にわたり、故レガソフ氏の手記「これについて語るのは私の義務」の抜萃を掲載した。同紙グーバレフ科学部長はこの手記に次のような解説を寄せている。

〈V・A・レガソフはプラウダ紙のためにこれらの手記を書いた。チェルノブイリのことを語り、現代科学技術の発展、とくに原子力発電について思いを述べてくれるようかれに依頼したのは、昨年のことだった。当時すぐに同アカデミー会員は、自分で「回想記」と名づけたこれらの手記に取りかかった。レガソフは常に時間に追われており、そのためかれは自分の考えをテープに吹き込んだ。

かれの悲劇的な死の直前、われわれはかれと話を交わす機会があった。「残念ながらチェルノブイリについての本は少ない。あの事故のあらゆる教訓はまだ完全には分析されていない」とかれは語った。

われわれはレガソフ・アカデミー会員を、チェルノブイリの核の炎を最初に消しとめた人の一人と呼んで、まちがっていないと思う。私の考えでは、チェルノブイリでかれが果たした功績は、まだ正当に評価されていない。Y・トレチャコフ・アカデミー会員はレガソフのことをこう語っている。「レガソフはドン・キホーテであると同時にジャンヌ・ダルクでもあった。かれは周囲の人びとにとってはなかなか厄介な、気難しい人物だったが、しかし、人びとはかれがいなければ人生にとって誰か近しい人を失ったような、空虚な感じを抱いたものだった」。トレチャコフはここで、レガソフと面識を持ち、レガソフとともに働く幸運を得たすべての人びとの感情と思いを、表現したのである。

レガソフがなぜ死んだのか——かれは人生の盛りの時に自ら死を選んだ——その理由を理解したり、説明したりすることは困難である。われわれのすべてがこの悲劇を教訓としなければならないが、またそれは何ものにもまして平安と幸福を願う人びとにとって、教訓とならなければならないだろう。(17)〉

グーバレフ部長が言っているように、いまの時点でレガソフの自死の理由について語ることは、すべて推測の域を出ない。しかし、大多数の人がうなずくであろう推論の一つは、放射線被曝による体調の異変の自覚である。一九八七年一月、かれはイズベスチヤ紙のアリモフ記者との間で、こんな会話を交わしている。

アリモフ　事故発生後、私たちは何度もあなたに連絡を取ろうとしましたが、不可能でした。あの困難な状況の中で、いったいあなたは何度ぐらい事故現場へ足を運ばれたのですか?

レガソフ　私は四月二十六日夕刻にはすでに原発事故現場に着いていました。事故の拡大を阻止するための活動が始まりました。五月六日には状況は多少とも見通しがつくようになりました。基本的に必要な対策が講じられたのです。その後も必要に応じて私は何度も現地へ足を運びました。言ってみれば二軒の家に住んでいたようなものです。全部で何回だったでしょうか?　数えたことがありません。とにかく何回も行きましたよ。(18)

レガソフの場合は現地へ足を運んだ頻度が多かっただけではない。自ら危険を冒した回数も多かったことを、プラウダに寄せた回想記の中でこう語っている。

〈私自身、第四ブロックのかなり危険な個所に何度か出かけました。私は人びとに作業現場がどんな条件にあるのかを説明しました。その上で自発的に私を助けようと思う人とだけ共同作業したいのだと言いました。それで臆病風に吹かれるような人に出くわすことは、一度もありませんでした。[18]〉

ここに引用したかれ自身の二つの発言を重ねてみると、トレチャコフが言った「ドン・キホーテとジャンヌ・ダルク」の意味がおぼろげながら見えてくる。放射能の恐怖を知りながら、あるいはそれを知っているがゆえに、かえって安全地帯に身を置くことはかれの責任感、自負心が許さなかったのだろう。その結果は言うまでもなく、放射能によって身体を蝕まれることになった。重要なのは、当時かれと同じような体験をした人びとが多数いたであろうことである。その人たちはいまどんな運命をたどっているのだろうか。知る由もない。

このような推論のほかに、レガソフを自死にまで追いつめた内面の葛藤劇に目をそそぐこともまた大切であり、心ひかれる主題ではあるが、それを語るにはまだ材料が少なすぎる。かれとかれを含む犠牲者たちを悼みつつ、その仕事は他日を期すことにしよう。

欲しいのは生きた水

一九八八年二月二十一日の夜九時四十分から、ウクライナ・テレビ放送網を通じて、「ウクライナの原発計画」をテーマにした討論会の模様が放映された。その内容は手回しよく同日付の『プラウダ・ウクライヌイ』紙に掲載された。パネラーは次の六人である。ソ連原子力省次官A・ラプシーン、全ソ原子力プロジェクト協会技師長V・タタールニコフ、国家原子力発電安全運転監視委員会第一副議長・科学アカデミー準会員V・シドレンコ、国家水文・気象委員会副議長V・ソコロフスキー、生産合同「コンビナート」所長E・イグナテンコ、医学アカデミー副総裁L・イリイン。

*この討論会におけるシドレンコ氏の発言の一部は、第11章で引用した。なお生産合同「コンビナート」は、チェルノブイリ原発事故後、放射能汚染の拡大防止、除染その他、発電ブロックの外回りの環境整備を目的として設けられた生産組織。

『プラウダ・ウクライヌイ』紙の討論会記事は長文であり、ここではそのごく一部しか引用することができないが、議論の雰囲気をつかんでいただければ幸いである。

問 チェルノブイリ事故後、政府はウクライナにおける原発の新規立地計画の見直しをしたのか?

ラプシーン 見直した。たとえばウクライナ北部、ドニエプル川流域のキエフより上流部に立地する計画は断念した。

問 チェルノブイリ原発事故直後、事故の拡大を防ぎ、事故発生を広報し、住民を避難させてその健康を守るなどの対策を、迅速に実行する責任をいったい誰が負っているのかが明らかでなかった。言いかえれば行政機関の縄ばり制度が、緊急事態でまったく役に立たなかったばかりか、罪悪的であることがはっきりした。責任体制の一元化が必要なのではないか？

イリイン　チェルノブイリ原発事故が発生するはるか以前から、原発の想定事故時に運転要員と住民を放射線から防護する基準と勧告が作られていた。すでに六〇年代にそれは作られていた。そしてチェルノブイリを含むすべての原発に配布されていた。しかし、残念ながら多くの責任者たちはその内容を理解していなかった。チェルノブイリでは放射能の状態を調べるのに多くの混乱があった。混乱の最たるものは、誰がそれを測定するべきかが不明だった点にある。そのことがただでさえ困難な状況をさらに困難なものにした。最終的に正しい解決方法が採られたものの、指導部が責任を取る能力がなく、その意欲もなかったため、時間がかかったことは事実だった。

問　チェルノブイリ原発の周辺三〇キロ・ゾーン内の土地を再利用することができるのか？

イグナテンコ　昨年、三〇キロ・ゾーンの中で最も汚染の激しかった区域の除染を終了した。広大な土地が除染された。しかし、同原発周辺五〜一〇キロの範囲は長期間閉鎖されるだろう。

イリイン　その閉鎖区域には放射線生物学の研究所を設置するのがよいと考える。それ以外の土地には原則として住民を帰らせてもよい。しかし、私個人としてはこの問題では慎重でありたい。二、三年は待った方がいい。あせらずによくよく確かめてから決めることをすすめる。(20)

この討論内容全体を通して見ると、ウクライナの新聞の読者、テレビの視聴者の間に、原発について次のような疑問や不信が広く浸透していることが推測できる。

(1)　原子力発電には技術上、構造上の危険な欠陥がある。またその建設面においても欠陥が露呈している。

(2) なぜウクライナに集中的に多数の原発を建設する必要があるのか、電力需要増をまかなうためならば、原発以外の方法も可能ではないか。

(3) チェルノブイリ原発事故後、政府はウクライナの原発計画をどのように見直したのか。

(4) 原発の設備容量の増加に、専門家、運転要員の養成が質量両面で追いついていないのではないか。

(5) チェルノブイリ原発事故の際、必要な初期対策がまったく混乱した。事故対策の責任体制が確立していなかった。

(6) ウクライナのクリミア、チギリン、ハリコフ原発の建設計画に対して、住民の強い反対意見がある。

(7) 三〇キロ・ゾーンの土地再利用と住民の復帰の可能性について、高い関心と深い危惧が示されている。

(8) キエフ市およびウクライナ全土の放射線レベルについての不安が強く、学者や専門家の発言に対する根強い不信感が存在する。

討論会の基調をなすこれらの特徴を見るにつけ、チェルノブイリが三年目に入った段階で、マスメディアは従来のような通りいっぺんの楽観論で読者や視聴者を説得できなくなったこと、また情報の受け手の側もメディアを通じて、政府機関に責任ある厳密な説明を求めるようになったことを痛感させられる。

ただし、この種の討論会のパネラーの顔ぶれに、原発に批判的な立場の人が起用されていないこと、電力需給にまつわる重要な事実――たとえば既述のエネルギー浪費構造や、東欧諸国への大量電力移送など――に言及されないことは、これまでと変わっていない。

脱原発気運が世界的に高まりつつあるいま、三年目のチェルノブイリはソ連国内でどのように展開していくのだろうか。この四月から五月にかけて、チェルノブイリ二周年に関連する多くの記事がソ連のメディアに現われたが、その中であまり目立たない扱いの小さな記事が私の目を引きつけた。署名欄には「Y・アンドレーエフ（チェルノブイリ）」とある。職業は不詳である。題名は「欲しいのは生きた水」。「生きた水・死んだ水」の寓意は、自然を破壊する技術・自然と共存する技術である。アンドレーエフは書いている。

〈昔、生きた水と死んだ水の物語があった。最初われわれは自然に死の水をまき散らし、自然を殺してきた。けれども死の水のかわりに生命の水をふりかけ、この事態を正すべき時がきた。これはとても複雑で困難な仕事ではあるが、いずれにせよしなければならないことである。それも着手が早ければ早いほど結果は良い。しかもこれは全世界が共同で取り組むべき事業である。

テクノロジーとエコロジーの共存と協力の事例はすでに存在している。たとえばウクライナ科学アカデミーの幹部会に、技術者とエコロジストから成るグループが作られた。われわれは必要に応じてこのグループから助力を得ている。こうした関係はまだやっと始まったばかりだが、われわれはそれが広がり、あらゆるところにゆきわたることを望んでいる。最近、さまざまな工業開発プロジェクトに対して、住民の抗議運動が見られるようになった。その運動の中には技術者、生物学者、経済学者も加わっている。これらの専門家たちが街頭の集会に参加するのもいいが、たとえば地方ソビエトで有益な代替案を提案し、討議する場に参加するのはどうだろうか。また報道機関がこうした問題についての討論会を組織したり、住民グループが自然改造事業を進める当局の動きを監視することも、必要ではないだろうか。

これこそが実りある民主的な方法である。こうした活動は民主主義の学校と呼ぶことができるし、われわれ住民はすべてこの学校の生徒なのである。(21)〉

チェルノブイリが人びとに要求した犠牲と代価はあまりにも大きなものがあるが、そのかわりかれらはいま民主主義の学校を築くための機会を、手に入れつつある。この学校でチェルノブイリの悲劇を二度と繰り返さないような未来の設計図が描かれることを、人びとは望んでいる。

五月の希望

この学校での具体的実践はすでにはじまっている。一九八八年六月二十八日から開幕した全連邦党協議会の直前、ウクライナ共和国のクリミア州を訪ねた朝日新聞の森特派員は、同州の代議員が「当面の関心の的である原発建設について、誰はばからず『反対』の意思を示した」と報じている。ヤルタ市から選ばれた代議員のひとりガリーナ・ミハイレッツ女医は、「医師の立場からも、原発建設に絶対に反対。党協議会で発言の機会があればはっきり主張します。こんなに気候のよい土地で、太陽熱の利用が出来ないはずはない」と述べたという。

また州都シンフェロポリにあるクリミア農業大学のメリニコフ学長は、テレビ座談会でクリミア原発の建設に反対を表明、同大学の教職員学生は二〇〇〇人以上の反対署名を集め、署名運動はモスクワ大学に飛び火した。「クリミア州では非公式な原発反対市民運動も活動しはじめている[22]」。

＊クリミア原発は一、二号機が建設中、三、四号機が計画中。いずれも炉型はVVER一〇〇〇。

右の記事のなかに現われた「非公式な原発反対市民運動」という表現が私の注意を引いた。「非公式」というのは、反原発運動は「公式」には許されていないと理解すべきだろうか。それを考えているとき、ある新聞の報道が頭に浮かんだ。それはキエフの日刊紙『プラーポル・コムニズム』(共産主義の旗88・4・28)にのった、キエフ市警察本部の発表文である。それによると、「四月二十六日午後七時、大部分がウクライナ文化学グループ(UCC)のメンバーである過激主義者は、市民の不安をつのらせ、道路の修理をさまたげ、交通を妨害しようとした。かれらは通行人に非合法行動を煽動する口実として、チェルノブイリ原発事故の二周年を利用し、忌まわしい集会を呼びかけた。一七人が勾留され、うち一人は十五日間拘禁された」。

同紙は「過激派の不法行為」を非難する五通の投書を掲載した。そのなかでキエフ大学共青同盟委員会副書記のユーリー・ハハーリンは、「あの連中は社会をちょっとさわがせることをねらった政治的投機屋だ」と言い、また旧軍人のひとりは、UCCのやったことは「発言と討論に広い機会をあたえるグラスノスチ(公開)の精神を無視するもの」ときめつけている。

この「事件」について、『ニューズ・フロム・ウクライナ』紙編集部は独自の調査を開始した。M・アレクセーエフ記者は、何年か前なら独自調査など考えられなかったし、「罰あたりなこと」として押しつぶされただろうと言う。かれはキエフ市警察本部に取材に出向いたが、「公式発表文以外のことは言えない」と、インタビューを断られた。

そこで同記者は、四月二十六日夕刻、集会に参加したとの理由で連行された人や「事件」の目撃者に取材した。以下はその証言を集めたものである。

「あれは約五〇人ほどのおとなしい集会でした。キエフ市の中心部クレシチャティク通りと十月革命広場の角にいたんです」

「かれらはメーデー行進の見物用にしつらえられた木製の観覧席のそばにたっていただけですよ。私はたまたま反対側の歩道にいて、目に入ったんです。かれらは車道に出たりはしなかったし、通行人の歩行を妨害したり、メーデーの祝典用の飾りをこわしたわけでもなかった」(キエフ大学民族学講師V・クエヴダ)

証言によると、当日の状況はこうだった。午後六時半ごろ、デモが始まった。十五分ぐらいたったころ、人びとはスローガンを叫びはじめた。

「ひとりひとりに個人用ガイガー・カウンターをもたせろ!」

「チェルノブイリを繰り返すな!」

近くで大勢の私服警官がそれを見ていたが、スローガンを叫ぶ声が激しさを増したとみるや、警告もなしに私服は人びとに襲いかかった。髪の毛をつかまれ、腕をねじあげられた人たちが、護送車の中に放りこまれた。

UCCのリーダーであるS・ナボカ氏はこの事件について次のように語った。

「私たちの行動の目的は、原発の危険性について人びとの関心を高めようとしたことにありました。もちろん、私たちはキエフ市当局にデモ許可申請をしませんでした。なぜならキエフ市ソビエト（議会）は、デモ規則をまだ制定していないからです。モスクワ、リガ、レニングラードその他の都市では、すでにその規則が定められています」

確かにその通りで、アレクセーエフ記者は『文学新聞』の報道を引用しながら、「リガ市（ラトビア共和国）では同じ四月二十六日、チェルノブイリ二周年に当たっていくつかのデモや行事が行なわれたが、それらはデモ規則によって保護され、何の混乱も起こらなかった」と書いている。

キエフ市ソビエトの上級職員I・ビレヴィチ氏は、デモ規則について記者にこう語っている。

「デモ規則は目下、草案検討段階で、最終的には採択される見通しです。確かにUCCはデモ許可手続きをしていませんでした。ただ四月二十六日のデモは『民族主義的』かつ『挑発的』なものです。二五〇万の人口をもつキエフ市のどまんなかで好き勝手にデモをするなんて、冗談じゃありませんよ。メーデーを前にして、それでなくても忙しいときに」

最後にアレクセーエフ記者は「事件」取材の結果から、以下のような結論を得ている。

「キエフ市のデモ規則の制定がいまほど急がれるときはない。そうでなければスローガンの内容が適当でないとか挑発的だといった理由で、腕をねじりあげられるような目に会わねばならないからだ。デモ規則の制定は、活力のある民主的体制をつくり出すための確実な前提になると思われる」[23]

ここでもまた私たちの眼前でくりひろげられているのは、原発反対運動がソ連社会において「非合法」から「合法」へ移りゆく過程である。第一、「非合法デモ」が新聞の記事になり、それもＮＦＵのような英文外国向け新聞の記事になり、そのうえ警察の公式発表だけでなく、新聞独自の調査記事がのせられること自体、二年前には予想されなかったことである。

この記事が明らかにしているように、チェルノブイリはまるでギリシア神話の「パンドラの箱」のように、これまで箱の中に隠されていたもろもろのものを放出した。……過激派、非合法デモ、民族主義、挑発的、反原発市民運動。女神パンドラは箱の中に「希望」だけを閉じ込めてしまった。しかし、チェルノブイリはあらゆる不幸、災厄、被害の代償として、「希望」をわれわれの手に渡してくれたようである。

〔注〕

（1）モスコフスキエ・ノーヴォスチ　88・4・24
（2）同前
（3）同前
（4）写真集『チェルノブイリスキー・レポルターシ』（モスクワ「プラニェータ」版）一九八八年
（5）前出、モスコフスキエ・ノーヴォスチ、88・4・24
（6）プラウダ　88・1・21

(7) 拙稿「ソ連で始まった原発論争」(『技術と人間』88年5月号) 参照。
(8) イズベスチヤ　88・3・9
(9) コムソモリスカヤ・プラウダ　88・1・27
(10) イズベスチヤ　88・3・21
(11) 同前
(12) 『ソ連科学アカデミー会報』 88・3号
(13) 前出、イズベスチヤ　88・3・21
(14) 前出、拙稿「ソ連で始まった原発論争」参照。
(15) 和田春樹「ソ連で起こる原発論争」(『朝日ジャーナル』 88・5・6〜13合併号)、拙稿「ウクライナの原発拡大計画を見直せ」(『技術と人間』88年6月号) 参照。
(16) プラウダ　88・1・27
(17) プラウダ　88・5・20
(18) イズベスチヤ　87・1・23
(19) 前出、プラウダ　88・5・20
(20) プラウダ・ウクライヌイ　88・2・21。なおこの討論会の詳細は前出、拙稿「ウクライナの原発拡大計画を見直せ」参照。
(21) ノーヴォエ・ヴレーミャ　88・№18
(22) 朝日新聞　88・6・25
(23) ＮＦＵ　88・№21

チェルノブイリ原発事故関係日誌

1986・4・25〜1988・4・30

〔凡例〕
＊略　記
チ原発＝チェルノブイリ原発
PU＝プラウダ・ウクライヌイ紙
SB＝ソビエツカヤ・ベロルシヤ紙
SR＝ソビエツカヤ・ロシヤ紙
WISE＝世界エネルギー情報サービス
NFU＝ニューズ・フロム・ウクライナ
MN＝モスコフスキエ・ノーヴォスチ（英文＝モスコウ・ニューズ）
NYT＝ニューヨーク・タイムズ
反原新＝反原発新聞（日本）
★＝海外
●＝日本
＊文末（　）内の数字は本文関連事項の掲載ページ。

〔1986〕

4・25
★午前一時、チ原発第四発電所で中間保守点検に合わせ、第八タービン発電機の「慣性運転」試験を行なうため、原子炉の出力低下を開始した（12）。

4・26
★午前一時二十四分、第四発電所で原子炉に二回爆発が起こり、続いて火災発生。第一、二、三発電所は運転停止（16）。ソ連政府はシチェルビナ副首相を議長とする政府委員会を設置し、事故現地へ派遣した（22）。事故による死者二名が確認された（16, 19）。

4・27
★午後二時、事故地点から四キロ以内（プリピャチ市と近隣三カ村）の住民四万九〇〇〇人が避難（23, 26）。
★ポーランド、北欧諸国で高濃度の放射能が検出された（27, 30）。

4・28
★午後九時、モスクワ放送は事故に関するソ連政府声明を発表（32）。

4・29
★ニューヨーク株式市場では、建設中の原発をかかえる電力会社の株価が軒並み急落した。一方、シカゴ穀物市場ではソ連原発事故の影響を懸念、小麦、トウモロコシ、大豆、砂糖などの相場が急騰した。
チ原発事故で放出された放射能を含む雲は、南東の風に運ばれポーランド北東部を横切り、北欧諸国一帯に広がり、スウェーデン東部では通常の一〇〇倍に達する放射能が一時観測された。

★スウェーデン、ノルウェー両国政府は、ソ連・東欧諸国からの食肉、魚、野菜など食糧品の輸入を禁止する措置を取った。

●日本外務省は旅行者および旅行業者に対して、キエフ、ミンスク方面への旅行を自粛するよう呼びかけた。日本政府の放射能対策本部（本部長・河野洋平科技庁長官）は放射能調査体制を強化することを決めた。

5・1

★チ原発事故で重い放射線障害を受けた者を治療するため、ソ連は国際骨髄移植登録機構会長、カリフォルニア州立大ロサンゼルス校准教授ロバート・ゲイル博士を受け入れることを決めた（45, 75）。

5・2

★ルイシコフ・ソ連首相（党政治局員）、リガチョフ政治局員・書記、シチェルビツキー政治局員（ウクライナ共産党第一書記）らは、チ原発地区の状況を視察した（60）。

★ポーランドのウロツワフ市でソ連原発事故による放射能汚染に抗議し、ポーランド最初の原発建設に反対するデモが行なわれた。

5・5

●東京で開かれていた第一二回先進国首脳会議（東京サミット）は、「チ原発事故の諸影響に関する声明」を採択、発表した。骨子は①ソ連政府に緊急に情報提供を求める、②IAEA（国際原子力機関）の事故分析にソ連の参加を求める、③事故の報告、情報交換をIAEA加盟各国に義務づける国際協定をつくる（53）。

5・6

★事故現場から半径三〇キロメートルの範囲に危険地帯が設定され、住民は避難開始。

★ソ連外務省でチ原発事故に関する初めての記者会見が開かれた（53）。

5・7

★欧州共同体（EC）加盟一二カ国は、ソ連原発事故の影響を防止するため、ソ連東欧七カ国からの生鮮食料品の輸入を一時禁止することに合意した。

5・8

★三〇キロ・ゾーン内の住民の避難はおおむね完了。

★IAEAのハンス・ブリックス事務局長ら幹部が、

ヘリコプターで高度八〇〇メートルから事故現場を視察した。

★ソ連共産党、最高会議、政府、労働組合中央評議会は、チ原発事故による避難民の就業、損害補償、事故処理関連作業の労働報酬に関する措置を決めた。

5・9

★ソ連国内七カ所の放射線観測地点から、IAEAへのデータ・テレックス送信が開始された。

★ブリックスIAEA事務局長らはモスクワで内外記者団と会見、放射能遮蔽材、中性子吸収材等の投下により、事故炉からの放射能漏れは大幅に減少したと語った。

5・10

★リャシコ・ウクライナ首相の言明によると、チ原発の周辺地域からの避難民は九万二〇〇〇人に上り、これらの人びとは原発から七〇〜一五〇キロ離れた農村部に移住した。

5・14

★ゴルバチョフ書記長はテレビを通じて、チ原発事故の経過、被害状況、対策、影響の見通しについて、ソ連最高指導者としての見解を発表した。

5・15

★ゴルバチョフ書記長はクレムリンで米国の実業家アーマンド・ハマー博士、医師ロバート・ゲイル博士と会見し、チ原発事故に際し両氏が示した援助に感謝の意を表した。

5・18

★プラウダ紙は、チ原発事故についての情報提供が遅れたために、住民の間で動揺が高まったと述べ、情報公開の必要を主張した。

5・19

★イズベスチヤ紙はチ原発事故の際、消火活動に当たり犠牲となった六人の消防士の写真を掲載、殉職を悼んだ。

5・20

★モスクワのトラスト（信頼）グループが、反原発街頭署名とデモを計画したが、国家保安委員会により主要メンバーが事前に身柄を勾留され、実現しなかった。またトラスト・グループは「東西の自主的平和運動の友へ」送る公開書簡を起草、反原発の意思を示した。

5・21

★プラウダ紙は、ソ連政府がチ原発事故による避難者に対して一人当たり二〇〇ルーブル(約五万円)、計数百万ルーブルの臨時手当を支払っていると報じた。

★チ原発事故で被曝し、造血機能を失った患者を救う移植治療に、骨髄のほか、妊娠三、四カ月で中絶した胎児の肝細胞が使われており、日本からもモスクワに送られていることが明らかにされた。

5・24

★ポーランド北東部のビァウィストク市で、医師四〇〇人を含む数千人が、建設中のザルノヴィエチ原発の工事中止を求めてデモを行なった。同三日と九日にはブレスラウ市で、七日にはグダンスク市で自然発生的な反原発デモが行なわれた。

5・28

★「ウォツカは放射線障害に効く」という噂が広まったため、キエフ市で住民が酒の売店に殺到したという。二十八日のソ連各紙は「ウォツカ騒ぎ」を伝えるとともに、この噂には何の根拠もなく、飲みすぎは健康のために悪いと警告した。

●日本の科学技術庁は、二十一、二十八両日、ソ連のヴォストーチヌイ港などから横浜港に入った船の積荷の一部が放射能で汚染されていることが判明したため、コンテナ等を一時同港内に留置した。コンテナ表面の油汚れから一二種類の放射性核種が検出された。

5・30

★【AFP時事】モスクワでソ連の原子力開発計画の変更を求める署名運動に関連して、子供二人を含む一四人が警察に連行され、三時間にわたって身柄を拘束された。署名運動を行なったのは、米ソ両国の信頼関係強化を掲げて一九八三年に設立されたグループのメンバー。

6・1

★ポーランドのクラクフ市で自主労組「連帯」支持者二〇〇〇人以上が、ソ連原発事故による放射能汚染に抗議し、原発に反対するデモを敢行した。

★バターリン・ソ連副首相、ペトロシャンツ国家原子力利用委員会議長らはモスクワで記者会見し、「チ原発事故で環境に放出された放射能は、炉内の核分裂生成物の一〜三%だった」ことを明らかにした。

6・7

★ソ連共産党中央委員会は新エネルギー源開発・稼動に関する会議を開いた。中央・地方党幹部、関係政府機関、企業幹部が出席し、ドルギフ政治局員候補が報告、八六年度に稼動開始予定の電源計画を無条件で達成することを強調した。

6・11

★PU紙はチ原発の新所長としてエリク・ポズドゥイシェフが任命されたことを伝えた（E・ポズドゥイシェフはレニングラード大学物理学科卒、原発勤務歴二十六年、スモレンスク原発所長を経てチ原発所長に就任。八六年末に交替）。

6・12

★ユーゴスラビア政府は声明を発表、長期電力開発計画が策定されるまでの間、原発を建設しないことを明らかにした。同声明は長期政策の策定時期には言及していない。

6・15

★プラウダは事故当時のチ原発所長ブリュハーノフ、技師長フォーミンの解任の事実を公表した。

6・18

★ルイシコフ首相はソ連最高会議で「一九八六〜九〇年の国家経済社会発展計画（第一二次五カ年計画）」について報告、その中で原子力発電の急速な増大の必要性を訴えるとともに、原発操業の高い信頼性、安定性の確保が必要だと述べた（209）。

6・27

★プラウダ社説「燃料とエネルギーを経済的に」は、「チ原発事故は国民経済のためにエネルギーを確保する上で複雑な事情をもたらしている。エネルギー・電化省は八六年度中に稼動予定の五原発、諸都市の電熱併給原子力センターの建設を、高度の質、きびしい規格で実行すること」を強調した。

6・30

●野間宏、針生一郎氏らは東京で記者会見し、「すべての原発の一刻も早い停止を訴える」との声明を発表した。この声明には井伏鱒二、大岡昇平、安岡章太郎、大江健三郎氏ら、約四〇〇〇人が署名している。

7・2

●【朝日夕刊】京大工学部原子核工学科の荻野晃也助手らは、松葉のヨウ素131、セシウム137を測定し、ソ連原発事故による日本国内の放射能汚染状況を調査し、汚染は東日本が高く、瀬戸内沿岸、九州が低いことを明らかにした。

7・4

★【モスクワ放送】ウクライナ共和国のシチェルビツ

キー共産党第一書記（ソ連共産党政治局員）とリャシコ首相がこのほどチェルノブイリ発電所地区と隣接地区の居住拠点を視察した。7・5付プラウダ紙記事によると、その際、ソ連政府のグーセフ副首相を議長とする政府委員会会議が開かれ、早急な復旧活動が討議された。

●東京の千駄ケ谷区民会館でシンポジウム「チェルノブイリ原発事故と放射能の恐怖」が開かれ、三〇〇人以上が参加。高木仁三郎、市川定夫、豊崎博光、三輪妙子氏らのパネラーが報告、参加者と討論した。

7・11

●科学技術庁はソ連原発事故によって日本に降った放射性物質の種類、人体が受けた放射線の推定値を発表、「人体への影響は無視できる」との見解を示した。

7・15

★プラウダ紙はウクライナの詩人ボリス・オレイニクの詩「チェルノブイリの道」を掲載した。この詩は消火活動で犠牲になった消防士たちの死を悼むものである。

●【毎日】京大原子炉実験所の小出裕章助手は、チ原発事故後西ベルリンで採取した表土を分析、高濃度放射能を検出したと発表。

7・18

★ソ連最高会議幹部会はエフゲニー・クーロフ国家原子力発電安全運転監視委員会議長を解任した（162）。

7・19

★ソ連共産党政治局特別会議はチ原発事故を総括し、①事故原因は現場労働者の連続した作業ミスと監督者も含めた無責任、怠慢、無規律にある、②死者二八人、二〇三人が放射線障害にかかり、うち三〇人が病院で治療を必要とする状態、③被害総額は二〇億ルーブル（約四七〇〇億円）、④監督、管理責任者を処分*、⑤原子力発電省を新設すること、を確認した（161）。

＊クーロフ国家原子力発電安全運転監視委員会議長、シャシャーリン発電・電化省次官、メシコフ中型機械製作省第一次官、エメリャーノフ原子力建設研究所副所長の四人を、「重大な誤りと職務怠慢」で解任。ブリュハーノフ前チ原発所長（事故後解任）は党から除名。マイオーレツ発電・電化相は厳重警告処分を受けた（162）。

7・20

★ソ連最高会議幹部会はゲンナディー・ウオロノフスキー電力工学工業相を解任、後任にオレク・アンフィーモフ・ラトビア共和国共産党中央委員会書記を任命した。

7・21

★ソ連最高会議幹部会は新設された原子力発電相に、リトアニア共和国イグナリナ原発所長のニコライ・ルコーニン氏を任命した。

7・30

★スイスのエグリ大統領はテレビ番組で、スイスは今後四十年以内に原発を廃止するシナリオを考えるとともに、原子力に替わるエネルギーを開発すべきである、と述べた。

7・31

★プラウダ紙は、「原発の運命」のタイトルで、読者からの多数の質問に答える形の、A・M・ペトロシャンツ国家原子力利用委員会議長との一問一答を掲載した。その中で「ソ連の原発の数は今後も増加する。新設された原子力省が原発作業員のためにきびしい規律を実施する必要がある」と同議長は述べた。

●【毎日夕刊】大正海上火災保険がまとめた報告「チ原発事故と日本の原子力保険」で、原発従業員、周辺住民の放射線被曝による体の傷害、死亡や、農作物などの放射能汚染による損害は保険でカバーできるが、避難に要した費用、風評による農作物・畜産物の価格の下落などは保険の対象にならないことが明らかにされた。今回のソ連の事故による損害額は五〇〇〇～七〇〇〇億円と推定されるが、日本では最高でも一三〇〇億円の保険金しか支払われないとしている。

8・4

★南アフリカ原子力委員会スポークスマンは、ヨハネスブルグ北西約五〇キロのベリンダバ原子力研究所内で先週末に火災があり、二人が死亡、二人が重傷を負ったことを明らかにした。デビリアーズ原子力委員会委員長によれば、「事故は補助設備のある建物で起こり、放射能事故ではない」。

8・6

★【プラウダ】ウクライナ共産党中央委員会はチ原発事故の責任問題を調査し、同原発のフォーミン前技師長の党除名、パラーシン・チ原発党委員会書記を解任、プリピャチ市党委員会のガマニューク第一書記を厳重懲戒処分に付した（116）。

8・8～9

★ルイシコフ首相（党政治局員）、チェルビコフ国家安全保障委員会議長（同）は、チ原発事故処理現場を視察、またヴェデルニコフ副首相が指導する政府対策会議に出席した。原発作業員の宿泊地ゼリョーヌイ・ムイス（緑の岬）、キエフ、ゴメリ両州の避難民居住区では責任者からの報告、要望を聴取した。

8・12

★ノルウェー、スウェーデン両政府当局は、トナカイの肉から大量の放射能が発見されているため、十二日までに合計三万八〇〇〇頭のトナカイの屠殺命令を出した。肉の一部から最高で通常許容限度の五一〇倍ものセシウム137を検出。屠殺されたトナカイの肉は食用禁止。

8・14

★ソ連政府は国家原子力利用委員会が作成した「チ原発事故とその影響」と題する報告書（全文三八二頁）をＩＡＥＡ（国際原子力機関）に提出した。報告書要約は序文のほか炉の解説、事故経過、数学モデルによる事故過程の分析、事故原因、安全性向上のための必要手段、事故拡大の防止と影響の軽減など九項目に分かれ、事故原因の項では主要な規則違反六項目が挙げられている。

★プラウダ紙はソ連共産党中央委員会付属統制委員会がチ原発事故関連の責任問題で、ソ連エネルギー省全ソ「連邦原子力」工業合同長ヴェレテンニコフ、中型機械製作省の要職にあるクリコフ両氏を党から除名し、国家原子力発電安全運転監視委員会アレクセーエフ副議長、同シドレンコ第一副議長、エネルギー省「水利計画」研究所所長ミハイロフ氏、発電・電化省マクーヒン第一副次官を厳重懲戒処分に付したことを明らかにした（167）。

8・17

★スウェーデンのカールソン首相はストックホルムで開かれた労働者集会で、「チ原発事故は原発を廃止すべきだというスウェーデンの確信を強めた」と述べた。

★中国広東省の大亜湾原発の建設に反対する香港市民の代表一二人は、一〇〇万人の反対署名を携え北京に向かった。

中国政府責任者と会見し、同原発の建設中止または他への移転を訴えるのが目的。

8・18

★【ＮＹＴ】ソ連の報告書「チ原発事故とその影響」を検討した米原子力専門家は、原子炉を操作していた作業員だけに責任があるのではなく、原子炉が非常に複雑かつ微妙な構造のため運転が困難であることにも一因がある、と指摘した。

★【香港19日＝共同】中国国務院香港マカオ弁公室の容康第二局長は大亜湾原発の建設中止を要求する香港市民の代表と会見、「建設中止を求める民意には同意しない」と述べ、原発建設を推進する態度を改めて確認した。

★プラウダ紙はチ原発事故に関して編集部に寄せられたさまざまな手紙を紹介している。なかでも目をひくのは白ロシア共和国ゴメリ州ブラーギン地区からミンスク地区の療養所に避難した住民、とくに女性たちが連名で寄せた手紙の内容で、避難先での窮屈な居住条件、望郷の念と精神的不安、苦痛を率直に述べている。また別の手紙は、被災地域の無人の家の戸口や窓がこわされ、盗みが横行していることを生なましく伝えている (106, 113)。

★【朝日】ワルシャワの放射線防護中央研究所のズビグニエフ・ジャワロウスキ所長は、チ原発四号炉から大気中に出た放射性物質（死の灰）で、ポーランド各地に「放射能が特別に強い地域」（ホットスポット）が多数生じていることを明らかにした。

★ポーランド政府は、チ原発事故でポーランド産牛肉が西側から輸入禁止措置を受けたが、その経済的損失を補償するため、ソ連がポーランド産牛肉を輸入することになったと発表した。

8・20

★中国の大亜湾原発建設に反対する香港市民の代表は、北京で中国国務院香港マカオ弁公室の李後副主任と会い、香港住民一〇〇万人が署名した原発建設反対の嘆願書を手渡した。

●【朝日夕刊】北大水産学部の角皆静男教授（分析化学）のグループの調査によると、事故が起きた四月二十六日からわずか一カ月ほどの間に、海面に落ちた放射性物質の一部が、プランクトンの死体などに吸着され、大きな粒子になって急速に海底（水深一一〇〇メートル）に沈んでいったことがわかった。

8・21

★モスクワの外務省プレスセンターで記者会見が行なわれ、ペトロシャンツ国家原子力利用委員会議長、レガソフ原子力研究所第一副所長らが、IAEA技術解析専門家会議に提出するソ連政府のチ原発事故原因および影響調査報告書の内容を説明した。

8・25

★ウィーンのIAEA（国際原子力機関）本部でチ原発事故を検討する技術解析専門家会議開く（以下、技術専門家会議）。ソ連代表団（団長＝クルチャートフ原子力研究所のヴァレリー・レガソフ第一副所長）二八人をはじめ、約六〇カ国、一〇国際機関からの専門家約五〇〇人が参加登録した。会議日程は二十九日まで五日間。議長はルドルフ・ロメッチ氏（スイス核廃棄物処理協会会長）。

★米国のロバート・ゲイル博士はIAEA技術専門家会議に出席、チ原発事故で被曝後に骨髄移植の手術を受けた患者の四分の三は死亡したと発表。同博士は「極度に高熱化した黒鉛による火傷がかなりひどかったので、骨髄移植は必ずしも最も適切な治療法ではなかった」と説明した。

8・27

★プラウダ紙はイワノフ、パホーモフ両教授の論文「安全確保への道」を掲載。これはチ原発事故の事例をもとに、科学技術の進歩と安全問題の関係について論じている。

8・28

★【プラウダ】ボルガ川、カマ川、ボルガ・ドン運河で使用中の河川航行用客船、貨物船一四隻の船団は、アゾフ海、黒海を経てドニエプル川に入りチェルノブイリに向かった。これらの船舶は、事故現場作業員の水上宿泊施設、売店、給排水、ゴミ処理などの目的に利用される。

★米国のロバート・ゲイル博士はウィーンで共同通信記者と会見、そのなかで「放射線影響研究所（広島）の重松逸造理事長ら世界の放射線医学の専門家二〇人とともに、チ原発周辺の住民約一〇万人の健康を生涯にわたって調査したい」と述べ、広島、長崎の被爆者長期追跡データを持つ日本側の協力を強く要請した。

8・29

★シチェルビツキー・ソ連共産党中央委員会政治局員・ウクライナ共産党第一書記、リャシコ・ウクライナ共和国首相らは、チ原発事故による避難民の居住区を訪問、ヴェデルニコフ・ソ連副首相が指導する政府委員会に出席した後、現地を視察した。レヴェンコ・キエフ州党委員会第一書記も同行。

★IAEAのチ原発事故技術専門家会議が閉幕した。

この会議には四五カ国から五四七人の原子炉技術者、放射線医学者、行政官が参加、五日間にわたりソ連の事故報告をもとに討議を行なった。閉会式でルドルフ・ロメッチ議長は今後の課題として①重大事故の解析研究、②原子炉運転員の訓練、③原子力火災防止の基準づくり、④チ原発事故の環境モニターのデータ交換などで、各国の協力を呼びかけた。

●朝日新聞社が八月六、七両日、全国で行なった原発に関する意識調査によると、原発の推進に賛成する人が三四%、反対が四一%で、一九七八年から始まった調査で初めて反対が賛成を上回った。詳細な内容は29日付同紙。

★スウェーデンの国家電力理事会が同日発行した内部報告書は、ソ連リトアニア共和国イグナリナ原発の原子炉一基は、チ原発四号炉と同じように「安全でない」状態にあると報告した。同報告は、核燃料被覆破損の可能性を示唆している。

8・30

●動燃はこの日未明、北海道幌延町で高レベル放射性廃棄物研究・貯蔵施設（貯蔵工学センター）の立地環境調査を、北海道警機動隊に守られて再開、道警は反対派二名を逮捕した。

★SR紙はチ原発事故処理に従事する作業員の居住地ゼリョーヌイ・ムィス（緑の岬）とチ原発の間三八キロに、急ピッチで幹線道路建設工事が進んでいる模様を伝えた。無人と化した村落、農地、森林、河川を貫通するこの道路は二カ月間で完成。

9・1

★ソ連国立銀行のデメンツェフ理事長は、プラウダ紙上で、チ原発事故救援のため全国から寄せられた寄付金は四億八八七〇万ルーブルに達し、また外国から一三五万ルーブルの救援資金が寄せられたことも明らかにした。これらの寄付金はキエフ、ゴメリ両州の事故被災地に送られている。

★ブラジルのサントス港に輸入されたアイルランド産の粉ミルク約三〇〇〇トンが、高濃度の放射能を含んでいたため、輸入保留処分に付された。オクタビオ・デ・メロ・アルバレンガ・ブラジル農業会会長は、これらの放射能汚染粉ミルクは、アイルランドへ送り返されるだろうと語った。一方、ダブリンのアイルランド乳製品局はそれらの粉ミルクの放射能は安全基準内だと言っている。

●科学技術庁はチ原発事故にかんがみ、原子力安全委員会に事故・故障分析専門部会を常設することを発表した。

●北海道の新谷昌明・副知事は、科学技術庁と動燃を訪ね、動燃が先月三十日、幌延町で高レベル放射性廃棄物貯蔵・研究施設の立地調査再開を強行したことに抗議し、調査の再考を申し入れた。

9・3

★スイス政府は、スイス南東部、イタリア国境ルガノ湖の漁獲を禁止した。チ原発事故の影響とみられる異常に高い放射能が湖の魚から検出されたため。

9・5

★フィリピン厚生省は、オランダ、アイルランドから輸入した粉ミルク「バーチ・ツリー」とエバミルク「ダッチ・レディー」などから同省の放射能許容基準を大幅に超える放射性物質が検出されたとして、五銘柄のミルク（六月以降輸入）の販売を禁止するとともに、スーパーや薬局からの回収を命じた。また警告を無視した輸入販売業者の免許を取り消した。

9・6

●東京の日仏会館で「徹底分析！　チェルノブイリ原発事故――ウクライナと日本の運命」と題する集会が昼夜通して開かれ、広瀬隆（作家）、小泉好延（東大）、山本知佳子（西ドイツ在住）の各氏が講演、五〇〇人以上が参加した。

9・11

●原子力安全委員会のソ連原発事故調査特別委員会（委員長・都甲泰正東大教授）は、第一次報告書をまとめて御園生圭輔原子力安全委員長に提出した。報告書は、事故炉は日本の原子炉と構造が異なり、安全対策に十分な配慮がなされていず、設計上の問題点を有していたことを指摘した。

★シンガポール政府は、五種類の輸入食品が放射能に汚染されていることが判明したと発表した。同政府が放射能汚染を理由に輸入を拒否した食品は、八月末までに一八五品目に達した。その中にはスパゲッティ、マカロニ、乳児食品、アイスクリーム材料、粉末モルト飲料、粉末蛋白食品、魚、肉などが含まれている。

9・14

●「とんでけ原発！　風船行動イン東海」行動。茨城県東海村に関東各都県などから約六〇〇人が集まり、色とりどりの風船四〇〇〇個にメッセージ入りのハガキをつけて空に放った。

★プラウダ紙は「新しい村々の秋」と題する記事で、ウクライナ共和国のキエフ、ジトミール両州では、チェルノブイリ地区からの避難者のために、十月一日までに七〇〇〇戸の住宅の完成を目標にして突貫工事が進められているが、そこに三万人以上の避難民が収容される。ガス管の不足、建築用砂利、ガラスなどの資材の調達難が指摘されている。

9・15

●エントロピー学会が主催する「ソ連原発事故シンポジウム」が東京の一橋大学で開かれた。「黒鉛減速軽水炉の構造と事故の経過」「ソ連原発事故による日本の汚染と被曝」「西欧と東欧の状況」「チェルノブイリ事故をどう受けとめるか」などのテーマで、八時間にわたり討議がなされた。

★チ原発事故対策の現地責任者であるヴェデルニコフ・ソ連副首相は、テレビニュースのインタビューで、「事故を起こした四号炉のコンクリート封鎖は九月末か十月初めに終わる。隣接する一号炉と二号炉の運転再開は、十一月になる」と語った。

★ソ連の新聞ソビエツカヤ・クリトゥーラ紙（ソビエト文化）は、チ原発事故を主題にしたウラジーミル・グーバレフ氏の戯曲『石棺』の一部を掲載した。同紙によると、すでに多くの劇場から上演申し込みが殺到しているという。

9・17

★トルコ政府のカヒット・アラル貿易相は、放射能汚染の疑いがあるため、同国産のハシバミの実の輸出を禁止することを公表した。板チョコレートなどに使われるハシバミは、トルコで今年三二万トン収穫される見込みだが、トルコ政府はその六〇％を買い上げる予定。

●七年ぶりに開かれた日ソ科学技術協力委員会のソ連側代表の一人コルジャビン国家原子力委員会主任技師長は、茨城県東海村の原研東海研究所を訪ね、ローザ4（冷却材喪失事故対策実験施設）、NSSR（安全対策実験炉）などを視察した。

●埼玉県和光市にある理化学研究所で、八月十八日、二人の女性研究員が放射線被曝する事故があったが、内部処理で済まされていたことが明らかにされた。

9・19

★ゴスチェフ・ソ連蔵相は記者会見で、チ原発事故の被害額は、原子炉、電力、工業、農業、被災者への補償などすべて合わせて総額二〇億ルーブル（約四六〇〇億円）にのぼることを明らかにした。被災者への補償は国家予算から五億ルーブル、社会保険から一億ルーブルが支出され、ほかに国民からの寄付による救済基金五億ルーブルと海外からの救援金一五〇万ルーブルも救済に当てられた。

9・20

★東ドイツのプロテスタント教会指導部は、チ原発事故直後の東独国民への情報伝達の欠落を憂慮すると、政府を批判する報告書を、エルフルトで開かれた全国宗教会議に提出した。同報告書は原子力の危険性を見直し、代替エネルギーの研究を進めるよう求めている。

★中国の李鵬副首相は香港立法評議会原子力発電視察団と会見、大亜湾原発の安全性を強調するとともに、香港住民が参加する民間の原発安全諮問組織設立の提案については、積極的態度をとる、と述べた。

★マレーシア政府厚生省は、ヨーロッパ二五カ国からの輸入品中、一三品目の食品を規制すると発表した。また十月一日までにそれらの安全証明書を輸出国に要求したことを明らかにした。規制の対象はソ連・東欧諸国から全ヨーロッパおよびトルコにまで拡大され、品目の中には乳製品、果物、野菜（生鮮、加工）、魚介類、肉類、鉱泉水などが含まれる。

9・23

★オーストリア政府のシュテガー産業相は、建設されて以来約八年間使われていないツベンテンドルフ原発について、所有者の国営電力会社などに対し、原子炉を速やかに解体するよう最終的に指示した。

9・24

★ウィーンでIAEA（国際原子力機関）の閣僚級特別総会が始まった。原子力事故の早期通報と事故時の援助の二つの協定について、協議が行なわれる。ヘリントン米国エネルギー庁長官、シチェルビナ・ソ連副首相ら主要国の閣僚が参加している。期間中、会議場横で二人の市民が原子力利用の廃止を訴え、ハンストを決行した。

★ウィーンで五日間の日程で「反原発インターナショナル」（AAI）の会議が開かれた。この会議は、「IAEAに対抗して、世界の民衆の立場からチ原発事故の意味を考え、この事故への唯一の可能な決着のつけ方、すなわち原発廃絶の具体的方策を話し合うため」

に開かれた。

9・26

★プラウダ紙は「第四ブロックと並んで」と題する現地報告記事を掲載、シチェルビナ・ソ連副首相がふたたび現地政府委員会議長に就任したことを明らかにした。同報告はチ原発第四号炉のコンクリートによる封鎖作業の完了と、第一、二号炉の運転再開が近いことを報じている。

★ウィーンで開かれていたIAEAの閣僚級特別総会は、原子力事故の「早期通報」「相互援助」の二条約を採択した。ソ連、西独、米、英、仏、中国など約五〇カ国が署名、直ちに発効する。日本は国内法との調整が済みしだい速やかに署名する。インドなど一部の非同盟国は核兵器事故の報告が義務づけられていないことを理由に署名を留保。この日AAI参加者が決議文をもって会場を訪れたところ、警備中の警官が約三〇人を逮捕した。

9・28

★ウィーンのAAI会議終了、約七〇〇〇人が市内三カ所を起点にホーフブルク宮殿広場までデモ行進を行なった。

9・29

★プラウダ紙は「電力を節約しよう」と呼びかける社説を掲載、その中でチ原発事故、カリーニン、ザポロジエ原発などの工期の遅れ、雨量不足などの理由で、発電量が計画を下回るため、生産、輸送、民生等の各部門で節電に努めることを訴えた。

9・30

★プラウダ紙は、ウィーンで開かれたIAEA総会の結果に、満足の意思を表明したソ連政府声明を掲載した。

10・1

★英労働党は年次党大会で、現在全発電中の二〇％を供給している原子力発電を、段階的に廃止していくとの決議案を採択した。

10・2

★【プラウダ3日】ソ連共産党中央委員会政治局会議は、チ原発の復旧活動について審議した。放射能汚染地域の除染作業、事故炉の遮蔽、第一、第二号炉の運転再開準備が報告された。水資源を放射性物質から確実に守ることが保障され、働ける市民にはすべて仕事が確保された。汚染地域からの避難民のために八〇〇〇戸以上の家屋が建てられ、さらに六〇〇〇〇戸以上の快適な住居を準備中である。

政治局会議は、九月にウィーンで開かれたIAEAの会議に関する報告を受け、原子力の揺るぎない安全な発展のために、国際的な制度を設けることの重要性を確認した。

10・5

★【プラウダ6日】ソ連共産党中央委員会で、冬期の国民経済に対する確実なエネルギー供給を主題とする関係省庁幹部、党委員会書記の会議が開かれた。会議では党政治局員兼書記のリガチョフ氏と政治局員候補兼書記のドルギフ氏が報告した。また、八六年度の計画目標達成のための、政府機関および企業の指導的幹部の個人的責任が強調された。

10・10

★プラウダ紙はチ原発所長ポズドゥイシェフ氏とのインタビュー記事を掲載。ポ所長は前スモレンスク原発所長、チ原発事故後の五月二十五日現職に就任。同所長はつぎの点を明らかにした。

①どの原発でも悲劇的な事故を未然に防止するためには、規律が必要だ。しかし、幹部に与えられた権限は小さい。事故後、信頼を失った多くの従業員の首を切ったが、かれらは裁判所に訴えて復職しつつある。だがそういう役に立たない連中は不要なのだ。事故当時、職務を放棄して逃走した者たちは、職場に復帰させる前に、従業員集会の審査を経なければならない。党と政府は十月に一号炉の運転を再開せよとの困難な課題を決めたが、それをやりとげた。一号炉は試運転を開始した。一号炉の運転は一種の心理的境界であり、われわれはそれを超えた。

②チ原発には事故前に六五〇〇人の従業員がいたが、いま残っているのは一三〇〇人だ。近いうちに二号炉の運転を開始する予定だが、三号炉の運転再開は来年になるだろう。

10・10～12

★【WISE】フィンランド南部のロビイサ*で「原子力のないフィンランド」をめざす集会が開かれた。主催はEVY（原子力でないエネルギーを求める政治協会）。集会の参加者は原発の放棄がもたらす社会・経済的影響の研究、原発なしの地域発展のシナリオ作り、などに取り組むことを決めた。

*ロビイサ原発（ソ連製VVER、四四万キロワッ

ト）では二号機で冷却水漏洩、一号機で冷却材ポンプに欠陥発見などの問題が生じ、運転を停止していたが、十二日から送電再開。

10・11〜12

★【プラウダ】ソ連共産党中央委員会政治局員候補兼書記ドルギフ氏は、ウクライナ共和国ザポロジエ州で開かれたエネルギー施設の建設促進の問題に関する会議に出席した。また同氏はザポロジエ原発を訪れ、建設中の第三ブロックの工事が予定より遅れている原因を点検し、関係者たちを督励した。

10・14

★【朝日夕刊】新華社電によると、中国は第七次五カ年計画（一九八六〜九〇年）期間中に、原発の発電容量が四〇〇〜五〇〇〇万キロワットに達し、中国の総発電量の三％を占める見通しである。

10・15

★米原子力規制委員会（NRC）のL・ゼック委員長は、各局の廃止・統合を含むNRC改組案を発表。改組の重点は、従来の原発の許認可発給から安全運転監視へ移される。

10・19

★タス通信によると、ソ連発電・電化省当局者は、チ原発事故の影響で、ソ連ではこの冬六〇〇万キロワットの電力不足に陥る。その対策として、工場の操業開始や昼休み時間の変更、また工場を週末に操業し、ウィークデーに休む、広告塔の光を弱めるなどの節電努力をすることになった。

10・20

★プラウダ紙はルポルタージュ「緑の岬の新居住地」を掲載。チ原発運転員、同復旧建設作業員の暫定宿泊地として、チェルノブイリとキエフの中間地点、チェチェレフ川河口の旧ストラホレーシェ村が選ばれ、「緑の岬」と名づけられた。常住の宿泊地として二年以内にドニエプル川対岸のチェルニゴフ州ニェダンティチ村に、人口三万人の新しい町（スラヴティチ）が建設される予定。

●ウィーンの反原発インターナショナル（AAI）に参加したのち、西ドイツを訪問し帰国した高木仁三郎氏の報告会が東京で開かれた。

10・21

●【毎日】気象庁気象研究所、名古屋大学理学部、科学技術庁放射線医学総合研究所の観測によると、チ原発事故による放射能は五月初めに日本でも検出され、五月三日ピークに達したのち急速に減少し、観測体制が緩和されたが、五月二十五、二十六日に第二のピークに達したことが明らかになった。

10・24
★米下院エネルギー小委員会のエドワード・マーキー委員長は、米国内の病院や刑務所で七〇年代までの三十年間に、七〇〇人近い人たちが放射能の影響を調べるための人体実験に利用されていたことを明らかにした。

10・26
●「原発とめよう！　東京行動」実行委員会の呼びかけで、東京では日比谷公園を中心に「ストップ原発フェスティバル」と「ストップ原発フリーデモ」が行なわれた。一五〇〇人が参加。山口県熊毛郡上関《かみのせき》町では、中国電力上関原発建設計画に反対する地元の漁民と家族、山口・広島両県の労働者、住民による海上デモ、集会が行なわれた。静岡市では浜岡原発に反対する団体、個人が青華公園で「おまつり気分で原発NO！」の行動。福岡市では福岡カテドラルセンターで三〇〇人が集まり、広瀬隆氏が講演した。長野県の北アルプスのふもと安曇野《あずみの》では、反原発のメッセージをつけたゴム風船三〇〇個をとばした。そのほか北海道（岩内）、新潟（巻町）、名古屋、石川、大阪、京都、鳥取などでも、地域の特色を生かしたさまざまな反原発行動が展開された。

10・27
★プラウダ紙はA・ポクロフスキー・ウィーン特派員の長文の記事「原子力世紀の現実――核エネルギーを安全に開発する国際制度は強化されている」を掲載。同記者はその中で、チ原発事故以後とくに世界的に反原発世論が強くなった事実を認めながらも、「世界はひき返すことのできない核エネルギー時代に入ってしまった」ことを強調している。

10・28
★プラウダ紙は、キエフの住宅施設供給部門が、プリピヤチ、チェルノブイリ両市住民のため、九〇〇〇戸以上の住居を提供したこと、またその多くは「最も美しくて広い居住地域の一つ――トロエシチンに設置された」と報じた。
★チェコスロバキア共産党中央委員会最高幹部会員、スロバキア共産党中央委員会第一書記のレナルト氏は、チ原発地区を訪問し、現地のソ連政府事故復旧対策委員会で懇談した。

10・30

★【ストックホルム発＝AFP時事】「亡命エストニア人連帯委員会」のアンツ・キッパル・スウェーデン支部長はストックホルムで記者会見し、今年六月、チ原発汚染除去作業に動員されたエストニア人三〇〇人が抗議ストを行ない、うち一二人が軍隊により射殺されたと述べた。

●来日中の国際原子力機関（IAEA）のH・ブリックス事務局長は科学技術庁で記者会見し、「一九八八年に日本でマン・マシーン・インターフェイスの会議を開き、原発運転員の心理面や実際面の問題を含めた討議を行なう」と述べた。

10・31

★プラウダ紙は「遮断」と題するチ原発現地報告を掲載。プリピャチ川・ウシ川支流の河川を通じて、キエフ貯水池（ドニエプル川）に放射性核種が流入するのを遮断するため、浚渫船によって濾過堤防、非越流ダムなどの建設工事を進めている様子を紹介している。またチ原発四号炉では地下三〇メートルの壁が設けられ、地下水がプリピャチ川に流入する経路をふさいだ。ウクライナ共和国政府土地改良・治水省次官ヴェ・カトラン氏は、一三一カ所の濾過堤防と水防護施設の建設作業に取り組んだウクライナ、白ロシアの関係機関を高く評価した。また汚染地域の天然湿地帯の秋・春季増水対策も立てられている（57，143）。

●科学技術庁、日本原子力文化振興財団が東京で開いた「原子力の日記念講演会」で、IAEA（国際原子力機関）のH・ブリックス事務局長が「チェルノブイリ後の原子力の展望」と題して講演、「先進国では、原子力からの撤退は現実的に不可能」との考え方を述べた。

12・4

★プラウダ紙は建設工事の最終段階にあるウズベク共和国の研究・冶金コンプレクス「太陽」の進捗状況を写真入りで報じた。首都タシケントに近いテンシャン山脈のふもとに建てられているこの太陽炉は、金属の融解だけでなく、コンプレクスの運転要員の居住集落で使う熱エネルギーと電力をも供給することになっている。

12・5

★【プラウダ6日】ゴルバチョフ・ソ連共産党書記長はクレムリンで訪ソ中のグル・ブルントラント・ノルウェー首相と会談した際、「ソ連指導部がチ原発事故から得た結論を伝え、またIAEAの会議で決められた積極的な手続きが、原子力利用の安全確保に効果を及ぼすことを期待している」と述べた。

12・9

★米バージニア州サリーにあるバージニア電力会社サリー原発二号機で、タービン建屋の冷却水配管が破断、高温の水蒸気と熱水があふれ、建設作業員八人がやけどをした。八人のうち二人は重体。炉は自動的に停止、放射性物質の漏出はないという。

12・10

★米バージニア州サリー原発の二次冷却水漏出事故で負傷、入院中だった作業員二名が相次いで死亡した。

12・11

★英国政府の保健安全局(HSE)は、セラフィールド核燃料再処理工場で起きた度重なる放射能漏れ事故に関する調査報告書を発表するとともに、同工場に対して工場運営全般にわたる広範囲の改善命令を出した。一年以内にこれらの改善処置が取られない場合は、同工場の閉鎖もありうるとしている。

12・12

★【朝日12・13】通産省によると、米バージニア州サリー原発で冷却水配管が破断した事故は、大口径の管が一瞬で断ち切られてしまう「ギロチン破断」であったことが確認された。

この事故は、タービンを回転させた蒸気を水にした二次冷却水を、二基の給水ポンプに分配するパイプの曲がった部分の溶接部付近で起こった。パイプは二つに完全に分断されていた。

●茨城県東海村の動燃の使用済み核燃料再処理工場でプルトニウム汚染事故があり、作業員一人が〇・五レムに相当する被曝をした。

12・14

★米バージニア州サリー原発では、ギロチン破断事故が起こった二号機と同様、一号機でも事故が起こる可能性が高いとして、運転を停止した。配管の腐食が予想以上にひどいことが認められた。

12・15

★プラウダ紙は第一面に「チェルノブイリのエネルギー」と題する通信員記事を掲載(写真二葉)。その中で党キエフ州委員会のレヴェンコ第一書記は、「避難民の一部は冬の終わりから春にかけて、一四の村に帰村、続いて八カ村に帰村できる見込みだ。問題は古い住居の改築、とくに給水設備を完備すること。また帰村してもすぐその日から生活できるよう商業、病院、幼稚園などの施設を整えることだ」と語った。

この記事の中で、最近キエフ市に全ソ放射線医学研究センターが創設され、A・ロマネンコ・ウクライナ共和国保健相が所長に就任していることが明らかにされた。

12・16

★プラウダ紙は社説「チェルノブイリの功績」を掲載。この社説は原発事故以来短い期間（七カ月半）で、事故の影響を取り除く作業を完了したとして、関係者の努力を評価している。社説によると、ウクライナ、白ロシアの危険区域からの避難民は一一万六〇〇〇人、避難民に提供された住宅は約一万二〇〇〇戸、病院で治療された者は二三七人に達した。

事故炉を封鎖する「石棺」用に三〇万立法メートルのペトン、六〇〇〇トンの金属建材が使われた。除染作業により原発周辺三〇キロの状態はいちじるしく改善されたが、しかし、完全に解決したわけでなく、ひき続きテンポを緩めずに作業を継続する必要がある、と社説は強調している (149)。

12・17

★【ロイター】英国のP・ウォーカー・エネルギー相はソ連のN・ルコーニン原子力相とともにチ原発を視察した。ウォーカー・エネルギー相によるとその際ルコーニン原子力相は「ソ連は今後、加圧水型原子炉（PWR）だけを建設する」と語った。ただしチェルノブイリで建設中の黒鉛チャンネル型二基については、八七年に建設工事を再開するが、大幅な改良が加えられる。

ウォーカー・エネルギー相は事故現場とその周辺上空をヘリコプターで飛んだが、原発から半径二キロ以内の針葉樹は、放射線の影響で黄色に変色しているという。

12・18

●政府は電源開発調整審議会を開き、北陸電力能登一号原発など九地点を、八六年度の電源開発基本計画に追加し、着手を認めた。

12・23

●動燃は北海道幌延町で「貯蔵工学センター」立地調査のための地下深層ボーリングを開始。

12・25

★プラウダ紙は「責任地帯――チェルノブイリの英雄たち」と題する長文の記事を掲載。原発事故直後から現地で事故対策に従事したピカロフ大将（ソ連国防省化学軍司令官）以下、化学軍部隊の活動を詳しく紹介している（13，20，25）。

〔1987〕

1・1

★PU紙は「スラヴティチ――親密な都市」と題する記事を掲載。キエフ実験計画化研究所の建築技師長ヴォロビク氏が、チ原発従業員とその家族のための新しい町スラヴティチの構想を語っている。新しい都市の居住者は二〜三万人になる。

1・7

★ソ連、フィンランド両国が、原発事故などにより放射能漏れが生じた際の早期通報システムに関する協定に調印した。チ原発事故以後、ソ連がこの種の二国間協定に調印したのはこれが初めてのこと。

★ソ連共産党政治局員候補兼書記ドルギフ氏は、七日から九日までチ原発およびキエフ（ウクライナ）、ゴメリ（白ロシア）両地区を視察した。党のエネルギー政策の最高責任者の一人と目される同氏が現地を訪問した任務は、今後の大規模な事故復旧対策、運転が再開された一、二号炉の安全確保、除染作業計画の点検、避難民の生活条件の改善などを検討することにある。現地ではそれらの課題の他に、ドニエプル水系を放射能汚染から防護する問題も指摘された。ドルギフ氏の旅行に同行した幹部の中には、シチェルビナ・ソ連副首相のほかウクライナ、白ロシアの党、政府の最高指導者が含まれている。

1・8

★キエフ市でスラヴティチ市建設計画関係機関の建設促進と作業調整の会議が開かれた。これを伝えたPU紙（10日付）によると、三四の建設、計画機関が参加、すでに計画書は発注者のソ連原子力発電省に提出されている。すでに二〇〇〇名の建設労働者の仮設居住村「錨」が設けられている。この会議にはドルギフ・ソ連共産党政治局員候補兼書記らも出席した。

1・9

★●厚生省は九日までに、昨年末トルコから輸入したヘーゼルナッツから暫定基準を超える放射能が検出されたため、ナッツ計三〇トンをトルコに積み戻すよう輸入業者に指示した。これらのナッツからは、食品中に含まれる放射能の暫定基準三七〇ベクレルを大幅に超える五二〇〜九八〇ベクレルのセシウム134とセシウム137が確認された。

1・11

★●ソ連チ原発事故医療・治療調査団が日本の専門家、研究機関などと放射線被曝者の検査や治療などについて、経験、意見を交換するため来日した。来日したのは、団長ヴォロビョフ保健省付属医療技能向上中央研究所教授（血液学講座主任）、ツイプ医学アカデミー医療放射線研究所所長、ラムザーエフ・ロシア共和国保健省放射線衛生学研究所所長、ゴーギン・プルテンコ名称軍人病院上級内科医など五名。

1・13

★ラタウ（ウクライナ電報通信社）の報道によると、ソ連政府の招待で訪ソ中の国際原子力機関のブリックス事務局長は、ウクライナを訪れ、チ原発を視察した。また同氏はこの日リャシコ・ウクライナ首相と会談したが、会談にペトロシャンツ・ソ連国家原子力利用委員会議長、ルコーニン原子力発電相、スクリャロフ・ウクライナ・エネルギー電化相その他が同席した。

1・14

★プラウダ紙は中央都市計画研究所のベロウーソフ教授執筆の「エネルギー生産者の都市」を掲載。新しい都市スラヴティチの建設計画途上にある問題点を明らかにしている。

★チ原発事故対策の現場で献身的に活動し、功労のあったピカロフ大将ほか六人の軍人および民間人に、ソ連最高会議幹部会のグロムイコ議長が勲章を授与した。

◎叙勲者の名前と活動

ソ連英雄称号、レーニン勲章、金星勲章授与（三名）——

L・P・テリャトニコフ＝内務（消防）中佐、原発事故直後に現場で消火活動を指揮した功績（18）。

N・T・アントシキン＝空軍少将、ヘリコプターから事故炉を封鎖する危険な作業を現地で指揮（37）。

V・K・ピカロフ＝大将、国防省化学部隊司令官。放射能汚染地域の調査、汚染拡大防止、除染作業などの活動を現地で指揮した（13、20、25）。

社会主義労働英雄称号、レーニン勲章、「鎌と槌」金章授与（四名）——

V・I・ザヴェディー＝リトアニア共和国イグナリナ原発コンクリート・ポンプ操作組長。六〜九月の三カ月間、放射能汚染地域の密封作業にチーム責任者として貢献（154）。

G・D・ルイコフ＝事故炉を埋葬する建設作業の組長。チームワークと短期間の目標遂行に高い能力を発揮した（150）。

Y・M・サモイレンコ＝ロストフ原発建設組長、除染作業の最も困難な区域で作業班を指導し、成果を上げた（88）。

A・N・ウサーノフ＝ソ連中型機械製作省次官、三交替制で事故炉の密封作業をする計画を作成、直接現地で作業を指導した（156）。

1・16

★モスクワのソ連外務省プレス・センターでチ原発事故にかんする記者会見が行なわれた。出席したのは、ソ連政府の招きで訪ソしたIAEAブリックス事務局長、同コンスタンチノフ次長（ソ連）、同ローゼン核安全部長（米国）。この会見の内容を報じたタス通信の記事が、プラウダ紙一月十七日号に「原発・安全性と人的ファクター」と題して掲載されている。

この日ルイシコフ・ソ連首相はブリックス事務局長と会見した。

1・18

★プラウダ紙は経済社会発展五カ年計画の一九八六年の達成状況を発表した。エネルギー燃料コムプレクス部門でソ連原子力発電省関係の実績を見ると、八五年度に比して生産高は九七％、労働生産性は九〇％、年間生産計画の達成率は九三％となっている。また電力生産全体の年間目標達成率は九九・六％。このように電力生産実績が目標を下回ったのは、「チ原発事故にともなう諸困難、および一部の河川の渇水によるもの」とされている（210）。

1・20

★プラウダ紙は「配慮に囲まれて」と題するプラウダ紙記者の白ロシア労働組合評議会議長ゴンチャリコフ氏とのインタビュー記事を掲載。その中で白ロシアでは九七〇〇家族が避難、その受け入れ、住宅、仕事などの提供は、第二次大戦終了以後、白ロシアが直面した最大規模の仕事だったとされている。

1・21

★●来日していたソ連のチ原発事故医療・治療調査団は成田発で帰国した。

1・22

★「原子力産業新聞」によると、フィンランドのタンペレ大学が原子力開発の賛否を問う世論調査を実施した。チ原発事故後、原発支持は大幅に低下し、わずか一四%が賛成。一方、現在四基ある原発の閉鎖を求める者は三五%に達した。

1・27

★PU紙は「守られる健康」と題して、キエフ市内に開設された特別放射線防護保健所の活動を、クリレンコ主任医師が語った記事として掲載している。この保健所は主にチ原発事故で放射線被曝した住民、とくに子どもの健康保護に重点を置いている。同保健所はソ連医学アカデミー放射線医学センターと密接な連携を保ち、開設以来四カ月間ですでに一〇〇〇人以上の検査を完了している。

1・29

★マレーシア保健省は北アイルランドから輸入した粉ミルクの中から、規制値以上の高いセシウム137が検出されたため、計六・五トンを送り返すと発表した。

★米国務省は、米調査団がキエフ市で実施したチ原発事故による放射能の影響調査について報告を公表した。それによると、キエフの水道水や主要な食物、土壌などから、放射能はほんど検知されなかった。また人体に害を及ぼすレベルのものはほとんどなかった。その結果、事故以来、米国人旅行者に出されていたキエフへの立入り中止勧告は撤回されることになったと、国務省報道官は言明した。

★「原子力産業新聞」によると、アイルランド国会は、英国セラフィールド再処理工場の閉鎖を求めることを満場一致で決めた。

2・3

★プラウダ紙はチ原発従業員の新居住都市スラヴティチの建設準備作業を報じた。それによるとすでに一〇〇〇人以上の建設関係者が工事現場に入り、活動を開始した。

2・4

★西ドイツのワルター・ワルマン環境相は記者会見で、輸出用の粉乳三〇〇〇トンが放射能汚染されていることが判明したため、廃棄処分にすると発表した。

2・6

★●厚生省は放射能暫定限度を超える以下の輸入食品について、輸入業者に対して輸出国への返送を指示した。トルコ産月桂樹の葉五二トン、同セージ（香辛料）一四・五トン、フィンランド産牛の胃（冷凍生）一・二六トン。放射能はセシウム134と同137で、それぞれ一キログラム当たり四九〇〜六七〇、一〇〇〇〜三〇〇〇、四四〇ベクレル。

★フィンランドの食肉貯蔵当局筋は日本政府がとった措置に対して、問題の食肉の放射能値はフィンランドやその他の国の基準では、安全と判定されているものだと反論した。

2・7

★【新華社通信7日】中国の蔣心雄原子力工業相は、同省の会議で「中国は原子力発電推進の方針を変えない。原発の開発を軸に核燃料サイクル各部門の発展を促さなければならない」と述べた。

2・10〜11

●10日、日本原電東海発電所（炭酸ガス冷却型、電気出力一六・六万kW）で燃料棒の取り換え作業中、取り換え機が燃料棒をつかめず、作業ができなくなったので調べたところ、燃料棒の一本の取っ手部がはずれていた。同発電所では昨年十一月にも同じトラブルが起きている。また十一日には、同発電所二号タービンの配管部から冷却剤密封用の油が漏れ、補修することになった。

2・12

★●厚生省は、前月スウェーデンから輸入したトナカイの冷凍肉から、暫定基準（三七〇ベクレル）をわずかに超える三八九ベクレルの放射能が検出されたため、輸入業者にスウェーデンへの積み戻しを指示した。

★ＰＵ紙はクルスク鉱業建設トラストがスラヴティチ市の最初の学校を建設する任務を引き受け、八カ月で目標を達成する計画だと報じた。

同紙はまたスラヴティチ市建設トラストの第二回党員会議が開催されたが、出席率が悪く、討論も積極的な結論が得られず、「集会は成功しなかった」との幹部の見解を伝えた。

2・13

★【朝日14日】イタリアのクラクシ内閣は原発問題などに関する国民投票を六月十四日に行なうことを決めた。投票にかけられるのは、①地方政府の承認なしでイタリア政府はどこの地域にも原発建設ができることを定めた現行の法律を禁止すべきか、②同様に、原発受け入れに合意した地方にイタリア政府が交付金を出せるという現行法は廃止されるべきか、③国外での原発建設にイタリアの参加を禁止すべきか、の三項目。

2・15

★【シカゴ15日＝AP】米カリフォルニア大学のロバート・ゲイル博士（チ原発事故の被害者治療に当たった）は、同事故で放射線にさらされた妊婦からすでに三〇〇〇人の赤ん坊が生まれたが、ソ連人医師との共同研究によると、そのうち三九人が将来、精神的発達の遅れに苦しむのではないかとの見方を、発表した。

★【ロイター】スウェーデンの野党である穏健党（保守）のカール・ビルト党首は、ソ連北西部リトアニア共和国のイグナリナ原発に、IAEAによる安全査察を早急に行なうよう要求すべきだと、カールソン首相に申し入れた。

2・21

★PU紙はチェルノブイリ方面に通じる道路を往来する自動車輸送の安全、物質の検査などに当たる国家自動車査察部の活動を伝えるルポルタージュを掲載。これらの道路がきびしい規制下に置かれていることをうかがわせる。

2・23〜27

★●【週刊エネルギーと環境2・19】国連環境特別委員会（WCED）東京会合は「東京宣言」を採択して閉幕。最終報告書（未発表）起草段階で西ドイツ委員から、「原子力発電はリスクが大き過ぎ、環境保全との調和からみて好ましくないエネルギーであり、縮小を目指すべきだ」との見解が強く主張された。

2・26

★IAEAが昨年九月総会で採択した「原子力事故に関する援助条約」が発効。同総会で採択された「原子力事故に関する早期通報条約」はすでに一九八六年十月発効している。

4・2

★ソ連共産党政治局会議はチ原発事故の影響除去計画にしたがって実施された活動の経過を検討した。以下は同会議での確認事項。「同原発の第一、第二ブロックが変わりなく活動し、被汚染諸地区のその他の設備、居住地点の除染が継続されている。原発運営関係者たちのために住宅はじめ日常・社会生活を営む上で必要な設備が、広大な規模で建設されている。これらの活動のテンポを調整し、スラヴティチ市の建設を加速し、春の出水時における水資源の確実な（汚染からの）防護の保障、に関する追加対策が、関係各省庁により実行されている」。

4・3

★PU紙は、チ原発事故直後、放射線被曝の危険を冒して事故現場で撮影したドキュメンタリー映画『チェルノブイリ・困難な日々の記録』が、六カ月間上映されないままになっていたことを報じた記事を掲載。同記事はこの映画を制作したシェフチェンコ監督が昨年秋、編集作業中病に倒れ、その後死去したことも明らかにした(248)。

★PU紙は「放射線と収穫」と題する記事も載せている。これは「チ原発事故の結果、地上に降ってきた放射能の影響を、たとえそれがごくわずかなものであっても取り除くためには、いかなる農業技術をとる必要があるのか、という多くの読者、自宅付属農地所有者、園芸愛好家、菜園栽培者たちの質問」に、農学、生物学の二人の専門家が答える形で書かれている(176)。

4・5

★PU紙は「きれいな水・今日のチェルノブイリ」と題する長文の記事を掲載した。同記事の前書きは、「ウクライナでは春の大きな出水が予想される。キエフ州内の河川流域では雪解けで水量が通常の水量を一・五〜二倍上回る見込み。だがこの洪水にあわてる必要はない。用意はできているからだ。多くの人が心配しているのは別の問題だ。つまり春の増水が放射能汚染を拡大しないだろうか、ということである。では水をきれいに保つために、いったいどんな対策がなされたのだろうか」と述べている。同紙ソコロフ記者が各方面を取材して執筆(141, 144)。

4・6

★NYT紙は「チェルノブイリから一年・ある生存の記録」と題して、チ原発事故の際消火活動の指揮をとったレオニード・テリャトニコフ中佐の「その後」を紹介した。

4・9

★【朝日夕刊14日】九日夜の西独第一テレビ(ARD)は、西ドイツ国内で最近、人間や動物の異常出産、死産が増えていると報告した。西ベルリンの人類遺伝学研究所によると、今年一月、西ベルリンで一〇件のダウン症候群の新生児出産が報告されたが、これは通常の一カ月当たり二件を大きく上回っている。

4・13

★ウクライナ政府保健省（キエフ市）で、チ原発事故と住民の健康、飲料水の水質、農作物の汚染の有無などを主題にした記者会見が行なわれた。「会見では、キエフ市、キエフ州およびウクライナ全域において、放射線の状態はいかなる危険もないことが指摘された。飲料水についても同様」とウクライナ電報通信は伝えている。この会見に出席して質問に回答したのは、コズリュク同省医療予防救助局局長ら四人の医学専門家。

4・14

★SB紙は「保障はあるのか？　ある」と題する記事を掲載した。その前書きはつぎのように述べている。「チ原発事故からほぼ一年が過ぎた。暴走した原子炉は確実に石棺で覆われ、何千ヘクタールかの畑地と何十もの居住地点が除染された。生活は日常の道筋に戻った。けれども一つの問題があい変わらず不安をあたえている。事故被災地住民の健康に心配はないのか？医学や放射線学のすぐれた専門家たちから成るソ連保健省チームは、これに対して説得力のある回答をあたえなければならなかった。同チームは数カ月後、白ロシア政府保健省およびゴメリ州党委員会の要請により、放射線に被曝した同州全地区の住民の健康調査を行なった。医師たちはその結果を住民に報告した。こうした報告会には何万という人たちが参加した。白ロシア電報通信社（BELTA）の記者もそうした報告会の一つに参加した」。この記事はゴメリ州南部のホイニキ市で開かれた報告会の模様を伝えている(239)。

4・19

★PU紙は「放射線と私たち・春の予測」と題する記事を掲載。同記事の前書きは「今日放射線の状態を示すどのような基本的指標があるのだろうか？　こうした面に触れた手紙が編集局に沢山届いている。そこで本紙はウクライナ政府のスピジェンコ保健次官に、これらの問題への回答を依頼した」としている。

4・22

★PU紙は「人びとへの配慮とともに」と題するプリュシチ・キエフ州執行委員会議長の発表を掲載。その中で同議長は同州内で一万六〇〇〇家族、ウクライナ全体で三万四〇〇〇家族が移住し、それらの避難民のために新しい居住地、住宅、商店、食堂、浴場、診療・

助産所などが設営されたと述べ、また避難民の原住地への帰郷については、春の出水が引いた後、放射線の状態などを調査して決定されると述べている。

★この日モスクワのソ連外務省プレス・センターで、チ原発事故一周年を主題にした記者会見が行なわれ、ルコーニン原子力発電相、ペトロシャンツ国家原子力利用委員会議長らが出席した。席上、ソ連医学アカデミーのイリイン副総裁は、急性放射線障害患者二三七人のうち二八人が死亡、二〇九人は労働能力を回復したが、放射能を浴びる可能性のある職場への就業は制限され、しかも生涯の間厳重な健康チェックを受ける必要があること、またそのうち一三人はさまざまな程度の身体障害者として残っていることを明らかにした。ルコーニン原子力発電相は、事故後原発の操業条件を改善し、すべての原発の所長、技師長らの厳格な資格審査を実施したと述べた。ラジオ・プレスによれば同相は、事故炉と同型のRBMK炉(黒鉛減速型原子炉)の生産を停止すると発表した。

4・23

●福島第一原発で午前五時十三分の地震発生と同時に、稼動中だった原子炉五基のうち三基が自動停止した。炉心の中性子束の測定値が通常の九八%から一一八%まで上昇していたが、放射能漏れなどはなかった、と東京電力は発表した。

4・24

★チ原発事故一周年を前に、プラウダ紙は「チェルノブイリを鏡として」と題するハンス・ブリックスIAEA事務局長とのインタビュー記事を掲載(取材はグーバレフ記者ら)。またイズベスチヤ紙は「正常な生活への復帰」と題するA・イレシ記者らの現地報告を載せている。

4・25

★タス通信によると、ペトロシャンツ国家原子力利用委員会議長は、チ原発五、六号炉の建設を中止すると発表した。しかし、その理由を説明しなかった(205)。

4・25〜26

★●チ原発事故一周年のこの日、モスクワでは市の中心部で原子力の危険を訴える小規模なデモが行なわれ、西側筋によると四人が逮捕された。チェコの首都プラハでも、国立博物館の建物に「チェルノブイリを繰り返すな」とチェコ語で書かれた幕が、約十分間掲げられた。

ロンドンでは約一〇万人が反原発集会とデモに参加。スイスのベルンでは七〇〇〇人以上のデモ、警官隊の催涙ガス弾使用で一八人が負傷。オランダでは「人間の鎖」でボルセラ原発を包囲。西ドイツ各地でも集会とデモが行なわれた。

日本では札幌、青森、東京、和歌山、松山、金沢、大阪その他各地で多彩な反原発行動が行なわれた。

4・26

★SB紙は「一年後・チェルノブイリのこだま」と題する記事（BELTA通信）を掲載した。記事の大半は、住民、とくに子どもらの健康状態についてなされた、ミンスク医科大学のチェルストヴイ教授と記者の問答で占められている。

5・1

★英国政府のリドリー環境相は下院で、住民の根強い反対運動に直面し、またコスト評価に狂いが生じた核燃料廃棄物の地中埋蔵計画を取りやめると言明した。それによると、英核燃料公社は国内四カ所を低レベル放射性廃棄物の浅層処分候補地として調査を進めてきたが、これを断念することになった。しかし、労働党など野党は、六月の総選挙での議席減を恐れる政府の計算から出たものと、これを非難している。

5・14

★PU紙は「すべては正常に機能している」と題する、ノーヴォスチ通信O・ボリソフ記者の記事を掲載。同記事はウマニェーツ・チ原発所長（前レニングラード原発技師長）が、プリピャチ川で泳いだこと、それによって水域が除染され、安全性が高まったことを身をもって示したと報じた。

5・16

★SB紙は「チェルノブイリの仕事のリズム」と題するノーヴォスチ通信M・ルイリスキー記者の記事を掲載。この中で「コンプレクス」という名前の企業が、プリピャチ市、その他の地域、自動車交通などの除染作業に専門に従事していることを明らかにした。また三〇キロ・ゾーン内では、ウクライナで二カ村、白ロシアで一二カ村の住民が帰村したと伝えている。また二二の集落で今夏までに住民の帰村が準備されているとのこと。

★仏『エクスプレス』誌によると、チ原発事故一年目に行なわれた調査で、フランスの世論が原子力利用に対していちだんときびしい見方をしていることが明らかになった。それによれば、「チ原発のような事故は起こり得るか」の設問に、七六％が「起こり得る」と答え、また今後の原発建設には五八％が反対、「政府が国民に真実を伝えているのか」の問いには、五六％が「伝えていない」と回答した。

5・17
★【WISE275号】スペインのサラマンカ地方で、高レベル放射性廃棄物地下貯蔵実験所の建設に反対して、二万人の住民がデモを行なった。これはサラマンカ地方で史上最大のデモであり、ポルトガルの住民も国境を越えて反対運動に合流した。サラマンカ地方の反対グループはすでに一二万人の反対署名を集め、同地方の四〇〇の町村長もこれに同調している。

5・19
★PU紙は「労働の日々」と題する同紙A・ソコル記者の記事を掲載。この記事はチ原発技師長がシテインベルグ氏からヤロスラヴツェフ氏に代わったことを示唆している。また記事の中でウマニエーツ所長は「サイトの八〇％以上の除染が終わった。作業の重点は原子炉の修理に移った。原子炉の信頼性の向上が修理の目的である。今秋を目途に第三号機の送電開始を予定している」と語った。

5・21〜24
★【WISE275号】医師・科学者による放射線と健康に関する国際会議がアムステルダムで開かれた。米国のスターングラス、バーテル博士らをはじめ、英国、スウェーデン、西独、仏、ポーランドなどの専門家が参加した。この会議はWISE、オランダ地球の友、その他の共催による。

5・22
★ウィーンのIAEA本部で開かれていたIAEA、WHO主催の「放射線影響の疫学的研究法についての専門家会議」が終了した。会議はチ原発事故が人びとの健康に及ぼす影響を、二一世紀半ばまで継続して調べる必要があることを確認した。とくに事故の際、最も激しく汚染された地域から避難した一三万五〇〇〇人の健康の追跡調査に重点がおかれるという。

5・27
★ソ連の『文学新聞』は「チ原発第三期工事をめぐる論争」と題する記事を掲載した。同記事によると三月末キエフ市で、エネルギー・電気工業科学技術協会のキエフ本部、同ウクライナ共和国本部の原子力分会が共催し、チ原発第三期工事（第五、六号機建設）の是非をめぐって、約六〇名の専門家による討議が行なわれた(201)。

5・28

●原子力安全委員会のチ原発事故調査特別委員会（都甲泰正委員長）は最終報告書を発表、その中でチ原発型の大事故は「日本では起こり難い」、「早急に現行の安全規制、防災対策を変更する必要はない」との見解を明らかにした。

これに対して原子力資料情報室（高木仁三郎代表）は二十九日、「検討がおざなりで、国民が本当に知りたいことについてほとんど何一つ答えていない」との批判声明を発表した。

6・9

●日本政府はＩＡＥＡに対して原子力事故時の「早期通報」「相互援助」の二条約の受託書を寄託した。これにより両条約は七月十日から発効。

6・11

★『朝日』は、ソ連のチ原発事故関係当局者が同紙記者に対して、「事故現場に最も近いプリピャチ地区は今後八～十年間、住宅建設をしないよう勧告した」など具体的な事故対策を明らかにしたと報道。そのほか放射線被曝患者と一〇万人以上の疎開者の追跡調査のため、キエフ市に設置した全ソ放射線医学センターのスタッフを約二〇〇〇人に増加すること、チ原発で働く労働者に対し通常賃金に比べ最高約五倍までの割増賃金制度を作ったことなどが対策に含まれている。

6・25

★ＳＢ紙のルイトキン記者は、チ原発事故によって避難を余儀なくされた住民たちの、新しい住宅事情を取材している。白ロシア共和国では昨年末までに、避難民のために四六七〇戸の住宅が作られた。建設費は一億七四〇〇ルーブル（当時一ルーブル＝約三〇〇円）にのぼった。しかし、この速成住宅に対して住民からの苦情が続出している。「冬と長引いた春の間中、寒さと湿気とに悩まされた。物置が小さすぎる。地下の穴蔵もできが悪くて、貯蔵していた野菜やジャガイモが凍った」など(220)。

6・26

★スラヴティチ市建設ウクライナ労働組合本部のクリボシェーエフ次長は、同市建設のために八共和国から派遣された建設労働者のチームが、建設工事の速度と仕事のできばえを競う社会主義競争を行ない、ウクライナ、ラトビア、グルジアのチームが良い成績をおさめたと、PU紙上で述べている。しかし、この競争の過程で一部のチームに安全工事規律違反があったことも、指摘されている。同次長によると、建設工事に必要な機器や資材の不足と供給の遅れが、作業の質や労働者の士気に否定的な影響をあたえている。

6・28

●【反原新7・20】茨城県東海村にある日本原電東海第二原発で、二十八日と三十日の二回にわたり、原子炉再循環ポンプ二系統のうち一系統の機器が故障し、ポンプが作動を停止するという事故が起こった。五月十一日には燃料棒のピンホールによる放射能漏れの事実が公表されていた。東海第二原発阻止訴訟原告団はこれら一連の事故を重視し、日本原電と交渉した。

★スラヴティチ市の建設工事は、コンクリートが予定どおり供給されないため、支障が生じている。とくに建設労働者らの住宅建設がはかどっていない。現地では労働者たちの不満と苦情の声が聞かれるが、ウクライナ外から張り切って支援にかけつけた人たちの中には、うんざりして何を聞かれても沈黙を守る者がいた。

（PU紙「もっと多くのコンクリートが要る」より）

7・1

●【原子力産業新聞9日】電力中央研究所は「ヒューマン・ファクター研究センター」を設置した。これは「チ原発事故を契機に解明が急がれているヒューマン・ファクターの重要性に着目、各電力会社の協力を得て実現した」もの。

7・2

★スペイン政府とEC委員会が共同で、スペインのサラマンカ地方のアルデアダビラに建設を計画している高レベル放射性廃棄物「試験場」に対する住民の反対機運が、スペイン、ポルトガルの両国内で高まっている。この放射性廃棄物の投棄に反対する人びとは、アルデアダビラからサラマンカの地方議会がある建物まで二三〇キロの距離を、メッセージ・リレーで結んだ。人びとは新たに選出された議員に対しても、投棄反対の選挙公約を破らないようにと要請するメッセージを、二キロごとにリレーした。

7・7

★チェルノブイリ市の「文化の家」に設置されたソ連最高裁特別法廷（ブリゼ裁判長）で、チ原発事故の現場責任者に対する裁判が開始された(254)。

7・8

★●日米原爆線量再評価検討委員会は、広島、長崎に投下された原爆の放射線量について見直しの作業を行なってきたが、最終報告書をとりまとめ厚生省に提出した。その中で、新しい計算方式に基づき、「広島原爆のガンマ線量は、従来考えられていたより二〜三・五倍多く、中性子は逆に約十分の一だった」とする考え方を明らかにした。

7・9

★【WISE7・24】英国の新聞『ホワイトヘブン・ニューズ』の記事によると、英国のセラフィールド使用済核燃料再処理工場がある西カンブリア地方では、昨年白血病のよる死亡事件が、前年の四件から一一件へと急激に増加した。死者の年齢は広い範囲にわたっているが、多数は高齢者である。紙上でこれについて論評したトム・バード博士は、この地方に白血病が多発している事実を指摘し、「単に死亡件数のみでなく、白血病の症例全体について調べる必要がある」と述べた。

7・11

●【反原新8・20】福井県高浜町の関西電力高浜原発第一号炉の蒸気発生器内で、重さ七キロの金属部品が脱落し、炉内もしくは蒸気発生器内に循環した可能性があるという、重大な事故が発生した。原発反対福井県民会議は県当局に対して、一号炉の事故の徹底した調査と損傷の検査、二号炉の過酷な運転の監視強化を要求した。

7・15

★午前三時三十六分、米バージニア州にあるバージニア電力ノースアナ原発一号機(PWR、八九万kW)で、蒸気発生器のパイプが破断、一時間半にわたり放射性物質を含むガスが大気中に出た。蒸気発生器内には三千数百本の細管があり、放射能を含んだ高温、高圧の水が通っている。同社によると、破断場所は逆U字型のパイプの肩の、これまで破断が起きにくいとされていた部分。破断の主たる原因は、PWRのアキレス腱とされる応力腐食割れと見られる。

7・17

★西ドイツのDPA通信の報道によると、ユーゴスラビアのスロベニア共和国州議会は、二〇〇〇年までに完全に脱原発を達成することを要求した。ユーゴスラビア唯一のクルスコ原発（ＰＷＲ、六三・二万ｋＷ）はスロベニアにある。

7・29

★チ原発事故の現場責任者の刑事責任を審理していたソ連最高裁特別法廷は、六人の被告に全員有罪の判決を下して閉廷した(254)。

7・30

★【ＰＵ８・１】ソ連共産党中央委政治局会議は、原発の工学的過程を管理する高信頼性自動化システムを創設する問題について検討した。

7・31

★スウェーデンの首都ストックホルムの北方一二〇キロに位置するフォルスマーク原発には、中低レベル放射性廃棄物の地下貯蔵所があるが、この日一五歳から六二歳までの一二人のグループが三時間にわたり、座り込み抗議した。全員は警官に逮捕されたが、取調べののち釈放された。

7・29〜31

★ＳＢ紙はベルタ通信（白ロシア国営通信社）のレーヴィン記者の放射能汚染危険区域の取材記事を三回にわたって連載した。①困難な再生、②医師の勇気と誓い、③他人の不幸は忘れてしまう、という題がつけられている(228)。

8・7〜8

●長崎市でアジア太平洋核被害者会議が開かれ、アピールを採択した。

8・20

★●成田空港に着いたフランス産ドライハーブから暫定限度を超える放射能を検出したため、厚生省が積み戻しを命じた。

チ原発事故によるとみられる輸入食品の暫定限度を超える放射能検出は、一月にトルコ産ヘーゼルナッツで検出されて以来これで九回目。

★【ＷＩＳＥ９・18】インド南部のカルナタカ州で、カイガ森林地帯に原発を建設することに反対する運動が始まった。

9・12

★英国政府はチ原発事故による放射能汚染のため、ウェールズ、スコットランド地方のヒツジの移動や食肉用の処理を制限する措置を発表した。英国内の丘陵部にある畜産農家五六四戸のヒツジ五五万九〇〇〇頭が汚染されている。

9・14

★『朝日』はソ連原子力発電省付属発電研究所のエフゲニ・ラリン副所長の談話を掲載、それによるとチ原発の四号炉の状況は、炉心周辺の温度が一〇七度C、放射能は隣接する三号炉の壁のところで毎時一五〇ミリレントゲン。数千の測定機器をとりつけ、データはすべて科学アカデミーに渡されている。

9・15

★シチェルビツキー・ソ連共産党中央委員会政治局員兼ウクライナ共産党第一書記、マソール・ウクライナ共産党政治局員兼共和国首相は、チェルニゴフ州スラヴティチの都市建設現場を視察、予定期間内に建設工事を完成するための方策を協議した。

9・16

★ニューヨークで第一回核被害者世界大会が開かれた(十月三日まで)。

6・18

★『原子力産業新聞』によると、欧州共同体(EC)委員会はチ原発事故以後暫定的に決めていた飲料水、ミルク、食料品についての放射能基準を大幅に緩和した新基準を設定した。酪農製品については、ヨウ素あるいはストロンチウムの同位元素でキロ当たり五〇〇ベクレル、プルトニウムなどの同位元素で二〇ベクレム、セシウムの同位元素で一〇〇〇ベクレルとなっている。食品については、ヨウ素、ストロンチウムでキロ当たり三〇〇〇ベクレル、プルトニウムで八〇ベクレル、セシウムで一二五〇ベクレル。飲料水についでは、それぞれリットル当たり四〇〇、一〇、八〇〇ベクレル。家畜飼料についてはセシウムだけが決められ、キロ当たり二五〇〇ベクレル。

10・10

★西独バッカースドルフ再処理工場建設地で二万人が反対デモを行なった。

10・16

★スペイン政府がポルトガル国境近くの高レベル廃棄物処分実験場の建設計画を断念した。

10・18

★NYTによれば、ソ連政府はIAEAに対して、ソ連の原発における安全対策の強化などを視察するため、国際視察グループを招請した。

10・21

●【反原新】ブラジルから輸入された、アイルランド・

フランス原産のビーフ・エキストラクトから規制値を超えるセシウムが検出され、厚生省が返送を指示（二十八日にはイタリア産アイスクリームペースト、ユーゴ産ドライハーブからも検出）。

10・23

★【反原新】ブラジルで深刻な放射能汚染が発生、被害が広がっている。放置されていたセシウム137線源のガン治療機器が九月十三日、それと知らない屑鉄業者の手で解体され、家族や従業員、近隣住民らの間に汚染が拡大した。十月二十三日から二十八日にかけて四人が死亡、なお数人が重体という。汚染者の総数は二五〇人以上にのぼった。

10・26

★モスクワ放送によると、ペトロシャンツ・ソ連原子力利用委員会議長はタス通信記者との会見で、高速増殖炉型原発（出力八〇万kW）の建設がトランス・ウラル地方で始まったことを明らかにした。

10・30

★欧州共同体（EC）はチ原発事故直後に食品中の放射能暫定基準を設け、一九八七年十月末を期限とし、その後恒久基準を設けることになっていたが、規制の強化か緩和かをめぐって加盟国間の対立が続き結論が出ないため、暫定基準を一週間延長することになった。

11・9

★イタリアの国民投票で国民の八割近くが原発に反対を表明した。投票にかけられたのは①政府は地方自治体の承認なしで原発設置場所を決定できるとする現行法の廃止（賛成八〇・六%）、②原発を受け入れた自治体に助成金を出す現行制度の廃止（賛成七九・九%）、③国外での原発建設を認めている法律の廃止（賛成七一・九%）で、いずれも原発反対が過半数を大幅に上回った。

11・10

★【朝日夕刊】10月末に発行された英医学誌『ブリティッシュ・メディカル・ジャーナル』は、昨年ギリシアで、チ原発事故の影響を恐れた女性二五〇〇人余りが妊娠中絶手術をしていたとする、アテネ医科大学の産科医グループの研究報告を掲載した。なおIAEAはチ原発事故の余波で中絶した妊婦は、西欧で一〇万～二〇万人に上るとみている。

11・12

●関西電力は高浜二号で蒸気発生器の細管六一三本に

新たな損傷が見つかったと発表。
●日本原電は点検中の東海第一で、圧力容器内の金具が腐食して外れ、炉心に落ちていたことが判明したと発表した。
11・13
★【反原新】ユーゴスラビアでも国会が原発建設モラトリアムを宣言し、二〇〇〇年まで原発建設を行なわせない法律の制定を政府に指示した。
11・15
●【反原新】気象庁気象研究所の青山道夫研究官の調査で、チ原発事故の死の灰が成層圏にまで到達し、現在も降下しつづけていることがわかった。
11・19
●【反原新】十月に起きた「ふげん」での燃料装荷時の事故につき、福井県が原因と修理結果を発表。燃料を入れる圧力管のシールプラグが抜けなくなり、装荷作業がストップ。機械的な引き抜きはすべて失敗し、約一カ月間、手作業でプラグを分解して引き抜いたため、延べ二〇〇〇人が高線量下の作業を強いられた。
11・25
★仏原子力庁が、高速増殖炉スーパーフェニックスⅡ建設計画の白紙撤回を発表。
11・27
★イタリア政府は、建設中のモンテアルト・ディ・カストロ原発の工事を来年一月末まで中止することを決定した。
12・2
●気象庁気象研究所のグループは、チ原発事故の直後、日本にまでプルトニウムが飛来していたと発表した。
12・4
★『社会主義工業』紙によると、チ原発では一九八七年中に三六件の故障事故があり、うち三件は人命にかかわるものだった。
事故炉に隣接する三号炉は修理を終了し、同日運転を再開した。
12・15
★食品中の放射能汚染の規制値に関し、EC理事会がようやく合意。EC域内についてのみ乳製品はキロ当たり一〇〇〇、一般食品は一二五〇ベクレルのセシウム規制値とする緩和案を採用した。
12・17
★米上下両院協議会が高レベル廃棄物処分場としてネ

バダ州ユッカマウンテンを選定した。
12・18
★【反原新】イタリアで原発モラトリアム法案を可決した。運転中の三基のうち一基を廃炉にする、建設中の一基と計画中の二基は中止、建設中のもう一基については一月中に結論を出す、という内容。
12・23
●定検中の玄海一号で蒸気発生器の細管四四七本に異常発見、と九州電力が発表した。

〔1988〕
1・10
★MN紙上で公然たる原発論争が開始された。第一回は経済学者のレシェトニコフ（原発批判）とウォルフベルグ（原発必要）がそれぞれの立場を主張(276)。
1・14
★タス通信によると、ソ連共産党政治局はチ原発事故による被害額は約一兆八〇〇〇億円にのぼったと発表した。
1・21
★プラウダ紙はロシア共和国南部クラスノダール地方で、「地震発生率や科学的調査の不十分さを考慮し、原発計画の中止を決めた」ことを明らかにした。住民の反対の声で原発建設が中止され、公表されたのはこれが初めてのことである(270)。
★イズベスチヤはウクライナ南部ベンデルイ市検事メリニクと夕刊キシニョフのメリニク記者（同姓）の連名の記事「チェルノブイリの子どもたちから盗む」を掲載。チェルノブイリから避難してきた児童を収容しているピオネール・キャンプ「リラ」（プロトキナ所長）で、八六年八月職員らが児童への特配食品を横領した事件で、所長ほか三人が禁固六年などの判決を受けたことを明らかにした。
●【朝日夕刊】一九八八年初め、フランスから成田空港に着いた輸入キノコ一七キログラムから暫定基準を超える六三六ベクレルの放射能を検出したため、厚生省はこれをフランスに戻すよう輸入業者に指示した。
1・24
★プラウダ紙は一九八七年の経済実績数字を発表した。電力生産は一兆六六五〇億kWhで、年間目標達成率は一〇〇%、前年比一〇四%と伸びた。六六〇億kWhの増加分の半分は原発と水力発電の寄与とされている。

1・25〜26

●伊方二号炉での出力調整試験に全国的な反対運動が起こった。高松市の四国電力本社での徹夜の中止要求が行なわれた。

1・27

★プラウダ紙はソ連共産党中央委員会で党、政府幹部とマスメディア幹部との会合が開かれ、ドルギフ政治局員候補兼書記が今後ひき続き原発を開発することが、国の基本路線であることを強調した(277)。

★コムソモリスカヤ・プラウダ紙に、クラスノダール地方の原発建設中止が他地域に波及することに不安を表した記事「連鎖反応」が掲載された(272)。

★【MN】A・シェインドリン・アカデミー会員は、ユネスコの協力を得てローマ・クラブ型の国際エネルギー・クラブをモスクワに設ける構想を提唱した。原発の開発と安全性の問題を考えることが目的の一つとされている。

1・28

★米ニューハンプシャー州最大の電力会社パブリック・サービス社（シーブルック原発の最大の株主）は、原発建設に出資した借入金の返済ができなくなり、州裁判所に破産を申請した。

1・29

●高知県窪川町の藤戸進町長は、四国電力の原発誘致を断念し、辞表を提出した。

1・30

★【朝日夕刊】英国農地所有者協会は、チ原発事故のため英国ウェールズ地方の羊肉は、三十年間も基準以上の放射能汚染が続くという調査報告書を発表した。

2・1

●浜岡一号で再循環ポンプ停止事故が発生。

2・3

★ソ連原発で事故発生の誤報が流れ、欧州通貨市場が一時大混乱した。

2・4

★ウクライナ科学アカデミーのV・トレフィーロフ副総裁は、『社会主義工業』紙上で、資源の有効利用に言及し、省資源政策の欠如と浪費構造の存在を指摘した。また一九七一〜八三年に米国、日本が対国民所得エネルギー原単位を減らしたのに比して、ソ連は依然として従来の傾向を残しつつ電源開発に熱中していることを批判、電力利用の効率化を学ぶことを提案した。

★【反原新】スイス政府の諮問委が脱原発に向けた報告書を発表した。それによると、現有の五原発を二〇二五年までに全廃するために、①エネルギー特別税の徴収、②厳格な省エネルギー法制定、③太陽熱など代替エネルギーの早期開発が不可欠としている。

2・5

★【反原新】米国立衛生研究所が原発と周辺住民の発ガン率の関係を調べる研究をはじめていることが明らかになった。これはピルグリム原発周辺で白血病の発生率が高い、との州公衆衛生局による調査結果（前年五月）を受けてなされたもの。

2・9

★イズベスチヤ紙上でウクライナ共和国のロマネンコ保健相は、キエフ市民の間で「放射線恐怖症」が広く根づいているため、医師は患者の過剰不安を鎮めるために多くの時間をついやさねばならない、と語っている。

2・10

★ルコーニン原子力発電相は『社会主義工業』紙上で、チ原発の勤務員の被曝線量は一九八七年に平均一・五レムだったが、八八年はこれを一・二レムに下げる目標を立てていると述べた。

2・14

★MN紙上で原発論争が続き、四人が発言している。ロストフ鉄道輸送大学のコヴァリョフ助教授、電力技術者で経済学博士候補のゴルシコフは原発推進論者を批判して代替エネルギーの可能性を唱え、フェオクティストフ原子力研究所副所長は、原発を放棄することでなく、正しく運転することが必要だと述べ、アカデミー会員のサハロフ博士は原子炉を地下に設置することを提案した。

2・15

★ルーマニア産のハーブ茶、ユーゴスラビア産のドライハーブ、フランス産のキノコから規制値を超えるセシウムが検出され、厚生省は輸入業者に積み戻しを指示した。

2・21

★ウクライナ・テレビ放送網は夜九時四十分から、ウクライナにおける原発の現状と開発計画の見直しをテーマにしたシンポジウムを放映した。パネラーとしてラプシーン原子力発電省次官、イリイン医学アカデミー副総裁ら六人が出席。討論の内容は同日のPU紙に掲載された(283)。

2・24

★『文学新聞』は一九八七年六月一日にソ連外務省が外国報道機関のチ原発取材を許可して以来、三九カ国から二〇〇人を超える取材陣が現地を訪れたことを明らかにした。

3・2

★スウェーデン政府が二原発の閉鎖計画を決定し、関連法案を議会に提出。それによると一基は一九九五年、もう一基は九六年に閉鎖する(六月七日、可決)。

3・4〜31

●【反原新】大飯一号炉で蒸気発生器の細管にまた九三六本の損傷発見。燃料集合体の浮き上がりをおさえるリーフスプリングにもひび割れ発見と発表。三月三十一日には一次冷却材ポンプの変流翼固定ボルト二〇本のひび割れ、燃料集合体二体からの放射能漏れを発表。高浜二号炉で四日、伊方一号炉で九日、制御棒集合体すべてに先端部の膨張や被覆管の減肉が見つかったと発表。

定期検査の最終段階の調整運転に入っていた敦賀二号炉が、中性子束が急速に減少との誤信号で自動停止。原因は、中性子束計測装置の較正作業で装置の一回路を切り離すべきところを誤って二回路切り離してしまったため(九日運転再開)。六日には敦賀一号炉で、三つある再循環ポンプの一つが自動停止。原子炉出力を一五万kWに保持して原因を調べたがわからず、七日夜、手動で原子炉停止。本格的な調査の結果、ポンプのモーターの電圧調整装置内の半導体の故障と判明、部品を交換して十五日に運転再開。十八日には福島第二の一号炉で、再循環ポンプ電動機の上部軸受け部の温度が上昇し、原子炉を手動停止。潤滑油の漏れによる潤滑不足が原因とわかり、二十二日に運転再開。

3・9

★【イズベスチヤ】クルチャートフ原子力研究所のポノマリョフ＝ステプノイ副所長は、ミンスク、オデッサ両市の電熱併給原子力センターの建設計画が中止されたこと、原発周辺の放射線値を日常的に公表してほしいという住民の要望に同感することを明らかにした。

3・13

★【MN】ルコーニン原子力発電相はノーヴォスチ通信の質問に答えて、チ原発事故以後、ソ連でもまた世界的にも原発への不信が急速に広がったことを認め、太陽エネルギーなどの開発利用の必要論に同意しながらも、ソ連の原子力専門家は安全な原発のために全力を集中して努力している、新たなより深刻なエネルギー危機の到来に備えて、原発は必要だと述べた。

3・21

★イズベスチヤ紙はクラスノダール地方で電力不足のため振り替え休日を実行していることが、休日に関する法規に違反しているとして、労働組合、司法機関で問題になっていると報じた(273)。

3・27

★MN紙でM・チェルヌイショフは英誌『エコノミスト』の記事「恐ろしい夏」(一、二月号)に反論した。この記事は米国の科学者スターングラス、ゴールドらの推定を根拠に、一九八六年の夏、米国の死亡者数が例年より三万五〇〇〇〜四万人多かった理由を、チ原発事故のせいにしている、と反発している。

★同じMN紙は米国人ブライアン・カーン署名の記事を掲載、その中でカーンはソ連で公然とした原発論争が始まったことを歓迎し、原子力専門家たちは原発の危険性に対する素人の素朴な疑問に答えていないと指摘、この論争でも勝利をおさめるのは素人だと結んでいる。

3・30

●和歌山県日高町比井崎漁協臨時総会で、関西電力日高原発建設の事前調査受け入れ問題を廃案とし、漁協理事会は総辞職することが決まった。

4・2

●【反原新】東海再処理工場周辺の土壌や松葉、海藻類に通常の一〇〇倍以上の濃度でヨウ素129(半減期約一六〇〇万年)が蓄積していることが、科学技術庁放射線医学総合研究所の環境放射生態学研究部の調査で明らかになった——と、共同通信が配信。

4・10

★ソ連原子力発電省の「コンビナート」生産合同の広報・国際連絡部長コヴァレンコと同情報分析部技師カラシュークは、『論証と事実』(AIF)紙一五号でチ原発第四発電所の核燃料は石棺の中で冷却過程が進行中であり、核分裂生成物の一日平均放出量は、正常運転時の一〇分の一に減っている、またチ原発第五、六発電所の建設は延期ではなく取り消されたこと、RBMK型原子炉はこれ以上建造しないと述べた。

4・12

★テレビ局記者のマカレンコはPU紙上で、三〇キロ・ゾーン内の放射能で汚染された文化財が、掠奪者たちに持ち去られていること指摘、文化財を除染して保存し、掠奪者たちを取り締まり、処罰する特別法を緊急に制定することを訴えた（四月十六日のタス電は、三〇キロ・ゾーンの盗難事件防止、危険地域への住民の帰村防止を目的とした、新しい警察巡視隊が設置されたと伝えた）。

4・18

★ドルギフ党政治局員候補兼書記は、チ原発とスラヴティチ市を視察した。シチェルビナ・ソ連副首相、カチゥーラ・ウクライナ共産党書記らが同行した。

4・22

★【反原新】台北市の台湾電力本社前で、年内着工の計画の塩寮原発に反対するハンストがはじまる（二十四日には市民一〇〇〇人のデモ。一時はハンストに合流、座り込み）。

4・24

★プラウダ紙のグーバレフ記者はチ原発事故二周年を前に同原発の近況を取材し、党キエフ州委員会筋の証言から、原発の運転実績を優先させるあまり、設備や従業員の安全が犠牲にされている事実を明らかにしている。

●東京の日比谷公園を中心に開かれた「原発とめよう一万人行動」に、全国から二万人が参加し、午後から都心でデモ行進を展開した。オーストリア、スウェーデンの代表も参加した。前日（四月二十三日）には省庁交渉、分散会などが行なわれた。同全国集会実行委員会は脱原発法制定運動を提唱した。

4・25

★【共同通信】タス通信によると、ソ連は原発の解体修理や高濃度放射能下で使うロボットなどを開発するため、専門の企業合同「スペツアトム（特殊原子力）」を設立した。さらにタスは、チ原発事故の際、西欧や日本から導入したロボットは、高い放射能を浴びるとすぐ頭脳部が故障し、操作不能になって役に立たなかったと述べた。

★モスクワ市民防衛博物館で二年前の惨事をしのぶ夕が開かれた。事故の際現場にいたA・ユフチェンコ上級技師（原子炉部）、R・ドヴレトバーエフ技師（タービン部）、モスクワ第六病院で放射線障害患者の治療にあたったA・グシコーヴァ教授らが体験を報告した。

4・26

★NFUの記事によると、チ原発事故二周年のこの日、キエフ市中心街でウクライナ文化学グループ(UCC)のメンバー五〇人がデモ。警察は一七人を逮捕、うち一人を十五日間拘禁した。

4・27

★ヴァレリー・レガソフ・アカデミー会員が自殺した。同氏はクルチャートフ原子力研究所第一副所長であり、チ原発事故直後から政府委員会の一員として事故処理に当たった(22, 35, 279)。

★プラウダ紙はE・チャゾフ・ソ連保健相(アカデミー会員)が執筆した「恐怖と希望」を掲載した。同保健相はチ原発事故以来二年間の医療関係者の活動と、チ原発周辺地域の保健衛生状況について総括している。

4・28

★【ロイター】スウェーデン放射線防護研究所はチ原発事故から二年後のいまも、スウェーデン国内で事故の最大の影響を受けた地域では、放射能レベルが通常の一〇〇倍にのぼっていると発表した。

●定検中の高浜一号炉で、蒸気発生器の細管一三本に異常が見つかったと、資源エネルギー庁が発表した。

4・29

★SR紙はN・ルコーニン原子力発電相とのインタビュー記事を掲載。同相は「原発の安全性を高めるため、既存設備の改造、技術要員の再教育を行なっている」ことを明らかにした。

4・30

★プラウダ紙は四月二十七日に亡くなったV・レガソフ・アカデミー会員を追悼する記事を掲載した(279)。

〔補遺1〕

レオニード・イリイン医学アカデミー副総裁の説明

（本文83～85頁参照）

避難は正確に組織された

問　四月二十七日のプリピャチ市民の避難がどのように実施され、どんな効果があったかは、大体よく知られている。しかし、この避難が若干遅れたのではないかということを「ヴォイス・オブ・アメリカ」放送などは、繰り返し言っているが、それについてどう思うか。

イリイン　避難はきわめて正確に組織された。プリピャチ市といくつかの居住地で、三時間で一人残らず避難を終えた。残ったのは処理作業関係者だけだった。避難を決定したのは事故の数時間後に活動を開始した政府委員会である。

避難問題はあの時初めて起こったことではない。すでに六〇年代において、私は原子炉事故の際に方針を決定するための基準作りに関する、医学専門家の調査活動を指導した。同様の研究作業は米国、英国、その他の諸国でも実施されていた。

われわれが取り組んだ第一の問題は、いかなる条件の下で住民を避難させる必要があるかということだった。われわれは「a」「b」二つの基準を作った。「a」は一般放射線量が二五レム、子どもの甲状腺の被曝線量が三〇レムに達すると予測される時。「b」はそれぞれ七五レムと二五〇レムに達する場合。そして二五レム以下の際は避難は指示しない。こうした状況の下でも屋外に出ないこと、一般的な予防対策を取ることを勧告する。放射線量が二五レムから七五レムまでの場合は、ヨード剤を服用し、放射線からの防護が必要となる。避難の問題はそれぞれの地域事情を考慮して決めなければならない。七五レム以上になると予測される時はただちに避難を実行する。

各原発には総合的な事故対策が用意されており、チェルノブイリ原発にも用意されていた。それだけでなく、今度の悲劇が起こるまでの長い間、ソ連における原発事故の可能性について試算していた。ちなみにわれわれの研究所では、チェルノブイリ原発で想定される事故についても計算がされていた。非常事態が発生した場合のことまで、すべて考慮されていたと思う。だがチェルノブイリ事故が実際に起こってみると、それはわれわれの想定とちがって、十昼夜もの長い時間にわたり、破壊された原子炉から大量の放射性物質が放出されたのである。大量放出が発生したと仮定した場合、放射線測定システムによって放出の特徴と分布の状況を評価し、対策を立てることができる。チェルノブイリ事故で発生した状況においては、放射能の分布がきわめて複雑だったため、予測を立てるのが困難だった。住民を避難させるためには、放射線の状態を正確につかみ、住民をどこに移せばいいかを勧告しなければならなかった。その際、住民をもう一度危険な場所へ置いてしまうようなことは、避けなければならない。四月二十六日にはそのことがまだ明確になっていなかった。しかもその日プリピャチ市自体の放射線の状態は、比較的安全なレベルにあった。人はしばしばこの事実を忘れて、事実を歪曲している。事故の直後、住民には屋外にいる時間を短くし、家の窓を閉め、学校や幼稚園などでの屋外での授業を中止することが勧告された。医療班は子どもらにヨウ素剤を服用させた。勧告にしたがって屋内にいた人たちは、ガンマ線の被曝量が大幅に少なかった。

四月二十七日深夜（午前）、放射線の状態はいちじるしく悪化したため、正午に避難についての決定が採択された。その時次のような事情も考慮された。もし住民を夜間に避難させれば、神経過敏と夜間の混乱のため、悲惨な結果になる可能性がある。

ついでに言っておくが、避難を義務づけられる基準「b」には達していなかった。それはわれわれの調査が示している。その後数日間、放射能に汚染された全地域の測定がなされ、三〇キロ・ゾーンからの避難実施が決定された。全体で一一万五〇〇〇人が避難したと記憶している。

放射能汚染対策

問　しかし、避難したことだけでは、住民を放射線から守る問題を解決したことにはならなかったのではないか？

イリイン　もちろん、ならない。相互に関連するきわめて重大な多くの問題を解決しなければならなかった。よく知られているように、それまでの対策によって五月六日には、事故炉からの放射能の大量放出が止まった。しかし、やっかいなのは、放射能がさまざまな要因によって作用してきたことだ。最初は放射能の雲の直接的な作用である。ついで放射性物質が地上に落下し、地表からの放射が始まる。第三の要因として、食物連鎖に放射性物質が加わることが挙げられる。植物、動物性食品を通じて、食品が人間に作用するのだ。四月三十日、われわれはチェルノブイリに隣接する全地区で放牧されている乳牛から得られた牛乳の消費を、全面的に禁止することを勧告した。チェルノブイリより北の白ロシアでは、まだ牧草が生えていなかったため、乳牛は屋内で飼育され、四月末から五月初めにかけては、まだ食物連鎖による影響は出ていなかった。南のウクライナでは、すでにあちらこちらで牧草が生えていたので、放牧がされていた。こうした牛乳消費の禁止といったことも、前に述べた想定事故対策の中で勧告されているということを、言っておかねばならない。事故発生の際には、それらは自動的に実行に移されることになっていた。残念ながら、このことに関して住民の大部分は用意ができていなかった。その責任が医師たちにあるとは言わない。われわれの勧告はすでにできていたからだ。それがどうして活用されなかったのか？　同様にせっかくの勧告が無視されていたため、原発で勤務している消防隊員たちのところに、放射線防護服が用意されていなかった。

国営企業では牛乳消費の禁止が実施された。放射線管理は農場と販売点の二段階チェック・システムが作られた。当時保健省が定めた基準に合致しなかった牛乳の一部は廃棄され、一部は原料、乳酪品に変えられて、放射能は大幅に減少した。しかし、残念ながら、こうした禁止措置は個人経営ではそれほどうまく運んだとはいえない。医師、学生、その他の活動家たちが人の集まりやすい場所を巡回し、牛乳を飲まないこと、牛乳を分析してもらうことを勧めたが、一部の住民はこの勧告を守らなかった。ウクライナでは牛乳の約三〇パーセントが個人経営から供給されている。

一九八六年四月末から五月初めにかけて、放射能汚染の規模が明らかになった。危険地帯の境界が定められただけでなく、その外でも放射能雨による汚染区域が特定された。そうしたホットスポットの大きさは、あるものは直径一〜一・五キロ、あるものは一〇〇メートルぐらいだった。ホットスポットがどこにできているかを明らかにするためには、多くの努力が必要だった。ホットスポットは除染された。それらの場所は登録され、監視されている。このような地域調査により、継続的な健康調査が必要な人たちをより厳密に特定することができた。

事故後の困難な状況の中で、約一〇〇万人があらゆる種類の医学的調査を受けた。そのうち七〇万人（子ども二一万六〇〇〇人を含む）は放射線被曝量の測定、化学的分析の方法による検査、三万二〇〇〇人は入院検査を受けた。その後、全ソ放射線被曝者登録制度の下で調査が始まった。その対象とされているのは、事故が起こった地域に居住していた者、事故処理作業に参加するため一時的に同地域に滞在した者——次段階では前記の人たちの子や孫も対象とされる——、また汚染地域からの避難民である。全対象者の登録・放射線測定カードが作られている。

一九八六、八七年、放射能汚染地域では血液学、内分泌学、放射線学その他の高度の専門家集団により、成人と小児の健康状態の分析が行なわれた。これらの住民グループと対照調査グループの健康状態の間に、差異は見られなかった。危険地帯から避難した妊婦たちは、三〇キロ・ゾーンに近いところに住む人と同様、正常な出産をした。

「放射線症」と診断された人びとのことに戻ることにしよう。死者の数についてはすでに述べた（本文84頁）。われわれは二〇九人を全快させた。二四人が重度一、二度になった。大部分の患者は社会復帰が可能になり、放射線と関係のない通常の仕事に戻った。例外として一人の専門家だけがチェルノブイリ原発への復帰を許されたが、ただし職業上の許容被曝線量の三分の一という条件がつけられている。

もちろん、右に述べた人たちは危険度の高い者と見なされており、年に二回キエフのわれわれの病院で追跡検査を受けている。

医学的影響の予測

問　チェルノブイリ原発事故の影響によるガン死亡率

についてさまざまな予測が出されているが、あなたはどう評価しているか？

イリイン　われわれはチェルノブイリ原発事故によって、ソ連の全人口がどれくらいの放射線を受けたかを計算した。その結果、今後五十年間を取っても一人当たりの増加は〇・一二レムであることが明らかになった。比較のために言えば、自然放射線レベルは年間〇・一〜〇・二レムである。われわれの評価では、ソ連国民、とくにそのヨーロッパ部の住民の今後五十年間の悪性腫瘍の理論的に可能な増加率は、通常のガン発症レベルの一パーセントである。われわれと関係なく、西ヨーロッパの専門家たちも同様な計算をしているが、かれらの計算でも通常レベルの一〜〇・一パーセントの増加率となっている。すべてこれらの計算は、問題になっている危険度が、実際的というよりむしろ理論上の性格が強いことを示している。

遺伝的影響についても、さまざまなことが言われている。

根拠のないことを言わないようにするため、統計を見ることにしよう。われわれは最も深い関心をもつモギリョフ（白ロシア）、ゴメリ（同）、キエフ（ウクライナ）、ブリャンスク（ロシア）の四州で特別の抽出調査を行なった。総合的な指標を見ると、まずブリャンスク州の新生児出生率は、事故前後一九八五〜八七年の三年間に一〇〇〇人当たり一五・三、一六・三、一六・〇となっている。それをロシア共和国の平均指標と比べると一六・五、一七・二、一七・二である。八六年に出生率はわずかに増加し、八七年には増加は見られない。一言でいえば、ブリャンスクの状態は、ロシア共和国全体と異なるところがない。

次に同じ三年間のキエフ州における新生児死亡率を見ると、一〇〇〇人当たり一五・五、一二・二、一二・一である。ゴメリ州の場合は一六・三、一三・四、一三・一である。このように新生児死亡率が低下した理由はただ一つ、事故後に医療観察が強化されたからである。

避難民は帰れるか

問　チェルノブイリの周辺から避難した人たちは、間もなく元の場所に戻ることができるだろうか？

イリイン　これまで実に多くの対策がほどこされた

――第四ブロックのために石棺が造られ、約五〇万立方メートルの汚染土壌を取り去って確実に土中に埋め、原発サイト三六万五〇〇〇平方メートルを舗装し、水源の安全を確保した。とくに三〇キロ・ゾーン東南部分の放射線は、住民が帰って来られる状態になっている。しかし、この問題で私はより慎重な立場を取っている。住民を帰らせることは、かれらに日常の仕事、とくに農作業を保証することを意味する。かれらが栽培する作物はつねに細かく管理しなければならない。それに別の問題も生じるだろう。たとえば人びとが現に住んでいる場所で、かれらはすばらしい生活条件を作っている。住宅も建てたし、仕事もある。

もちろん、（三〇キロ・ゾーン内の）土地に正常な生活が回復するよう、あらゆる手を尽くす必要がある。学者たちは多くの勧告を提起しているが、とくに土地の再利用、農業生産構造の変更、その他の安全対策を勧告している。

次のような意見がある。原発周辺一〇キロ・ゾーンを立入り禁止区とし、現状を保存する。そこでは学者が長期的な研究、とりわけ放射線生態学の研究、放射性同位元素の生物連鎖における移動特性の調査を行なえるようにする。すべてこれらのことは重要な科学的結果をもたらし、放射性物質から生物を守り、その作用を克服する基本についての知識を、豊かにしてくれるだろう。

（『ソビエツカヤ・ロシヤ』88・1・31抄訳）

〔**参考情報**〕

★チェルノブイリ原発事故による急性放射線障害の患者および死者の数は、本文81頁にソ連政府報告書（一九八六年）からの引用を記したが。最も新しいデータとして、ソ連の『アルグメントゥイ・イ・ファクトゥイ』誌（論証と事実、略称AIF）第二〇号（88・5）が、原子力発電省付属生産合同「コンビナート」情報・国際連絡部が示した次の数字をのせている。

重度四＝二一人（死亡二〇人）

重度三＝二一人（死亡七人）

重度二＝五五人（死亡一人）

重度一＝一四〇人

つまり、一九八六年の政府報告書の数字とちがいがあるので、注意を要する。

〔補遺2〕

「チェルノブイリ原発事故の医学的側面」国際会議

【ウクライナ国営電報通信】一九八八年五月十一日から十三日までキエフで開かれた学術会議「チェルノブイリ原発事故の医学的側面」は、専門家たちの間だけでなく、広く一般にも大きな関心を呼び起こした。この会議を主催したのはソ連保健省、ソ連医学アカデミー放射線医学研究センターであった。ソ連の放射線学と放射線防護の分野の主要な学者、世界の多くの国の保健部門の専門家、WHO、IAEA（国際原子力機関）、「核戦争に反対する世界の医師」、その他の国際機構の代表者が、この会議に参加した。また外国人記者三〇人を含む約一四〇人のジャーナリストが、取材を認められた。

キエフ会議に関心が集まったのは偶然ではない。チェルノブイリ原発事故の前にも、他の諸国で悲劇的な事故があったが、チェルノブイリの規模はまったく予想を超えたものだった。したがって、事故の影響を受けた地域の住民の健康を守る面で、ソ連の保健部門の前にきわめて複雑な問題と困難な任務が提起された。それらは科学的な解釈、敏速な対応、そして機動的な解決を求めた。

チェルノブイリは、国境を超えるような放射能事故が起こった時、住民を保護する問題の複雑さと多面性ゆえに、広範な国際協力が必要となることを自覚させた。

キエフ会議では二九の報告が発表され、討議された。参加者たちはチェルノブイリ原発、スラヴティチ（原発従業員と家族の居住のために建設された都市）、放射線医学研究センターと同付属病院を訪問する機会をあたえられた。

会議のゲストたちはP・ブイコ教授記念キエフ小児科学・産科学・婦人科学研究所を訪ねた。ちなみにブイコ教授（一八九五〜一九四三）は放射線症の診断と治療法を研究、普及した先駆者だった。外国からの保健専門家たちは、「チェルノブイリ事故影響調査全ソ総合生態学計画」について紹介され、その内容を細かく検討した。

この会議の組織委員長であるG・セルゲーエフ・ソ連保健省第一次官は、この会議の内容を次のように総括した。

〈この会議の最も重要な成果は、この困難な分野でソ連の学者がおさめた研究結果が、広く公開されたことである。第二には、チェルノブイリ原発事故の影響除去に関する医学者たちの仕事を一般化し、多面的な研究の中間総括を可能にしたことである。この会議で発表されたすべての報告は、うたがいなく貴重なものだった。私はそれらを四つの分野に分類している。

一、すべての保健機関の活動の組織とその効果。

二、放射線の状況の評価。

三、大規模事故時の放射線モニタリング。

四、放射線被曝者の治療。

特別の問題としては、全ソ放射線被曝者登録制度の創設に関するものがあった。これは現在約六〇万人を対象としている前例のない登録制度である。日本にも類似のものがあるが、それは広島と長崎の悲劇の何年か後に作られたものだった。

大きな関心をもって迎えられた報告として以下のものがある。「事故前後の放射線標準化の理論と実際」(L・ブルダーコフ)、「被曝線量を下げる防護対策とその効果」(K・ゴルデーエフ)、「内部および外部放射線被曝レベル計算の方法論的原理と実際問題を解決する場合の応用」(A・ツイバ、I・リフタレフ)、「チェルノブイリ原発事故における被曝の急性作用」(A・グシコーヴァ、O・ピャタク)。

西側では今日多くの人びとが、ソ連では原発事故に対処する用意がなかったことを証明しようとしている。しかし、会議の全活動は、事実はそうでないことを示した。われわれの対策が有効だったのは、医学界にあらかじめ事故対策を組織する用意ができていたからである。このことが示されたのがキエフ会議の最大の成果だろう。というのは、ここで初めてソ連の保健機構が詳細に科学的に分析されたからである。

だがそれと同時に討論を通じて、事故の影響除去作業に大きな欠点があったことも明らかにされた。すなわち大規模な原発事故に対する総合的、系統的対策の欠如、放射線病理学分野の医師が十分な実際的知識を持っていなかったこと、放射能測定器具による検査測定業務の水準が低かったことなどである。検査器具の多くは老朽化していた。住民の間の衛生教育、解説活動もそれほど効果的でなかった。〉

〈プラウダ・ウクライヌイ　88・5・14　抜萃〉

〔補遺3〕

キエフ会議の討論から

キエフ会議にはソ連の二四省庁、四五研究機関の専門家のほか、二四カ国の六〇名の科学者が参加した。L・イリイン・ソ連医学アカデミー副総裁はこの会議について次のように述べた。

「事故処理活動の間に蓄積された大量の情報から結論をひき出すには、一定の時間が必要である。事故の二年後にこのような会議を開き、客観的な慎重に選ばれた情報を入手できるようにするのは、正しい決定だと考える。

しかし、調査研究期間にはまだ処理されていない大量のデータが残っている。医学的な検査を受けた人の数が多かったことを考えると、それも当然のことである」

この会議の参加者たちがひとしく認めた会議の成果

は、ソ連の研究者たちの主たる研究成果が公表されたことだった（傍点訳者）。それによって会議は、一連の分野における中間的な研究結果を総括することができた。

これまでのところ、予測されなかったような後遺症はまだ発見されていない。後遺症の研究には今後何年にもわたる観察が必要である。同時にチェルノブイリ事故は、急性放射線症の治療問題に新しいデータを提供してくれた。

米ソ医学者の論戦

キエフ会議の大きな話題のひとつは、米国のロバート・ゲイル博士の発言をきっかけとする論争だった。同博士はチェルノブイリ原発事故を原因とする世界のガン死亡数は約七万五〇〇〇人にのぼるだろうと述べた。

この発言はソ連の専門家たちから鋭い反論を招いた。かれらはゲイル博士が自分の専門領域でもないことに口を出したことを批判した。かれらはゲイル博士が骨髄移植に関しては高度の専門家であることを認めつつも、非専門家が発ガン率を予測するのは無責任であり、受けいれることはできないと述べた。

この批判に対しては、ゲイル博士は次のように答えた。

「私は『何の影響もない』という評価から、一部の人たちが反論している『数百万人が影響される』といった予測にいたるまで、あらゆる可能性について健全な議論をするのがよいことだと信じている。したがってわれわれはすべての可能性を取りあげて議論する必要があるのだ」

ゲイル博士は自分が引用した予測数字は米国および英国の政府機関から公表されている、と言った。かれは続けて次のように述べた。

「最も不幸なのは、キエフの多くの人びとが自分たちの将来を心配しながら時を過ごし、子どもを産むことを恐れていることである。われわれがガン死亡数の予測について議論しても、キエフ市民にとっての危険度ははるかに小さいのだ。われわれにとって必要なのは協力することであり、私はソ連の同僚たちの開放性とこの会議が開かれたことに祝意を表したい。他の諸国ではこうした会議はなかなか開けるものではない」

この会議を取材した記者の感想は、こうした切実な問題についての情報は迅速であるべきだが、しかし、熟慮されたものでなければならないということだ。なぜなら一般の人びとはその情報を信じ、不安をもつからである。私自身そういう体験をした。けれどもさらに悪いのは、何の情報も得られないことだ。そうなると勝手気ままに憶測したり、疑念をもったりする。その結果、心理的な緊張や肉体への悪い影響が生じる。

公表される放射線情報の内容があいまいであるために、一般の人びとの不安が大きくなるといった事例を紹介したい。キエフ会議の最終日の五月十三日、最後の記者会見で先ず次のような質問が出された。

「公式発表によると、放射線レベルはチェルノブイリ原発事故の前の水準より下がってさえいるが、いったいどうしてそうなったのか説明していただきたい」

それに答えたのは全ソ放射線医学研究センターの部長であるI・リフタリョフ博士だった。

「もし私がそれについて記事を書くとすれば、まったく別の形で書くにちがいない。たとえばウクライナ全土の放射線レベルは平均〇・〇一〜〇・〇二ミリレントゲンの間で、最高レベルは〇・〇二ミリレントゲンとされている。だが実際に公表されたのは、すでに除洗され、くり返し洗浄された場所での測定値である。草でおおわれた場所などはいまでも〇・〇四〜〇・〇四五ミリレントゲン／時のレベルにある。キエフ州に隣接しているジトミール、チェルニゴフ両州では、事故後も放射線レベルは以前とまったく変わらなかったことになっている。」

リフタリョフ博士は結論として次のように述べた。

「これまでの発表形式では、われわれがまだ明確なデータを提供できないという事実を証明している。事故前の最高値が比較のために示される場合、現在の最高値を並べるのが当然であり、現在の平均値を発表するのなら、事故前の平均値と比較すべきである」

過去二年間「放射線恐怖症」がわれわれの生活を苛《さいな》み、今後も潜在意識の中で苛み続けるだろう。だが、そもそも事故直前から明確な形で情報があたえられていたならば、それは避けられただろう。「放射線恐怖症」が生じる主な原因は二つある、と説く科学者たちがいる。すなわち、一つは住民が放射線防護について無知であること。そしてもう一つはジャーナリストがある問題を必要以上に強調しすぎることであると。しかし、この言い方はおかしい。なぜなら住民が放射線防護について何も知らなかったとすれば、それは国家および学術機関の側で、広範な人びとを教育する努力が足らなかったからである。

『文学新聞』特派記者ユーリー・シチェルバク(作家・医師)の質問に対して、P・ラムザイェフ博士(レニングラード放射線衛生研究所長)は、緑色のパンフレットをふりかざしながら、「われわれは放射線防護分野の知識水準を高めるために多くの努力を払った」と答えた。その緑色の小冊子はチェルノブイリ事故後にやっと「ウロジャイ」出版社から出されたものだが、発行されたのはわずか一万五〇〇〇部にすぎない。

記者の個人的な考えはこうだ。つまり政府機関は原子力発電所の「申し分のない安全対策」を、信頼しすぎていた。それだけにこうした問題について住民を教育することを怠ってきた。

悲劇の意味

キエフ会議にはハンス・ブリックスＩＡＥＡ事務局長も出席した。かれは次のように感想を語った。

「チェルノブイリ原発事故というあまりにも高い代償を払ったが、そのおかげでわれわれは原発の安全対策分野で一歩前進をとげた。いまわれわれに必要なのはこの分野における公開性を拡大することである。ＩＡＥＡの専門家グループはウクライナのロヴノ原発を訪問することになっているが、そのことが公開をさらにうながすことを望んでいる。ＩＡＥＡとソ連の関係は事故の前と後も順調に発展している。ＩＡＥＡはソ連の科学者からの報告に満足している。会議は諸国の専門家のより緊密な接触の確立をうながすにちがいない」

キエフ会議に出席したＩＣＲＰ(国際放射線防護委員会)委員のアンリ・ジャメ教授(フランス)は、「昨日私はチェルノブイリ原発を訪ねた。私は第二発電所とプリピャチ市の様子を見た。雨が降っていた。訪問の後、放射線被曝量を測定した。とくに靴と手を注意して測った。測定値は基準値を超えなかった。これはすでにこの地域が完全に除染されていることを示している」と述べた。

チェルノブイリの悲劇の意味を完全に理解できるまでには、これからまだ何年もの歳月がかかるだろう。

約六〇万人の放射線被曝者が登録されているのも、その一助とするためである。ただ次の一点だけは明らかである。すなわちこうした問題から一瞬たりとも目を離してはならない。キエフ会議はそのための重要なきっかけになるものである。

（A・クリコフ記者、NFU 88・21号）

〔補遺4〕

放射線状況の広報について

【ウクライナ国営電報通信】ウクライナ共和国水文気象管理局は勤労者の要望を考慮し、本年五月十三日から毎週金曜日、天気予報とともにキエフ、ジトミール、チェルニゴフ三市の放射線状況の情報を伝えることになったと発表した。

その情報は新聞『ラジャンシカ・ウクライナ』『プラウダ・ウクライヌイ』、キエフ市とキエフ州、ジトミール州、チェルニゴフ州の新聞に掲載され、キエフ・テレビ・ラジオ放送局、ジトミール、チェルニゴフ市ラジオ局から放送される。ちなみにチェルノブイリ原発事故以前のキエフ、ジトミール、チェルニゴフの環境放射線値は〇・〇二ミリレントゲン／時だった。

（プラウダ・ウクライヌイ 88・5・12）

＊チェルノブイリ原発事故から二年余を経て、やっと当然のことが実行に移されることになった。（松岡）

図10　キエフ州地図

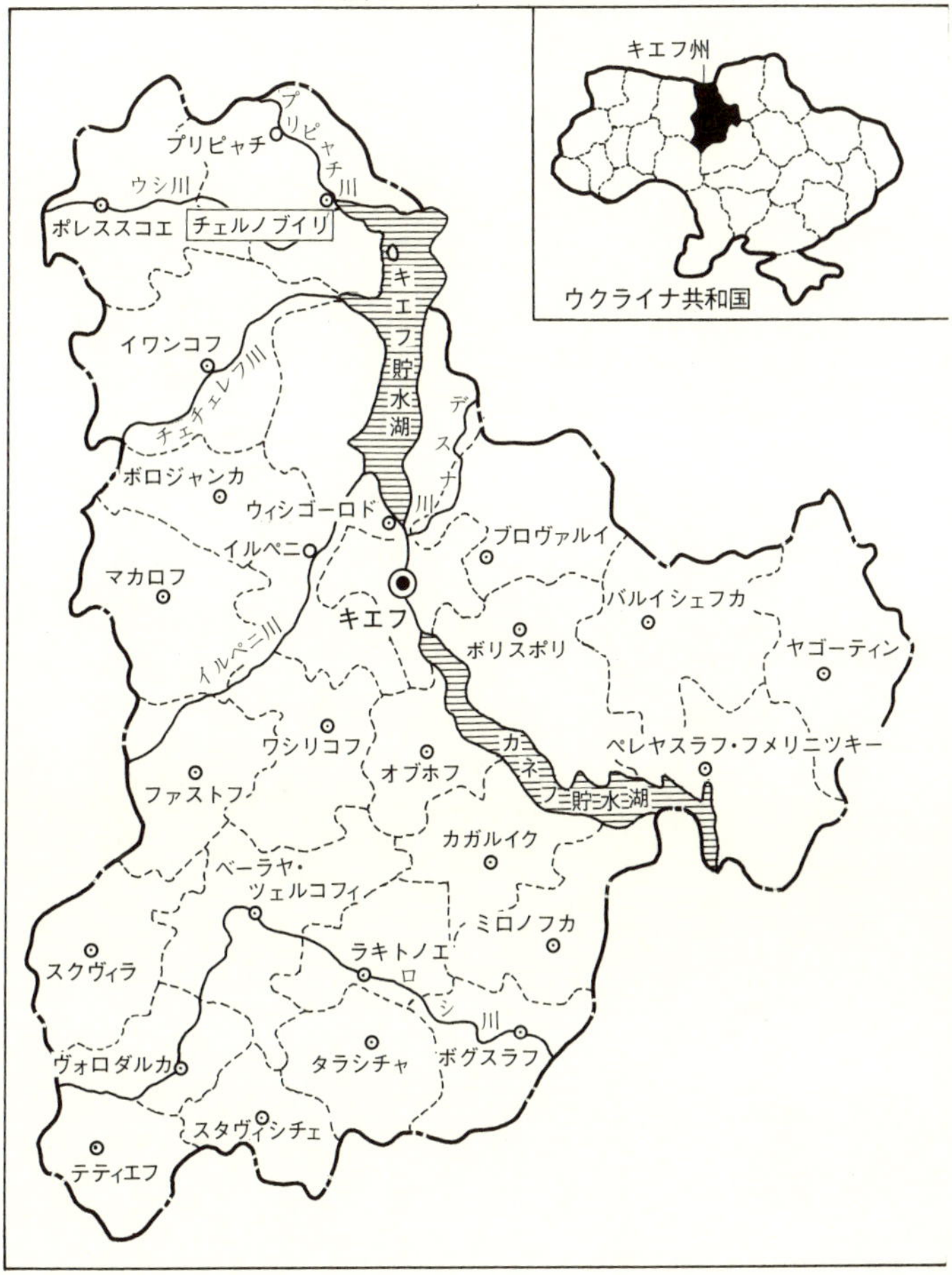
キエフ州
ウクライナ共和国
プリピャチ
プリピャチ川
ウシ川
ポレススコエ
チェルノブイリ
キエフ貯水湖
イワンコフ
チェチェレフ川
デスナ川
ボロジャンカ
ウィシゴーロド
イルペニ
マカロフ
ブロヴァルイ
キエフ
バルイシェフカ
ボリスポリ
イルペニ川
ヤゴーティン
ワシリコフ
オブホフ
ペレヤスラフ・フメリニツキー
ファストフ
カネフ貯水湖
カガルイク
ベーラヤ・ツェルコフィ
ミロノフカ
ラキトノエ
スクヴィラ
ロシ川
ヴォロダルカ
タラシチャ
ボグスラフ
スタヴィシチェ
テティエフ

図11　チェルノブイリ原子力発電所（1，2，3，4号炉）平面図

1986 MAY

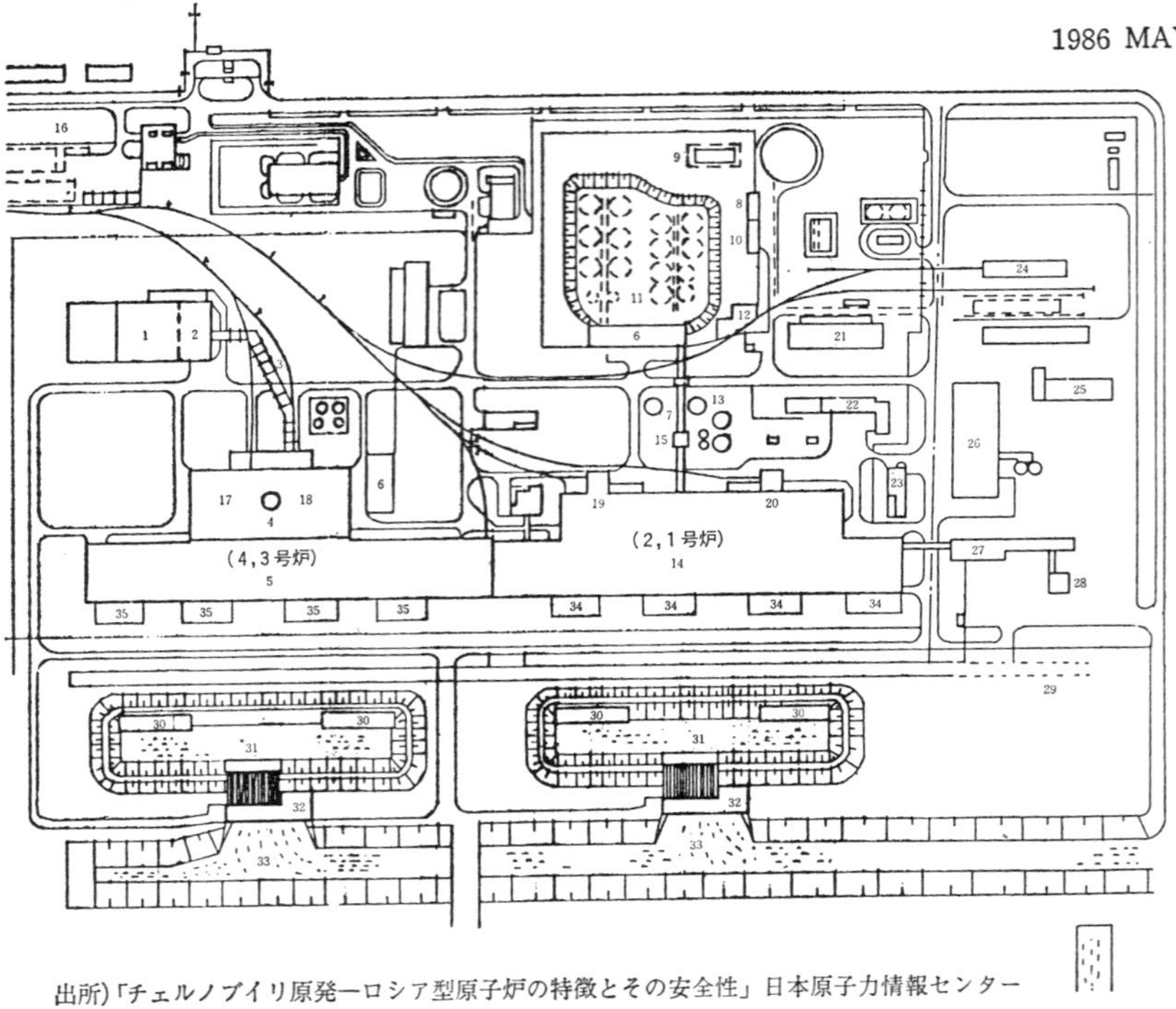

1．固体及び液体廃棄物貯蔵庫
2．液体廃棄物貯蔵庫
3．搬送用通路（橋）
4．3、4号炉排気筒
5．3、4号炉タービン・発電機建屋
6．廃棄処理建屋
7．1、2号炉排気筒
8．特殊輸送車車庫
9．固体廃棄物貯蔵庫
10．除　染　設　備
11．液体廃棄物貯蔵庫
12．ガス滞留室
13．アスファルト関連設備
14．1、2号炉タービン・発電機建屋
15．搬送用通路（橋）
16．鉄道引込線（発電所完成後は撤去されている）
17．原子炉建屋（4号炉）
18．原子炉建屋（3号炉）
19．原子炉建屋（2号炉）
20．原子炉建屋（1号炉）
21．ディーゼル発電機建屋
22．酸素及び窒素貯蔵室
23．コンプレッサー室
24．新燃料貯蔵庫
25．化学薬剤貯蔵庫
26．補助建屋（機械組立施設及び水質浄化施設）
27．事　務　棟
28．食　堂
29．排水用地下水路
30．水　門
31．復水器用貯水池（落差付、容積20,000㎥）
32．ポンプ室（垂直循環ポンプ）
33．取　水　路
34．1、2号炉用主変圧器
35．3、4号炉用主変圧器

出所）「チェルノブイリ原発―ロシア型原子炉の特徴とその安全性」日本原子力情報センター

図12 ソ連の原子力発電所

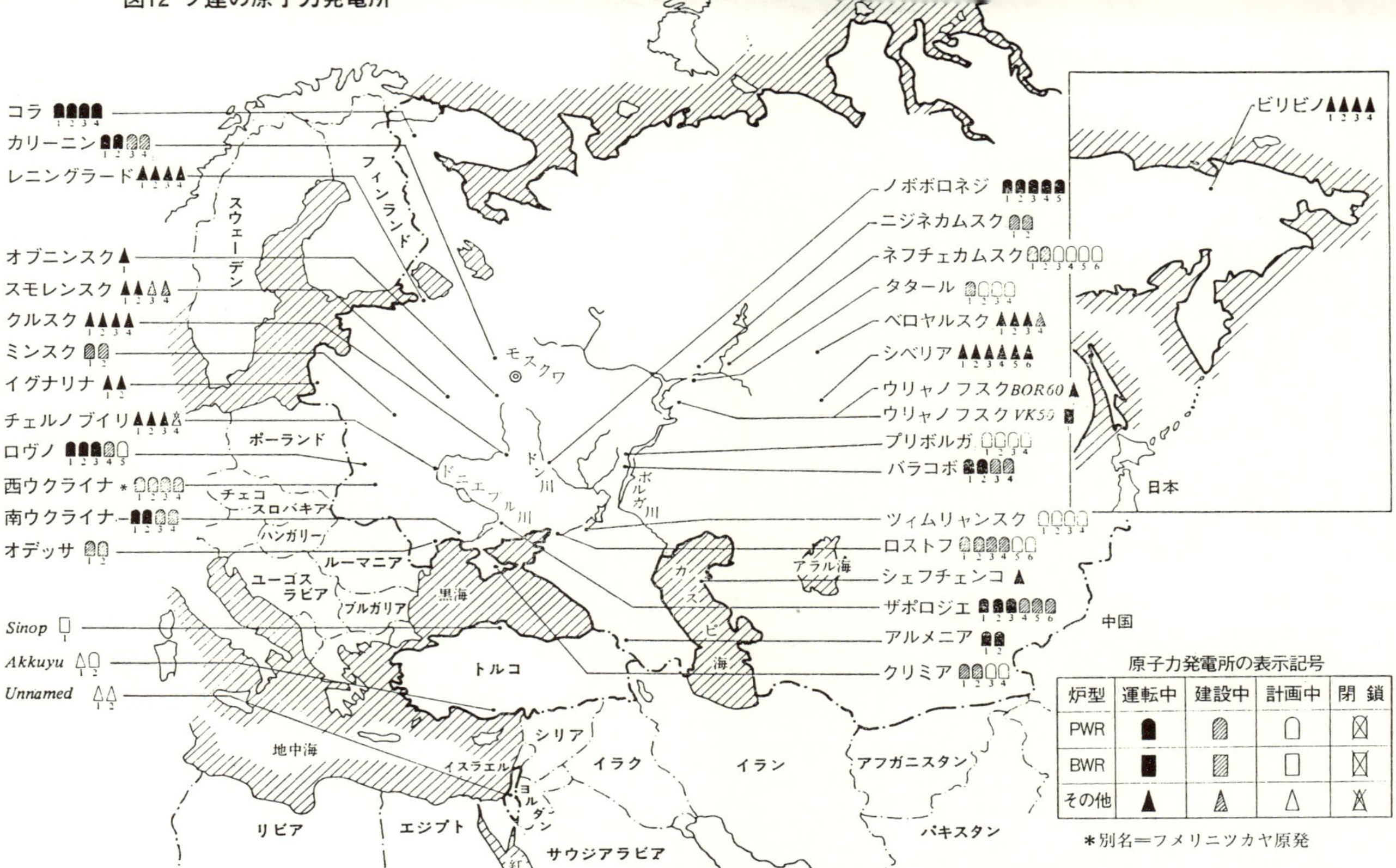

＊別名＝フメリニツカヤ原発

出典）日本原子力産業会議編「原子力発電所一覧表」(1988)

ザポロジエ	4	ウクライナ	100	VVER	1988
〃	5	〃	100	〃	1988
〃	6	〃	100	〃	1989
ミンスク	1	白ロシア	94	〃	1988
〃	2	〃	94	〃	1990
バラコボ	3	ロシア	100	〃	1989
〃	4	〃	100	〃	1990
カリーニン	3	〃	100	〃	1989
〃	4	〃	100	〃	1990
ベロヤルスク	4	〃	80	FBR	1994
ニジネカムスク	1	〃	100	VVER	1989
〃	2	〃	100	〃	1990
ロストフ	1	〃	100	〃	1988
〃	2	〃	100	〃	1988
〃	3	〃	100	〃	1989
〃	4	〃	100	〃	1990
スモレンスク	3	〃	100	RMBK	1988
〃	4	〃	100	〃	1988
ネフチェカムスク	1	バシキール	100	VVER	1988
〃	2	〃	100	〃	1988
タタール	1	タタール	100	〃	1988

〈計画中〉

ロヴノ	5	ウクライナ	100	VVER	
クリミア	3	〃	100	〃	
〃	4	〃	100	〃	
プリボルガ	1	ロシア	100	〃	
〃	2	〃	100	〃	
〃	3	〃	100	〃	
〃	4	〃	100	〃	
ロストフ	5	〃	100	〃	
〃	6	〃	100	〃	
ツイムリャンスク	1	〃	100	〃	
〃	2	〃	100	〃	
〃	3	〃	100	〃	
〃	4	〃	100	〃	
ネフチェカムスク	3	バシキール	100	〃	
〃	4	〃	100	〃	
〃	5	〃	100	〃	
〃	6	〃	100	〃	
タタール	2	タタール	100	〃	
〃	3	〃	100	〃	
〃	4	〃	100	〃	

注）このリストは㈳日本原子力産業会議編・発行「原子力発電所一覧表」(1988)を参考にして作成した。

名　　　　称		所在地	出力（グロス万kW）	炉型式	運開予定
ノボボロネジ	4	ロシア	44	VVER	1973
〃	5	〃	100	〃	1981
シベリア	1	〃	10	黒鉛，軽水 PWR	1958
〃	2	〃	10	〃	1959
〃	3	〃	10	〃	1960
〃	4	〃	10	〃	1960
〃	5	〃	10	〃	1961
〃	6	〃	10	〃	1963
スモレンスク	1	〃	100	RMBK	1983
〃	2	〃	100	〃	1985
ウリャノフスク（VK-50）		〃	6.2	BWR	1966
〃　（BOR-60）		〃	1.2	FBR	1969
ビリビノ	1	〃	1.2	黒鉛，軽水 PWR	1974
〃	2	〃	1.2	〃	1975
〃	3	〃	1.2	〃	1976
〃	4	〃	1.2	〃	1976
オブニンスク		〃	0.6	〃	1954
アルメニア	1	アルメニア	40.8	VVER	1977
〃	2	〃	40.8	〃	1980
イグナリナ	1	リトアニア	150	RMBK	1984
〃	2	〃	150	〃	1987
シェフチェンコ（BN-350）		カザフスタン	15	FBR	1973

〈建設中〉

クリミア	1	ウクライナ	100	VVER	1988
〃	2	〃	100	〃	1988
オデッサ	1	〃	100	〃	1988
〃	2	〃	100	〃	1989
ロヴノ	4	〃	100	〃	1989
南ウクライナ	3	〃	100	〃	1988
〃	4	〃	100	〃	1988
フメリニッカヤ	1	〃	100	〃	1988
〃　（西ウクライナ）	2	〃	100	〃	1988
〃	3	〃	100	〃	1989
〃	4	〃	100	〃	1990

表3　ソ連の原子力発電所リスト（1987年12月末現在）

〈運転中〉

名　　称		所在地	出力（グロス万kW）	炉型式	運転開始
チェルノブイリ	1	ウクライナ	100	RBMK	1978
〃	2	〃	100	〃	1979
〃	3	〃	100	〃	1982
ロ ヴ ノ	1	〃	44	VVER	1981
〃	2	〃	44	〃	1982
〃	3	〃	100	〃	1987
南ウクライナ	1	〃	100	〃	1983
〃	2	〃	100	〃	1985
ザポロジエ	1	〃	100	〃	1985
〃	2	〃	100	〃	1986
〃	3	〃	100	〃	1987
バラコボ	1	ロ シ ア	40.8	〃	1986
〃	2	〃	40.8	〃	1987
ベロヤルスク	1	〃	10.8	RBMK	1964
〃	2	〃	19.4	〃	1967
〃	3	〃	60	FBR	1980
カリーニン	1	〃	100	VVER	1984
〃	2	〃	100	〃	1986
コ ラ	1	〃	47	〃	1973
〃	2	〃	47	〃	1975
〃	3	〃	44	〃	1982
〃	4	〃	44	〃	1984
クルスク	1	〃	100	RBMK	1976
〃	2	〃	100	〃	1979
〃	3	〃	100	〃	1983
〃	4	〃	100	〃	1986
レニングラード	1	〃	100	〃	1974
〃	2	〃	100	〃	1976
〃	3	〃	100	〃	1980
〃	4	〃	100	〃	1981
ノボボロネジ	1	〃	27.8	VVER	1964
〃	2	〃	36.5	〃	1970
〃	3	〃	44	〃	1972

あとがき

二年前のチェルノブイリ原発事故は、私にとって目まいを感じるほどの衝撃的なできごとだった。インド・ボパールの農薬工場事故（84・12）、日航機迷走墜落事故（85・8）、スペース・シャトル「チャレンジャー」爆発事故（86・1）と、息つく間もなく巨大技術災害に見舞われてきた世界は、チェルノブイリ原発事故（86・4）によってまさにとどめを刺されたように思えた。

原子力災害は「人類最後の公害」と言われてきたし、いまもそう考えている人は多い。にもかかわらず、原子力災害の危険性に対する世間の関心は低かったし、原子力発電の普及拡大の勢いに比べて、人類最後の公害を未然に防止する努力は明らかに不足していた。その結果、米国のスリーマイル島原発事故（79・3）に続いて、今回のチェルノブイリ事故の発生を許してしまったことは、かえすがえすも悔やまれてならない。そのことによって現に放射能汚染を地球上にまき散らし、人びとの生存と健康および安全を脅かしているだけでなく、将来の世代のために危険きわまりない魔の遺産を残しているからである。

いま私たちの前に置かれた最も重要な課題は、原子力災害の再発を決して許さないことである。その災害をひき起こす原因を取り除くことである。そのために声をあげ体を動かす必要があることを、チェルノブイリは全世界の人びとに告げた。それ以来、脱原発の生活と社会の構築を求める声が、日ごとにいたるところで高くなり、世界の大きな潮流になりつつある。

だが他方では、原発の存続とその拡大に利害関係をもつ内外の政府や産業界の一部は、新しい世界の動きに目を閉ざし、原発推進にかたくなにしがみつき、根拠のない誤った「安全幻想」をばらまくために、巨額の宣伝費を費消している。あまつさえ、最近日本で起こった政府高級公務員と広告業者の間の広報費汚職事件がその一端を明らかにしたように、原発問題においても一方的な内容のまちがった広報活動を行なうために、汚れた手で公的資金が濫費される恐れがあることは否定できない。

そうした状況のなかで、私たちは自らの手で事実を掘り起こし、真実を明らかにする努力を求められている。ここに上梓した一書は、チェルノブイリ事故のまだ目に見えていない部分を、少しでも明らかにしようとするこころみの一部にほかならない。

チェルノブイリ原発事故の直後、私は国際消費者機構（ＩＯＣＵ）主催のニューヨーク・セミナーに参加するため、しばらく同地に滞在していたが、仕事の合間を見ては五番街にあるソ連図書専門店に通い、新着の新聞雑誌を買い求めて事故の経過をフォローするのが日課の一つになった。日本に帰ってきてからもその作業は続いた。切り抜きのファイルはみるみるうちに厚くなり、カードも数百枚に達した。その大量の情報のなかから、原子力災害が人びとの日常生活にどんな影響をもたらすか、その実態を示すものを中心に選んで編んだのが本書である。情報源は原則としてソ連国内で公刊されたものに限定したが、必要な場合にのみソ連以外で発行された資料で補強することにした。

二年間にわたるこの作業を通じて痛感させられたのは、チェルノブイリについての真実は、まだごくわずかしか明らかにされていない、ということである。今後、ソ連社会におけるペレストロイカ（再編）、グラスノスチ（情報公開）政策の進行に応じて、真実が少しずつ見えてくることを心から期待している。

同時にこの本のなかでも取り上げたことだが、ソ連社会ではいま予想を超える速度で変化が進んでいる。とりわけ今年になってからの動きの早さはめざましい。たとえば原発政策の推進をめぐって公然たる賛否の議論が開始された。またクラスノダールの事例が示すように、住民の声によって原発建設工事が中途で中止された。チェルノブイリ二周年に当たって、キエフ、リガ市などでは「チェルノブイリの再現を許すな！」と叫ぶデモが行なわれた。

これらの事実は、日本のさまざまな土地で、さまざまな形で脱原発の未来を求めている人びとの心にも、ひびくものがあろうと思うのは私の独断だろうか？　東と西の体制のちがいを超えて、私たちは脱原発の面でも共通の意思とことばをもつ可能性を目前にしている。いや、すでにその可能性を手にしていると言ってよい。原発事故による放射能が国境を超えて世界中に飛び散った以上、世界中の人びとが原子力災害の再発を防ぐために、手を取り合う必要があることは言うまでもない。この本が人と人との心を結ぶためにいささかなりとも役に立つならば、望外の幸せである。

本書の内容についてはすべて著者の責任であるが、これを準備し、執筆する過程で実に多くの方がたのお力添えをいただいた。以下にお名前を記して感謝の気もちを表したい。

ソ連文献資料の購読を援助して下さった大竹財団（大竹慶明理事長）、資料入手に便宜をはかって下さり、かつ著者の質問に快く回答して下さった日ソ図書(株)神田店および日ソ図書館の皆さま、迷いの多かった私に惜しみなくアドヴァイスを下さった前野良先生と佐久間邦夫氏、多忙な時間をさいて翻訳の一部を引き受けて下さった増田裕、水谷驍、富田健司氏、原稿のチェック、調査、リストの作成をして下さった青山明弘氏、地図を描いて下さった渡辺聖子さん、二年間やむことなく資料の整理をして下さった青木孝子さん、日誌の転載を許された『技術と人間』編集部、そして非力な著者をたゆみなく鞭撻された緑風出版の高須次郎氏に心からお礼を申し上げます。

最後に私のわがままを許し、協力してくれた市民エネルギー研究所の同僚たち(阿木幸男、井田均、岡部一明、田窪雅文、竹本洋二、田代ヤネス和温、辻万千子、真下俊樹、ジル・ルノー)、わが母ヲタメ、妻節子に感謝の意をささげます。

一九八八年七月七日

著者

[著者略歴]
松岡信夫（まつおか　のぶお）
1932年ソウル生まれ。46年以後、広島県府中市で育つ。
早稲田大学文学部露文科卒。通信社記者、東大工学部研究生を経て、1978年市民エネルギー研究所創立、同代表。
その間アジア経済研究所研究委員、桐朋学園大学、東京大学等の講師（非常勤）を歴任。自主講座『公害原論』実行委員、日本消費者連盟運営委員、インド・ボパール事件を監視する会事務局長を務める。1993年没。
編著に『手づくり自然エネルギー』（亜紀書房）、『市民のエネルギー白書』（日本評論社）など。主な訳書としてバリー・コモナー『エネルギー・危機の実態と展望』（時事通信社）、ユーリー・シュチェルバク『チェルノブイリからの証言』（技術と人間）がある。

ドキュメント チェルノブイリ［新装版］

定価2500円＋税

1988年8月9日　初版第1刷発行
2011年5月20日　新装版第1刷発行

著　者　松岡信夫
発行者　高須次郎
発行所　緑風出版
〒113-0033　東京都文京区本郷2-17-5　ツイン壱岐坂
［電話］03-3812-9420［FAX］03-3812-7262［郵便振替］00100-9-30776
［E-mail］info@ryokufu.com［URL］http://www.ryokufu.com/

装　幀　斎藤あかね
制　作　R企画　　印　刷　シナノ・巣鴨美術印刷
製　本　シナノ　　用　紙　大宝紙業　　E1000

NOBUO MATUOKA Printed in Japan　　ISBN978-4-8461-1107-6　C0036

◎緑風出版の本

■全国どの書店でもご購入いただけます。
■店頭にない場合は、なるべく書店を通じてご注文ください。
■表示価格には消費税が加算されます

プロブレムQ&A
なぜ脱原発なのか
［放射能のごみから非浪費型社会まで］
西尾　漠著

A5変並製
一七六頁
1700円

暮らしの中にある原子力発電所、その電気を使っている私たち、でもやっぱり不安……。なぜ原発は廃止しなければならないのか、廃止しても電力の供給は大丈夫なのか——私たちの暮らしと地球の未来のために、改めて考える。

プロブレムQ&A
むだで危険な再処理
［いまならまだ止められる］
西尾　漠著

A5変並製
一六〇頁
1500円

青森県六ヶ所村に建設されている使用済み核燃料の「再処理工場」。高速増殖炉もプルサーマル計画も頓挫しているのに、核廃棄物が逆に増大し、事故や核拡散の危険性の大きい「再処理」をなぜ強行するのか。やさしく解説する。

チェルノブイリの惨事
ロジェ&ベラ・ベルベオーク著／桜井醇児訳

四六判上製
二二二頁
2400円

現在もチェルノブイリ周辺の子供たちを中心に白血病、甲状腺癌が激増し、死亡者が増大している。当局の無責任と国際的な被害隠しが深刻な事態を増幅しているのだ。事故以降の恐るべき事態の進行を克明に分析した告発の書！

健康を脅かす電磁波
荻野晃也著

四六判並製
二七六頁
1800円

電磁波による影響には、白血病・脳腫瘍・乳ガン・肺ガン・アルツハイマー病が報告されています。にもかかわらず日本ほど電磁波が問題視されていない国はありません。本書は健康を脅かす電磁波問題を、その第一人者が易しく解説。